# 南方滨海耐盐植物资源（二）

王文卿　张雅棉　黄建明　编著

### 图书在版编目(CIP)数据

南方滨海耐盐植物资源.二/王文卿,张雅棉,黄建明编著.—厦门:厦门大学出版社,2021.5
ISBN 978-7-5615-8233-6

Ⅰ.①南… Ⅱ.①王… ②张… ③黄… Ⅲ.①滨海盐土—耐盐性—植物资源—研究—中国 Ⅳ.①Q948.113

中国版本图书馆 CIP 数据核字(2021)第 102353 号

---

| 出 版 人 | 郑文礼 |
|---|---|
| 责任编辑 | 陈进才 |

出版发行 厦门大学出版社

| 社　　址 | 厦门市软件园二期望海路 39 号 |
|---|---|
| 邮政编码 | 361008 |
| 总　　机 | 0592-2181111　0592-2181406(传真) |
| 营销中心 | 0592-2184458　0592-2181365 |
| 网　　址 | http://www.xmupress.com |
| 邮　　箱 | xmup@xmupress.com |
| 印　　刷 | 厦门市竞成印刷有限公司 |

开本　787 mm×1 092 mm　1/16
印张　27.5
字数　629 千字
版次　2021 年 5 月第 1 版
印次　2021 年 5 月第 1 次印刷
定价　180.00 元

本书如有印装质量问题请直接寄承印厂调换

# 作者简介

**王文卿**,男,1971年出生,博士,厦门大学环境与生态学院教授。现任中国生态学学会红树林生态专业委员会秘书长、中国自然资源学会海洋资源专业委员会副主任、中国生态学学会理事等。主要研究方向为红树林湿地生态、滨海耐盐植物资源的筛选与应用、滨海湿地生态修复等。

**张雅棉**,女,1987年出生,博士,厦门大学生态学博士后。主要研究方向为红树林生态修复和生物多样性保护。近五年共发表SCI论文11篇,主持国家自然科学基金青年科学基金项目及中国博士后科学基金面上项目,参与国家和地方项目10余项。

**黄建明**,男,1969年出生,高级工程师,福建省春天生态科技股份有限公司副总裁,研发技术中心负责人。主要研究方向为滨海耐盐植物的筛选、培育及管养,乡村振兴及滨海湿地的生态修复。获国家发明专利6项,参与多项国家及地方科研项目。

# 内容简介

本书是《南方滨海耐盐植物资源》系列的第二册。本书以20多年的野外调查为基础，收录我国南方（浙江南部、福建、广东、广西、海南、香港和台湾）等省区野生及引种的200种滨海耐盐植物，在介绍其形态、分布、特点与用途、繁殖及野外种群数量等的同时，对各物种的野外自然生境和耐盐能力进行了重点介绍，并就其耐土壤盐能力、耐盐雾能力、抗风和抗旱能力进行了分级。每一物种都配有形态、生境、应用等方面的照片。为了响应我国海岸带与海岛生态修复的国家任务，本书在植物种类的选择方面，重点考虑了海岸带与海岛生态修复植物种类。

本书适合农、林、生态、环境等学科的科研人员及大专院校师生阅读和参考，尤其适合从事滨海地区城市绿化、海岸带与海岛生态修复的人员参考。

# 前　言

2013年，我们出版了《南方滨海耐盐植物资源（一）》。该书出版后，引起了一些同行的关注，也对一些海岸带与海岛的生态修复工程和园林绿化工程起到了实实在在的指导作用。

2016年以来，我国开始实施一系列海岸带与海岛生态修复工程。《国家海洋局海洋生态文明建设实施方案》（2015—2020年）提出"蓝色海湾""南红北柳""生态岛礁""银色沙滩"四大海洋生态修复工程；2017年国家林业局开始实施《全国沿海防护林体系建设工程规划（2016—2025年）》；习近平总书记在2018年10月10日召开的中央财经委员会第三次会议上提出：实施海岸带保护修复工程，建设生态海堤，提升抵御台风、风暴潮等海洋灾害能力；《全国重要生态系统保护和修复重大工程总体规划（2021—2035年）》提出要开展退围还海还滩、岸线岸滩修复、河口海湾生态修复、红树林、珊瑚礁、柽柳等典型海洋生态系统保护修复、热带雨林保护、防护林体系等工程建设。这些工程和规划的实施，对滨海耐盐植物的选择与配置提出了很高的要求。

本书的目的在于丰富我国滨海耐盐植物数据库，提高海岸带与海岛生态修复水平和滨海地区城镇绿化水平，促进滨海耐盐植物资源的保护和开发利用。由于篇幅所限，一些相关的背景知识如我国南方滨海地区盐渍化土壤的特点、植物盐害诊断技术和耐盐能力等级评价等内容，读者可参考2013年出版的《南方滨海耐盐植物资源（一）》。本书收录了200种滨海耐盐植物，在介绍其形态、分布、特点与用途、繁殖及野外资源现状等的同时，对各物种的野外自然生境和耐盐能力进行了重点介绍，并就其耐土壤盐能力、耐盐雾能力、抗风和抗旱能力进行了分级，其中对我国滨海植物耐盐雾能力的分级尚属首次。每一物种都配有形态、生境、应用等方面的照片。为了节约篇幅，物种分布省区的描述仅限于浙江以南沿海省区，各物种生境的描述也仅限于滨海地区。按照惯例，物种分布描述时将香港和澳门合并为香港。蕨类植物按照秦仁昌系统排序，裸子植物按照郑万钧系统排序，被子植物按照恩格勒系统排序。植物中文名及学名按照 Flora of China。为了响应国家对海洋生态修复的社会需求，本书在植物种类选择上，特别注重在滨海湿地、海岸带与海岛生态修复方面有应用价值的植物种类。形态、分布、生境和耐盐能力等内容由王文卿负责，特点与用途由张雅棉和黄建明负责整理。除有特别说明，所有照片由王文卿拍摄。本书是我们野外调查的又一个阶段性总结。革命尚未成功，同志仍须努力！受专业知识的限制，本书难免有不足和错误。

本书的出版，得到了民营企业福建省春天生态科技股份有限公司（以下简称"春天公司"）的支持。春天公司是"国家高新技术企业"、"福建省知识产权优势企业"和"福建省科技小巨人领军企业"，海岸带与海岛植被生态修复与生态造林绿化是春天公司的核心技术优势之一。2014年以来，厦门大学与春天公司以海岸带与海岛植被生态修复、园林绿化所面临的核心技术难题——耐盐植物选择与配置种植为主攻方向，开展系列研发活动。2016年，双方共同参与了国家重点研发计划项目"闽三角城市群生态安全保障与海岸带生态修复技术"课题"海岸带关键脆弱区生态修复与服务功能提升技术集成与示范"。2017年，双方合作编写的专著《南方滨海沙生植物资源及滨海沙地植被修复》出版。2020年，参与编写的中华人民共和国海洋行业标准《海滩后滨沙地植被修复技术方法》（HY/T 0304—2021）获批。

中国科学院华南植物园任海研究员和简曙光研究员提供了考察南沙群岛植物的机会，自然资源部南海规划与环境研究院黄华梅研究员提供了考察西沙群岛的机会。在野外考察过程中，得到了海南省林业科学研究院钟才荣和程成高级工程师、海口畓苔湿地研究所周志琴女士、浙江亚热带作物研究所陈秋夏研究员、广西海洋研究院何斌源研究员、温州海虎海藻养殖有限公司孙庆海总经理、广东湛江红树林国家级自然保护区林广旋高级工程师、广西红树林研究中心潘良浩博士、舟山赛莱特海洋科技有限公司郭健女士、北京市企业家环保基金会王静女士、海南东方黑脸琵鹭省级自然保护区李海雄站长、海南省林业项目管理办公室李霖明高级工程师、琼海市长坡镇海南滨海园林植物苗木场符兴椿和海南红树林农业开发有限公司吴华隆的支持和帮助。同事侯学良、李振基等协助鉴定了一些疑难标本。研究生张琳婷、罗柳青、王雨晞、刘超、曹舰艇、袁甜甜、陈洋芳、李芊芊、陈琼等参与了部分野外调查，研究生王雨晞和刘超协助整理文稿和图片。本书是在国家重点研发计划课题"海岸带关键脆弱区生态修复与服务功能提升技术集成与示范"（批准号：2016YFC0502904）、中科院战略先导性科技专项（A类）"南海环境变化"子课题（批准号：XDA13020503）、国家海洋局海洋公益性行业专项科研经费项目子任务（批准号：200905009-1）、国家林业科技支撑计划专题（批准号：2009BADB2B0605）资助下完成的，在此一并致谢！

谨以此书献给一直在背后默默支持我的妻子王瑁女士和给我带来快乐和幸福的女儿王奕凡。

王文卿

2021年4月18日于厦门

## 目录

阔片乌蕨 /2

肾蕨 /4

瘤蕨 /6

圆柏 /8

兰屿罗汉松 /10

千头木麻黄 /12

山黄麻 /14

无花果 /16

印度榕 /18

澳洲大叶榕 /20

金钱榕 /22

蔓榕 /24

棱果榕 /26

匍匐斜叶榕 /28

海岸斑克木 /30

海檀木 /32

垂序商陆 /34

白花黄细心 /36

直立黄细心 /38

腺果藤 /40

莫邪菊 /42

针晶粟草 /44

无茎粟米草 /46

假海马齿 /48

马齿苋 /50

沙生马齿苋 /52

落葵薯 /54

石竹 /56
白鼓钉 /58
女娄菜 /60
匍匐滨藜 /62
灰绿藜 /64
碱蓬 /66
盐地碱蓬 /68
砂苋 /70
华莲子草 /72
安旱苋 /74
针叶苋 /76
量天尺 /78
单刺仙人掌 /80
无根藤 /82
普陀樟 /84
圆叶豺皮樟 /86
倒卵叶润楠 /88
红楠 /90
舟山新木姜子 /92
木防己 /94
束蕊花 /96
山茶 /98
日本厚皮香 /100
青皮刺 /102
牛眼睛 /104
台南伽蓝菜 /106
茅莓 /108
相思子 /110
台湾相思 /112
厚荚相思 /114
阔荚合欢 /116
链荚豆 /118
蔓草虫豆 /120
小刀豆 /122

座地猪屎豆 /124
屏东猪屎豆 /126
弯枝黄檀 /128
乳豆 /130
野大豆 /132
烟豆 /134
短绒野大豆 /136
九叶木蓝 /138
滨海木蓝 /140
海滨山黧豆 /142
截叶铁扫帚 /144
银合欢 /146
紫花大翼豆 /148
草木樨 /150
小鹿藿 /152
圭亚那笔花豆 /154
狭叶红灰毛豆 /156
卵叶灰毛豆 /158
矮灰毛豆 /160
丁癸草 /162
酢浆草 /164
蒺藜 /166
海南留萼木 /168
滨海核果木 /170
大狼毒 /172
铁海棠 /174
地杨桃 /176
余甘子 /178
台湾白树 /180
白树 /182
小叶九里香 /184
簕欓花椒 /186
琉球花椒 /188
两面针 /190

# 目 录

牛筋果 /192
海人树 /194
光叶金虎尾 /196
三星果 /198
腰果 /200
厚皮树 /202
巴西胡椒木 /204
全缘冬青 /206
蛇藤 /208
厚叶崖爬藤 /210
文定果 /212
圆叶黄花棯 /214
蜀葵 /216
长梗肖槿 /218
粗齿刺蒴麻 /220
铺地刺蒴麻 /222
蛇婆子 /224
黄杨叶箣柊 /226
箣柊 /228
无叶柽柳 /230
红瓜 /232
凤瓜 /234
桃金娘 /236
洋蒲桃 /238
拉氏红树 /240
榄果木 /242
拉关木 /244
裂叶月见草 /246
美丽月见草 /248
土坛树 /250
澳洲鸭脚木 /252
滨当归 /254
积雪草 /256
多枝紫金牛 /258

密花树 /260
琉璃繁缕 /262
阿吉木 /264
台湾胶木 /266
山榄 /268
光叶柿 /270
象牙树 /272
日本女贞 /274
弓果藤 /276
海南杯冠藤 /278
肉珊瑚 /280
墨苜蓿 /282
糙叶丰花草 /284
马蹄金 /286
小心叶薯 /288
披针叶小牵牛 /290
橙花破布木 /292
砂引草 /294
洋金花 /296
苦蘵 /298
海南茄 /300
假马齿苋 /302
列当 /304
离根香 /306
匙叶紫菀 /308
鬼针草 /310
天人菊 /312
勋章菊 /314
鹿角草 /316
菊芋 /318
剪刀股 /320
光梗阔苞菊 /322
羽芒菊 /324
碱菀 /326

川蔓藻 /328
薤白 /330
石刁柏 /332
狭叶龙舌兰 /334
千手丝兰 /336
水仙 /338
射干 /340
牛轭草 /342
紫竹梅 /344
台湾芦竹 /346
蒺藜草 /348
蜈蚣草 /350
假俭草 /352
细穗草 /354
假牛鞭草 /356
茅根 /358
束尾草 /360
甜根子草 /362
互花米草 /364
沟叶结缕草 /366
三角椰子 /368
棍棒椰子 /370
海枣 /372
国王椰子 /374
丝葵 /376
扇叶露兜树 /378

水烛 /380
海三棱藨草 /382
球柱草 /384
滨海薹草 /386
筛草 /388
矮生薹草 /390
克拉莎 /392
粗根茎莎草 /394
黑籽荸荠 /396
水葱 /398
艳山姜 /400

**参考文献** /402

**索　引** /414
　　园林绿化植物 /414
　　生态修复植物 /415
　　沙生植物 /416
　　生物能源植物 /417
　　耐盐蔬菜 /417
　　水景植物 /417
　　果树 /417
　　药用植物 /418

**中文名索引** /419

**学名索引** /422

# Salt-tolerant Plant Resources from Coastal Areas of South China

# 阔片乌蕨

***Odontosoria biflora*** C. Chr.

**别名**：水羊齿、水防风
**英文名**：Broadpinna Wedgelet Fern

鳞始蕨科多年生草本，高 30 cm，根状茎粗短，横走，密被红褐色的钻形鳞片；叶基生，卵状披针形或阔卵形，先端渐尖，基部不变狭，三回羽状；羽片 10 对，披针形，除基部一对为近对生外，其余互生，有短柄；末回小羽片近扇形，先端有齿牙，基部楔形；叶脉二叉，不明显，每羽片有 4～6 条小叶脉；叶革质，干后棕褐色；孢子囊群杯形，顶生于小叶脉上，每个孢子囊群连接两小叶脉。

**分布**：浙江、福建、广东、广西、海南、香港和台湾。浙江舟山桃花岛是其分布北界。常见。

**生境与耐盐能力**：海岸带与海岛特有植物，常见于基岩海岸岩石缝隙。在漳浦六鳌，阔片乌蕨常与草海桐、山菅兰等生长于强盐雾海岸岩石缝隙，生长于背风面石缝个体的叶片大而绿，而生长于迎风面石缝个体的叶片小而发黄。

**特点与用途**：阴生植物，在强光环境下叶片发黄，耐旱、耐盐、耐瘠。目前没有其应用的报道。

**繁殖**：分株繁殖或孢子繁殖。

◎ 生长于强盐雾海岸迎风面山坡石缝的阔片乌蕨
（福建平潭大屿岛）

◎ 生长于强盐雾基岩海岸背风处的阔片乌蕨
（福建石狮祥芝）

| 阔片乌蕨 | 耐盐 | B+ | 耐盐雾 | A− | 抗旱 | A | 抗风 | A |

南方滨海耐盐植物资源（二）

◎ 生长于强盐雾海岸背风处的阔片乌蕨（福建漳浦六鳌）

◎ 阔片乌蕨、厚藤、山菅兰等生长于海岸礁石背风处（福建漳浦六鳌）

# 肾蕨

*Nephrolepis cordifolia* (Linn.) C. Presl

**别名**：圆羊齿、篦子草、凤凰蛋、蜈蚣草、石黄皮、球蕨、铁鸡蛋、排骨草

**英文名**：Tuberous Sword Fern

肾蕨科多年生常绿地生或附生草本，丛生，高 30～60 cm。茎有三种类型：一是短而直立之根状茎，叶丛生其上；二为粗铁丝状不分枝的匍匐茎；三为匍匐茎顶端的球形块茎，表面密被鳞片。叶簇生，线状披针形或狭披针形，一回羽状，羽片多数，互生，常密集而呈覆瓦状排列，披针形，叶缘有疏浅的钝锯齿，坚草质或草质，干后棕绿色或褐棕色。孢子囊群成一行位于中脉两侧，着生在叶缘的小脉顶端。囊群盖肾形，棕褐色。

**分布**：广布于全世界热带及亚热带地区，我国浙江、福建、广东、广西、海南、香港和台湾常见。常作为园林绿化植物栽培。

**生境与耐盐能力**：常见于海岸大潮高潮线上缘以上的石缝中。实验室培养发现，在水分供应良好的条件下，肾蕨可以在土壤含盐量 9.2 mg/g～23.3 mg/g 的碱性滨海盐渍土壤中正常生长（汪立梅等，2018）。

**特点与用途**：耐阴，也能适应较强光照；耐旱亦耐水湿、耐瘠；繁殖容易，栽培简单，生长快，叶色翠绿，广泛应用于园林绿化，叶片也是切花的好材料；具有很强的吸收土壤中的砷、铅等重金属能力，被誉为"土壤清洁工"，在土壤重金属污染治理方面具有很高的应用价值。块茎富含淀粉，可食；全草和块茎可入药，性平，味苦辛，具有清热利湿、宁肺止咳、软坚消积的功效，用于治疗感冒发热、咳嗽、肺结核咯血、痢疾、急性肠炎等。

**繁殖**：多采用分株法，球形块茎也能发育成小植株，大量繁殖可以采用孢子播种的方式。

◎ 叶正面

◎ 叶背孢子囊群

◎ 地下球形块茎

| 肾蕨 | 耐盐 | A- | 耐盐雾 | B+ | 抗旱 | A- | 抗风 | A |
|---|---|---|---|---|---|---|---|---|

◎ 生长于强盐雾海岸石缝的肾蕨（澳大利亚昆士兰州黄金海岸）

◎ 肾蕨用于地被绿化（福建厦门大学校园）

◎ 生长于海堤石缝的肾蕨（福建福鼎沙埕湾）

## 瘤蕨

***Phymatosorus scolopendria*** (Burm.) Pic. Ser.

**别名**：海岸拟弗蕨、密网蕨、海岸星蕨、蜈蚣拟茀蕨
**英文名**：Common Phymatodes

水龙骨科多年生附生或地生蕨类，根茎匍匐状，常呈木质化，顶端被鳞片；叶高 20～50 cm，叶形变化大，或为披针形单叶，或为纸状深裂或羽状深裂，裂片 1～6 对，厚肉质至革质，叶轴具翅，叶片与叶柄连接处有关节；孢子囊群圆形，在裂片中脉两侧各一排，下陷于叶肉中，在叶片上面形成明显的凸点，成熟时橙黄色。

**分布**：广东、海南和台湾。偶见。

**生境与耐盐能力**：典型海岸植物，常见于基岩海岸岩石缝隙。而在台湾垦丁，瘤蕨是珊瑚礁海岸林林下草本的优势种之一，不仅可以附生于树干基部，偶尔也可攀附于珊瑚礁。在海南文昌石头公园，瘤蕨生长于受强海风吹袭的海岸礁石缝隙，显示出较强的耐盐和耐盐雾能力。

**特点与用途**：喜光亦耐阴、耐旱亦耐水湿、耐瘠；叶姿轻盈，无病虫害，种植后不需要维护，可用于海岸垂直绿化，也可盆栽。

**繁殖**：孢子繁殖或分株繁殖。

◎ 叶背孢子囊群

◎ 生长于强盐雾海岸刺灌丛林下的瘤蕨
（海南文昌石头公园）

| 瘤蕨 | 耐盐 | B+ | 耐盐雾 | A- | 抗旱 | A | 抗风 | A |

◎ 海岸椰子树林下的瘤蕨（澳大利亚昆士兰州凯恩斯）

◎ 红树林林缘的瘤蕨（海南文昌清澜港）

# 圆柏

***Juniperus chinensis*** Linn.

别名：刺柏、红心柏、桧柏
英文名：Chinese Juniper

柏科常绿乔木，高达20 m；幼树树冠尖塔形，老树树冠广圆形；叶二型，幼树全为刺叶，老树全为鳞叶，壮龄树兼有刺叶与鳞叶；刺叶三叶交互轮生，排列疏松，披针形；鳞叶三叶轮生，排列紧密，近披针形，先端急尖；雄球花黄色，椭圆形；球果近圆球形，熟时暗褐色，被白粉，有卵圆形种子1～4粒；种鳞肉质，熟时不张开。栽培品种多样，常见的有龙柏和塔柏，前者枝条扭转向上，小枝密集，几乎全为鳞叶；后者树冠圆柱状尖塔形，叶多为刺叶。热带亚热带地区全年可以见到果实。

**分布**：秦岭以南广泛分布，西藏也有。我国各地广泛栽培，栽培历史悠久，品种多。

**生境与耐盐能力**：普遍认为圆柏只能在轻度盐碱土壤上生长，且耐盐雾能力一般，不宜在滨海地区栽培。但是，我们在浙江舟山、福建平潭和莆田湄洲岛等地发现，只要不是重盐雾区无遮挡的一线海岸，圆柏可以在海岸沙地正常生长，表现良好。

**特点与用途**：喜光稍耐阴、耐寒、耐热、耐瘠、耐旱不耐水湿；对环境有广泛的适应能力，萌芽力强，耐修剪，生长缓慢，寿命长，四季常青，树形优美，树冠形态奇特，枝叶苍翠，为重要的行道树及庭园观赏树种，也是良好的水土保持及防风固沙树种。心材淡褐红色，边材淡黄褐色，有香气，坚韧致密，耐腐力强，用途广泛。枝叶入药，能祛风散寒、活血消肿、利尿；树根、树干及枝叶可提取柏木脑的原料及柏木油。

**繁殖**：播种与扦插繁殖。

◎ 结果枝

◎ 二型叶

◎ 生长于海岸沙地的龙柏（浙江舟山南沙）

| 圆柏 | 耐盐 | B | 耐盐雾 | A- | 抗旱 | A- | 抗风 | A |

南方滨海耐盐植物资源（二）

◎ 强盐雾海岸刺桐（左）、丝葵（中）和圆柏（右）生长对比（福建莆田湄洲岛）

◎ 圆柏用于强盐雾海岸绿化（福建平潭龙凤头）

◎ 海岸沙地填客土后种植的龙柏生长情况（福建莆田湄洲岛）

## 兰屿罗汉松

*Podocarpus costalis* C. Presl

别名：台湾罗汉松、海岛罗汉松、红头竹柏

英文名：Lanyu Podocarp, Buddhish Pine

罗汉松科常绿灌木或小乔木，高达 5 m；叶丛生枝端，长 5～7 cm，倒披针形或条状倒披针形，先端圆钝，叶缘反卷，硬革质，浓绿有光泽；雌雄异株，雄球花单生叶腋，圆柱形，雌球花单生叶腋，具膨大肉质种托；种子椭圆形，熟时蓝绿色；种托肉质，成熟后深黑色。花期 4—5 月，果期 8 月。

**分布**：台湾兰屿、小琉球等岛屿。近年来作为园林绿化植物在福建以南省区海岸常见栽培。

**生境与耐盐能力**：海岛特有植物，生长于台湾兰屿、小琉球等岛屿的珊瑚礁岩壁上。从使用效果看，兰屿罗汉松对海岸环境有较强的适应性。在台湾富贵角石门，兰屿罗汉松种植于 3 级盐雾海岸最前沿，没有表现出任何盐害或盐雾危害症状，而与之距离不远的日本女贞则严重受害。

**特点与用途**：喜光稍耐阴、耐瘠；枝叶茂密，树姿高雅，耐修剪，生长缓慢，为罗汉松科最受欢迎的树种，为高级庭园树、盆景树或绿篱植物，更是滨海高级别墅区的理想绿化树种。材质极佳，可用于雕刻或制作高级家具。

**繁殖**：播种、扦插与高压繁殖。

◎ 雄球花

◎ 果枝

◎ 植株

| 兰屿罗汉松 | 耐盐 | B | 耐盐雾 | A- | 抗旱 | B+ | 抗风 | A |

◎ 台湾垦丁强盐雾区海岸兰屿罗汉松生长情况

◎ 3级盐雾海岸兰屿罗汉松生长情况（台湾富贵角石门）

# 千头木麻黄

*Casuarina nana* Sieb. ex Spreng.

**别名：** 木贼叶木麻黄、大麻黄
**英文名：** Dwarf She-Oak, River Oak

木麻黄科常绿灌木或小乔木，为木麻黄之杂交变异种，高不超过 2 m；叶 5~7 枚轮生，环绕小枝节退化成鞘齿状；花小，雌雄异株，雌花为腋生头状花序，具短梗，椭圆形；雄花为顶生穗状花序，细圆柱形；球果状果序，熟果褐色。花期 3—5 月，果期 9—11 月。

**分布：** 原产澳大利亚，我国浙江、福建、广东、广西、海南、香港和台湾常见栽培。

**生境与耐盐能力：** 海岸带与海岛特有植物。目前对其野外生境和耐盐能力的报道不多。但从其海岸带绿化效果看，千头木麻黄具有较高的耐盐能力，耐盐与耐盐雾能力稍弱于木麻黄。在福建厦门环岛路，千头木麻黄可以在中强盐雾海岸沙地正常生长，只有在个别风口表现出一定的盐雾危害症状。在福建漳州漳州港，中强盐雾海岸的千头木麻黄在秋冬季表现出明显的盐雾危害症状。在南海的一些岛屿，人工种植的千头木麻黄和木麻黄均表现出明显的盐雾危害症状。

**特点与用途：** 喜光不耐阴、耐旱不耐水湿、耐瘠；适应性强，生长迅速，能固氮，病虫害少，植株低矮，枝叶浓密，萌芽力强，叶色翠绿，耐修剪，易整形成各种形状，是滨海地区极佳的绿篱植物和防风固沙植物，也是非常优秀的滨海地区道路隔离带植物。

**繁殖：** 高压繁殖为主，也可播种、扦插繁殖。

◎ 花

◎ 植株

| 千头木麻黄 | 耐盐 | B+ | 耐盐雾 | A- | 抗旱 | A- | 抗风 | A |

◎ 海岸沙地夏季千头木麻黄和黄槿生长情况（福建厦门环岛路）

◎ 海岸沙地东北季风末期千头木麻黄和黄槿生长情况（福建厦门环岛路）

◎ 强盐雾区千头木麻黄的偏冠现象（南海某岛屿）

## 山黄麻

*Trema tomentosa* (Roxb.) Hara

**别名**：麻桐树、麻络木山麻、母子树、麻布树
**英文名**：India Charcoal Trema

榆科常绿小乔木或灌木，高达10 m，小枝及叶背密被直立或斜展的灰褐色绒毛；单叶互生，于枝条上排成两列，基出脉，纸质或薄革质，极粗糙，宽卵形或卵状矩圆形，两面同色，基部心形，明显偏斜，边缘有细锯齿；聚伞花序腋生，花雌雄异株，具短梗，稍长于叶柄；核果宽卵珠状，压扁，成熟时褐黑色或紫黑色，具宿存的花被；种子压扁，两侧有棱。花期3—6月，果期9—11月，热带地区则全年开花。

**分布**：福建、广东、广西、海南、香港和台湾。常见。

**生境与耐盐能力**：海岸沙荒地常见植物，是热带海岸植被破坏后次生林的先锋植物，也是新填人工岛最先自然进入的木本植物之一；对海岸环境显示出极强的适应性，在海堤石缝、鱼塘堤岸、海岸固定沙丘等地均可见。

**特点与用途**：强阳性树种，耐旱稍耐水湿、耐瘠。对环境具有广泛的适应能力，根系发达，速生，可快速成林，寿命短，是新填海岛及海岸荒地极佳的绿化树种，也是海岸坡地极佳的水土保持植物。韧皮纤维似黄麻，山黄麻由此得名，可作为人造棉、麻绳和造纸原料；叶表皮粗糙，可做砂纸。叶营养丰富，山羊极喜食。

**繁殖**：播种与扦插繁殖。

◎ 花

◎ 叶

◎ 果

| 山黄麻 | 耐盐 | B | 耐盐雾 | A- | 抗旱 | A- | 抗风 | A- |

◎ 植株

◎ 山黄麻是海岸沙荒地的先锋植物（福建漳州双鱼岛）

# 无花果

***Ficus carica* Linn.**
别名：蜜果、天仙果
英文名：Common Fig, Fairy Fig

桑科落叶灌木或小乔木，高达10 m，树皮暗褐色，具乳汁；单叶互生，卵圆形，基部心形或截形，3～7裂，锯齿粗钝或波状缺刻，叶面具粗糙短硬毛，叶背有绒毛；隐头花序单生叶腋，倒梨形，顶部下凹；花小，白色，极多数，着生于花托的内壁上；果梨形，熟后黑紫色，可食。一年多次开花结果。

**分布**：原产中亚、土耳其和地中海沿岸，我国引种历史悠久，黄河流域及其以南地区、新疆南部栽培较多。

◎ 果

**生境与耐盐能力**：被称为最耐盐碱的果树之一，可以在含盐量不超过 4 mg/g 的土壤上生长（王业遴，1989）。而在美国，无花果被认为是耐盐植物之一，可以在电导率 4～6 dS/m 的土壤中生长（CIWMB，2007）。江苏在含盐量 3 mg/g～4 mg/g 的土壤上种植无花果，获得了良好的经济效益。部分品种在福建长乐含盐量高达 5 mg/g 的土壤中仍能正常生长（丁君毅，1994）。在天津，无花果能适应含盐量 4 mg/g～5 mg/g、pH＜8.0 的盐碱地（天津滨海新区管理委员会，2007）。在厦门翔安区，无花果生长于高潮线上缘的海堤石缝，无任何盐害症状。

**特点与用途**：喜光稍耐阴、耐旱不耐水湿、耐瘠；生性强健，对土壤要求不严，生长快，根系发达，耐修剪，病虫害少，寿命可达百年以上，适合公园、庭院绿化，是盐碱地带极好的绿化树种，在沿海滩涂及内陆盐碱地均可种植。果实有很高的营养价值和药用价值，是世界上最早驯化栽培的四大果树之一。

**繁殖**：扦插、分蘖与压条繁殖。

◎ 果

| 无花果 | 耐盐 | B | 耐盐雾 | B+ | 抗旱 | A− | 抗风 | B |
| --- | --- | --- | --- | --- | --- | --- | --- | --- |

◎ 生长于海堤石缝的无花果（福建厦门翔安东坑湾）

# 印度榕

***Ficus elastica*** Roxb. ex Hornem.

**别名**：印度胶树、橡皮树、橡胶榕
**英文名**：Rubber Fig, Indian Rubber Plant

桑科常绿大乔木，高达 30 m，有发达的气生根和支柱根，具白色乳汁；单叶互生，椭圆形或长圆形，全缘，厚革质，幼叶常呈红色；托叶膜质，深红色，长达 10 cm，脱落后有明显环状疤痕；雄花、瘿花、雌花同生于榕果内壁；瘦果卵圆形，表面有小瘤体。花期冬季。

**分布**：原产亚洲热带，我国福建、广东、广西、海南、香港和台湾作为观赏植物广泛栽培，云南有野生。

**生境与耐盐能力**：被广泛应用于海岸带与海岛绿化，目前没有其耐盐和耐盐雾能力的报道。从各地种植后的表现看，其对海岸环境的适应能力强于一般的桑科榕树植物。只要土层深厚，水分供应尚可，就可以生长。在广东惠州范和港，有一印度榕生长于海堤水闸外侧石质垂直护岸（种植位置距高潮线 1 m 左右），大量根系直接接触盐度超过 20 g/L 的海水，生长完全正常。在广东深圳福田，印度榕在土质鱼塘堤岸旺盛生长。而在福建厦门环岛路（3 级盐雾区），印度榕作为海岸绿化植物生长正常，仅在个别风口处有较为明显的盐雾危害症状。

**特点与用途**：喜光稍耐阴、稍耐瘠、耐旱亦耐水湿；生性强健，树冠壮硕，根系发达，叶色富有变化，病虫害少，种植后除适当修剪外无须维护，是滨海地区城市园林绿化的极佳植物。此外，其具有强大的根系和对海岸环境的适应能力，在鱼塘堤岸、海堤或临海坡地种植表现出极强的适应性和生长优势，在滨海湿地公园滨岸绿化及堤岸绿化方面具有很广的应用前景。白色乳汁属于硬橡胶类，我国云南腾冲一带至缅甸北部曾设场采胶，后被巴西三叶橡胶代替。

**繁殖**：播种、扦插和与压条繁殖。

◎ 芽

◎ 果

| 印度榕 | 耐盐 | B | 耐盐雾 | A- | 抗旱 | B+ | 抗风 | A- |

南方滨海耐盐植物资源（二）

◎ 生长于鱼塘堤岸的印度榕（广东深圳福田）

◎ 印度榕在3级盐雾海岸生长正常（福建厦门环岛路）

◎ 海岸沙地改造后的印度榕生长情况（福建厦门环岛路）

# 澳洲大叶榕

***Ficus macrophylla*** Desf. ex Pers.

**别名**：大叶无花果、澳洲大榕树

**英文名**：Moreton Bay Fig, Australian Banyan, Black Fig

桑科常绿大乔木，在原产地可长成高 60 m 的大树，有极为发达的支柱根和板根；单叶互生，卵形或椭圆形，全缘，革质，有光泽，暗绿色，叶鞘和叶柄玫瑰红色，叶背黄褐色；隐花果球形，直径约 1 cm，成熟时红褐色或紫色，上面有黄绿色斑点。花果期全年。

**分布**：原产大洋洲东海岸，昆士兰北部的阿瑟顿高地到新南威尔士州南部海岸均有分布。作为观赏植物在世界热带亚热带海岸广泛种植。福建（厦门）、广东（珠海、华南植物园）、香港和台湾有引种，香港有百年以上大树。少见。

◎ 果

**生境与耐盐能力**：原产澳大利亚东海岸，对海岸环境有较强的适应能力。在澳大利亚昆士兰州的黄金海岸，有一澳洲大叶榕生长于强盐雾基岩海岸，植株呈匍匐状，枝条贴着礁石生长，只有蔓生到浪花飞溅区的枝条表现出盐雾危害症状。在美国夏威夷毛伊岛（Maui Island）的 Paia 湾，引种的澳洲大叶榕作为绿化植物种植于大潮可淹及的海岸沙地（http://www.hear.org/pier/references/pierref000503.htm）。

**特点与用途**：喜光不耐阴；适应性强，树干庞大魁梧，地面根系广阔惊人，四季常绿，树形优美，同时对干旱和低温有一定的忍耐力，没有霜冻的地方均可以种植，因此被广泛引种栽培。结果量大，是非常难得的动物友好树种。耐强度修剪，也是很好的盆景植物。因根系极为发达，在建成区种植对地下管线有潜在危害，不建议在建筑物附近种植。

**繁殖**：播种与扦插繁殖。

◎ 植株

| 澳洲大叶榕 | 耐盐 | B | 耐盐雾 | A− | 抗旱 | B+ | 抗风 | A− |
|---|---|---|---|---|---|---|---|---|

南方滨海耐盐植物资源（二）

◎ 河道边的澳洲大叶榕（澳大利亚黄金海岸）

◎ 浪花飞溅区澳洲大叶榕受害情况（澳大利亚黄金海岸）

◎ 强盐雾海岸澳洲大叶榕呈灌木状攀爬于海岸礁石表面（澳大利亚黄金海岸）

# 金钱榕

*Ficus microcarpa* var. *crassifolia*（Shieh）Liao
别名：厚叶榕、圆叶榕

桑科蔓性或直立常绿灌木或小乔木，气生根少或无，全株具白色乳汁；单叶互生，厚革质，光滑，倒卵形、宽倒卵形或椭圆形，全缘；隐头花序单生叶腋；花单性，雌雄同株，花类型多样，包括具花被及雄蕊的雄花，具花被片及子房的雌花，具花被片及子房的虫瘿花，具花被片、子房及1枚雄蕊的假两性花，具数枚匙状花被片的中性花；隐花果熟时红或紫黑，无柄，有绿白色斑点。

**分布**：原产澳大利亚北部及东南亚地区，我国台湾恒春半岛及兰屿有天然分布，福建、广东、广西、海南、香港和台湾常作为观赏植物栽培。

**生境与耐盐能力**：在台湾仅见于恒春半岛及附近岛屿的海岸石灰岩生境。在台湾垦丁，金钱榕作为绿篱在强盐雾海岸无遮挡处种植，生长完全正常。在台湾金门机场，金钱榕种植于无遮挡的一线海岸，生长正常。而在澳大利亚黄金海岸，金钱榕作为绿化植物在海岸沙地覆土种植后与露兜树、木麻黄等一起生长，仅需适当修剪就可以正常生长。

**特点与用途**：喜光亦耐阴、耐瘠；适应性强，耐修剪，叶色翠绿，叶片形似铜钱，具有独特的观赏性，一旦种植成活后仅需适当修剪，是构建低维护成本的滨海地区园林绿地的极佳植物。以普通榕树为砧木的嫁接金钱榕，作为盆景栽培广泛。

**繁殖**：扦插繁殖。

◎ 结果枝

◎ 修剪后的金钱榕（澳大利亚昆士兰州黄金海岸）

| 金钱榕 | 耐盐 | B+ | 耐盐雾 | A | 抗旱 | A- | 抗风 | A |
|---|---|---|---|---|---|---|---|---|

◎ 金钱榕用于强盐雾海岸绿化（台湾垦丁香蕉湾）

◎ 金钱榕用于海岛绿化（台湾金门机场）

## 蔓榕

***Ficus pedunculosa* Miq.**

别名：鹅銮鼻蔓榕、鹅銮鼻爬崖藤、鹅銮鼻榕

英文名：Oluanpi Fig, Garanpi Fig

桑科匍匐性灌木，茎的部分能直立生长亦可攀援，常攀援于临海珊瑚礁岩石上，鹅銮鼻爬崖藤由此得名；单叶互生，倒卵形，全缘，革质而光滑，叶柄褐色，基生脉延长至叶片1/2～1/3处；隐花果成对腋生，倒卵形梨形，外被粗毛，成熟时紫黑色。在台湾南部，全年可以见到果实。

**分布**：台湾特有种，分布于恒春半岛、台东、兰屿、绿岛。台湾各地有少量栽培。少见。

**生境与耐盐能力**：海岛特有植物，常匍匐于临海珊瑚礁上，属珊瑚礁植物。在台湾南部鹅銮鼻，从高潮线附近的珊瑚礁浪花飞溅区一直到离岸相当远的隆起珊瑚礁上都有分布。但就其分布态势看，在最前沿的浪花飞溅区，蔓榕偶见于低矮的水芫花灌丛中，集中分布区位于水芫花灌丛带后缘的珊瑚礁缝隙中。

**特点与用途**：喜光不耐阴、耐瘠、耐高温、不耐水湿；生性强健，病虫害少，树形苍劲，外形及颜色均佳，适合作为盆景；茎既可直立生长，也可攀爬，叶肥厚，叶色明快，是滨海地区优良的庭院绿化植物与垂直绿化植物，也可作为水土保持植物。结果量大，果期长，是优良的诱鸟植物。

**繁殖**：播种与扦插繁殖。

◎ 果

◎ 生长于珊瑚礁缝隙的蔓榕（台湾垦丁佳乐水）

◎ 生长于珊瑚礁海岸浪花飞溅的蔓榕（台湾垦丁佳乐水）

| 蔓榕 | 耐盐 | A+ | 耐盐雾 | A+ | 抗旱 | A+ | 抗风 | A+ |
| --- | --- | --- | --- | --- | --- | --- | --- | --- |

◎ 蔓榕是仅次于水芫花最靠近海水的灌木（台湾垦丁香蕉湾）

◎ 蔓榕用于强盐雾海岸绿化（台湾澎湖）

# 棱果榕

***Ficus septica*** Burm. F.
别名：大叶榕、猪母榕、腐榕
英文名：Angular Fruit Fig

桑科常绿灌木或小乔木，高 2～6 m，茎粗大，多分枝，树皮灰白，乳汁乳黄色；单叶互生，卵形或椭圆形，全缘，厚纸质，丛生枝顶；托叶膜质，红色；雌雄异株，隐头花序扁球形，单生或成对腋生或茎花，表面有明显的纵棱及白斑，成熟时黄绿色。花果期 6—11 月。

**分布**：台湾岛及邻近岛屿（台北、兰屿、绿岛）。台湾南部偶尔应用于园林绿化。福建厦门有引种。偶见。

**生境与耐盐能力**：热带珊瑚礁海岸林植物，常见于大块珊瑚礁背风处或大块珊瑚礁之间石缝。在台湾垦丁的佳乐水，棱果榕生长于受强海风吹袭的高位珊瑚礁岩缝中，长势旺盛，没有任何盐害症状，显示出良好的耐盐雾能力。此外，在台湾南部，棱果榕也生长于湿度较高的溪流河谷两岸，甚至有人称之为湿地植物。

**特点与用途**：喜光不耐阴；适应性强，对土壤要求不严，生长快，栽培容易，叶片大，浓绿荫蔽，叶片掉落前会转变成金黄色甚至鲜红色，是海岸植被破坏后的先锋植物之一，可作为海岸防风林及庭园绿化树种。成熟果实可食。树皮和根药用，具有解毒化湿的功效，可解食物中毒或海产鱼、贝类咬伤的毒。此外，研究发现，棱果榕叶片甲醇提取物有较强的抗癌、抗真菌和细菌活性（Baumgartner et al., 1990; Nugroho et al., 2012）。

**繁殖**：扦插繁殖为主，也可播种繁殖。

◎ 果

◎ 枝

◎ 植株

| 棱果榕 | 耐盐 | B | 耐盐雾 | A- | 抗旱 | B | 抗风 | A- |

◎ 棱果榕是强盐雾海岸最前沿的木本植物之一（台湾台北富贵角）

◎ 强盐雾海岸棱果榕的旗形树冠（台湾垦丁风吹沙）

## 匍匐斜叶榕

***Ficus tinctoria* subsp. *swinhoei*（King）Corner**

别名：山猪枷、海榕、斯氏榕、礁上榕、染料榕
英文名：Dye Fig, Humped Fig

桑科蔓性常绿灌木，全株具乳汁；单叶互生，椭圆形至长椭圆形，基部歪斜，革质，全缘，两面具短小刚毛，十分粗糙；果球形，成对腋生，先端下凹，略粗糙或被毛，成熟后红色至紫红色。花果期全年。

**分布**：自然分布于台湾恒春半岛及兰屿、绿岛等地，菲律宾也有。郑元春（1999）认为海南岛有分布，需要进一步落实。福建厦门有引种。少见。

**生境与耐盐能力**：典型海岸植物，常匍匐于临海珊瑚礁

◎ 结果枝

上，从高潮线附近的珊瑚礁一直到离岸相当远的隆起珊瑚礁上都有分布。在台湾鹅銮鼻及垦丁等地，与蔓榕类似，匍匐斜叶榕在珊瑚礁海岸最前沿的水芫花灌丛中不占优势，仅偶尔出现于条件较好的背风处，而多出现于草海桐灌丛后缘面海的珊瑚礁上。

**特点与用途**：喜光稍耐阴、耐高温、耐瘠；株形优美，耐修剪，果色艳丽，果期长，可用于制作盆景。果可食，与橙花破布木的叶片混合物可为树皮制成的布染色，也可用于染皮肤；树皮可用于制作绳索或渔网。

**繁殖**：播种与扦插繁殖。

◎ 生长于强盐雾海岸迎风面珊瑚礁缝隙的匍匐斜叶榕
（台湾垦丁垦丁大街）

| 匍匐斜叶榕 | 耐盐 | A | 耐盐雾 | A | 抗旱 | A | 抗风 | A |

南方滨海耐盐植物资源（二）

◎ 生长于强盐雾海岸高位珊瑚礁的匍匐斜叶榕（台湾垦丁猫鼻头）

◎ 匍匐斜叶榕用于强盐雾海岸绿化（台湾垦丁鹅銮鼻公园）

# 海岸斑克木

***Banksia integrifolia*** L. f.

别名：佛塔树、斑克木、全缘叶斑克木、全缘叶拔克西木、变叶佛塔树

英文名：Coastal Banksia

山龙眼科常绿灌木或乔木，高达 15 m；单叶互生，厚革质，线形或倒卵形，表面暗绿色，背面银白色，全缘或叶缘具浅锯齿；穗状花序顶生，浅黄色，直立，长 8～40 cm，由无数小花紧密排列而成，形如宝塔状，故又称"佛塔树"；球果银灰色，种子类三角形，有翅，种皮黑色。花果期秋冬季至翌年春季。

**分布**：澳大利亚东海岸。我国广东（广州、深圳）、福建（厦门）、贵州贵阳和云南昆明等地有个别引种。

**生境与耐盐能力**：典型海岸树种，对海岸沙地有强烈的偏爱，多生长于海岸固定沙丘，是澳大利亚滨海地区最常见植物之一。在澳大利亚昆士兰州的 Fraser 岛，海岸斑克木、*Acacia sophorae*、木麻黄等散生于以大花结缕草（*Zoysia macrantha*）和海刀豆等为优势种的海岸沙丘顶部。

**特点与用途**：喜光不耐阴、抗风、耐瘠、耐旱不耐水湿；适应性强，树姿优美，艳丽奇特的花序极具观赏价值，是最能体现澳大利亚特色的木本观赏植物之一，是集观花、观果和生态恢复作用于一体的植物，是浙江以南滨海地区园林绿化和荒山绿化的优良植物。花序还可作为木本切花和干花材料。球果形状奇特，可用于制作工艺品。

**繁殖**：播种繁殖。

◎ 花

◎ 果

| 海岸斑克木 | 耐盐 | B | 耐盐雾 | A- | 抗旱 | A | 抗风 | A |
|---|---|---|---|---|---|---|---|---|

◎ 叶正面

◎ 叶背面

◎ 生长于强盐雾海岸沙地的海岸斑克木（澳大利亚昆士兰州黄金海岸）

◎ 植株

# 海檀木

*Ximenia americana* Linn.
别名：山梅树、西门木
英文名：Tallow Wood, Yellow Plum, Wild Plum, Sea Lemon, Hog Plum

铁青树科常绿灌木或小乔木，高达4 m，枝有刺；单叶互生，有强烈的杏仁味，长圆形、椭圆形或宽卵形，簇生枝顶；花白色，单生或排成腋生、小型的聚伞花序，花瓣内面密被长毛；核果卵圆形或球形，熟时橙黄色。花期4—5月，果期6月。

◎ 果

**分布**：全世界热带海岸地区常见，我国仅在海南三亚和儋州有天然分布，但多年调查并未发现，疑已灭绝。高秀梅等（2009）报道在广东湛江市麻章区湖光镇云脚村有海檀木的分布，笔者认为可能性不大。稀少。

**生境与耐盐能力**：典型海岸沙地树种，常见于热带海岸林中。在海南三亚，海檀木与车桑子、露兜树等一起生长于海岸林中。在美国佛罗里达，海檀木被认为是具有高耐旱和中等耐盐能力的物种（Ferriter, 2011）。在新加坡石马高岛，海檀木与黄槿、露兜树等生长于大潮可淹及的海岸林林缘。赵可夫等（2013）将其归为盐生植物。

**特点与用途**：喜光不耐阴、耐瘠；生性强健，病虫害少，形态奇特，是热带地区海岸沙地绿化的优良植物。果可食，种子可榨油，Ximenia Oil富含不饱和脂肪酸，在美容方面应用广泛。为良好的用材树种，可做檀香木的代用品。由于热带海岸居民吃鱼的时候常用其替代柠檬，Lemon Fruit由此得名。其叶片提取物具有抗菌、消炎、抗肿瘤和抗寄生虫功效。在非洲安哥拉、几内亚、津巴布韦、塞内加尔和苏丹等地，海檀木是最常用的药用植物。在非洲散哈拉地区，海檀木常被用于治疗艾滋病。

**繁殖**：播种繁殖。

| 海檀木 | 耐盐 | A- | 耐盐雾 | A- | 抗旱 | A- | 抗风 | A |

◎ 大潮高潮线附近的海檀木（新加坡石马高岛）

◎ 与半红树植物生长在一起的海檀木（新加坡石马高岛）

## 垂序商陆

**Phytolacca americana** Linn.
别名：美洲商陆、美国商陆、野胭脂
英文名：Common Pokeweed, Coakum

商陆科多年生草本，高达 2 m，全株光滑无毛，茎紫红色；根肥大，倒圆锥形；茎直立或披散，圆柱形，带紫红色；单叶互生，叶椭圆状卵形或披针形，全缘；总状花序顶生或与叶对生，花白色，微带红晕；果序下垂，浆果扁球形，熟时紫黑色；种子肾形，褐色。花期 6—8 月，果期 8—10 月。

**分布**：原产北美，现广泛分布于我国南北各地。常见。

**生境与耐盐能力**：常见于荒地、疏林、路边。在含盐量 2.3 mg/g 的土壤中，生长正常（张万钧，1999）。福建厦门杏林高浦村垂序商陆在土壤含盐量达 5.6 mg/g 的红树林中正常生长（该红树林已遭围垦，潮水不能到达）。

**特点与用途**：喜光稍耐阴、耐瘠；生性强健，对土壤的适应性广，病虫害少，生长速度快，根系发达，耐粗放管理，是滨海地区荒地绿化的优良植物；根入药，具止咳、利尿和消肿功效；浆果富含天然食用色素甜菜红苷，是很有潜力的食用色素资源植物（毛得奖等，2013）。因其强大的环境适应能力，被环境保护部列入《中国自然生态系统外来入侵物种名单（第四批）》。全株有毒，根及果实毒性最强，对人和牲畜有毒害作用。

**繁殖**：播种繁殖。

◎ 花

◎ 枝

◎ 成熟果

| 垂序商陆 | 耐盐 | B | 耐盐雾 | B | 抗旱 | B+ | 抗风 | B |

南方滨海耐盐植物资源（二）

◎ 生长于海堤石缝的垂序商陆（福建石狮祥芝）

◎ 生长于海岸乱石堆的垂序商陆（浙江乐清雁荡镇跳头村）

## 白花黄细心

*Boerhavia albiflora* Fosberg.

紫茉莉科多年生匍匐草本，茎自基部多分枝；根细长，非肉质；单叶互生，卵形，基部圆形或楔形，顶端圆形至急尖，上面亮绿色，背面粉绿色；聚伞圆锥花序腋生，总花梗长达 12 cm，有长短不一的伞梗 5 个，每个伞梗顶端具 4～10 个排列成头状的无柄小花；花白色；果棒状，具 5 棱，果实表面多腺毛。花果期全年。

**分布**：西沙群岛常见，南沙群岛偶见。

**生境与耐盐能力**：海岸带与海岛特有植物，我国仅在西沙群岛和南沙群岛有分布。热带珊瑚礁海岛植被演替先锋植物之一。在西沙群岛，白花黄细心是继细穗草、铺地刺蒴麻、草海桐、银毛树之后，最先侵入新生粗颗粒珊瑚碎屑海岛的植物，常与细穗草形成稀疏的草本植物群落。而在永兴岛，白花黄细心可以与粗根茎莎草、厚藤等一起生长于干旱的珊瑚碎屑上。

**特点与用途**：喜光不耐阴、耐旱不耐水湿、耐瘠、耐高温；叶色浓绿，对热带珊瑚礁海岛环境有很强的适应性，一旦种植成活就无须维护，是热带珊瑚礁海岛绿化的先锋植物。

**繁殖**：播种繁殖。

◎ 花

◎ 果

◎ 白花黄细心是热带珊瑚礁海岛植被演替的先锋植物之一（西沙七连屿）

| 白花黄细心 | 耐盐 | A- | 耐盐雾 | A | 抗旱 | A | 抗风 | A |

◎ 匍匐生长于珊瑚礁海岛沙地的白花黄细心（西沙七连屿）

◎ 白花黄细心与细穗草（西沙七连屿）

## 直立黄细心

***Boerhavia erecta* Linn.**
别名：西沙黄细心
英文名：Erect Spiderling

紫茉莉科多年生草本，高 20～80 cm，茎直立或基部外倾，多分枝；根细长，非肉质；单叶对生，卵形、长圆形或披针形，顶端急尖或钝，基部圆形或楔形，下面灰白色，具下陷的红色腺体；聚伞圆锥花序紧密，有 1～3 个分枝，花白色或淡粉红色；果倒圆锥形，横切面星形，顶端平截，光滑。花果期夏季。

**分布**：海南、广西、香港（大埔）和台湾（Chou et al., 2004）。被列入《第二次全国重点保护野生植物资源调查名录》。偶见。

**生境与耐盐能力**：典型海岸植物，常见于空旷的海岸沙地。在海南东方昌化江口、乐东莺歌海、三亚湾等地，直立黄细心匍匐生长于海岸半流动沙地，与绢毛飘拂草、链荚豆、黄细心等组成稀疏的海岸沙生草本植物群落。

**特点与用途**：喜光不耐阴、耐旱不耐水湿、耐瘠，对海岸沙地环境有很强的适应性。植株矮小，野外资源量少，目前没有其应用的报道。

**繁殖**：播种繁殖。

◎ 白色花

◎ 淡粉红色花

◎ 枝叶

◎ 果

| 直立黄细心 | 耐盐 | B+ | 耐盐雾 | A | 抗旱 | A | 抗风 | A |

◎ 海岸流动半流动沙地的直立黄细心（海南乐东莺歌海）

◎ 生长于海岸沙荒地的直立黄细心（海南东方墩头）

# 腺果藤

**Pisonia aculeata** Linn.
别名：避霜花、刺藤
英文名：Glandular-fruit Piso Tree, Devil's Claw

紫茉莉科常绿攀缘灌木，枝下垂，具外弯的锐刺；单叶对生或部分互生，薄革质，椭圆形或卵状长圆形，全缘，叶背密生黄褐色短柔毛；花单性，雌雄异株，组成腋生或顶生的聚伞花序；果长圆状棍棒形，具5条棱，沿棱具乳突状腺体，能够分泌黏液，腺果藤由此得名。花期9—11月，果期12月至翌年2月。

**分布**：广东（徐闻）、海南和台湾。偶见。

**生境与耐盐能力**：自然分布于红树林林缘、海岸沙地灌丛中，在台湾南部也常见于高位珊瑚礁岩之上半部。Aronson（1989）认为腺果藤是盐生植物，并将其收录入世界盐生植物库。著名植物数据库"All Things Plants"中的耐盐植物数据库子库将腺果藤归为具有中等耐盐能力的植物。

**特点与用途**：喜光亦耐阴、耐热、耐瘠；生性强健，病虫害少，叶片表面光洁，分枝多，耐修剪，是很有开发前途的滨海绿篱植物。

**繁殖**：播种繁殖。

◎ 花

◎ 果

| 腺果藤 | 耐盐 | B | 耐盐雾 | A | 抗旱 | A | 抗风 | A |

◎ 枝刺

◎ 枝叶

◎ 生长于强盐雾海岸浪花飞溅区的腺果藤（海南文昌石头公园）

## 莫邪菊

***Carpobrotus edulis*** (Linn.) N. E. Br

**别名：** 美丽日中花、松叶菊、食用日中花、食用昼花酸果、霍顿督果、海滨苹果、猪脸果、海榕菜

**英文名：** Coasta Pigface, Sour Fig, Hottentots Fig, Pigface, Ice Plant

粟米草科多年生肉质草本，茎下部匍匐，上部直立，基部木质化，节节生根；单叶对生，肉质棱形，肥厚而多汁，横截面为三角形，稍弯曲，顶端渐尖，基部连合；花单生茎顶或叶腋，花瓣多数，线形，花色淡黄、粉红、橙红、紫红或白色等；花极像菊花，莫邪菊由此得名；花萼4至5裂，不等大；退化雄蕊多数，黄色，多轮排列；柱头10至16，羽毛状；浆果卵形，红褐色，顶端具2枚叶状萼片；种子细小。花果期3—11月。

◎ 花

**分布：** 原产非洲南部，作为观赏植物在世界热带海岸广泛栽培，在美国、欧洲各国、澳大利亚的海滨常见，有时逸为野生。我国有少量栽培。

**生境与耐盐能力：** 典型海岸沙地植物，从海岸前缘沙地到海岸木麻黄林中均有分布，偶见于基岩海岸石缝中。澳大利亚昆士兰州黄金海岸市的冲浪天堂（Surf Paradise）是强盐雾海岸，盐雾危害季节木麻黄受害严重，莫邪菊常成片生长于海岸前缘沙丘的顶部，是澳大利亚东海岸最靠近海水的海岸沙生植物之一。肉质化叶片含盐量高，澳大利亚原居民将烤制的叶片替代食盐。Aronson（1989）认为莫邪菊是盐生植物，并将其收录入世界盐生植物库。

◎ 果

**特点与用途：** 喜光稍耐阴、耐瘠、耐沙埋；生命力顽强，生长速度快，病虫害少，成活后几乎不用维护，栽培容易，不耐踩踏，叶形奇特，花色艳丽，嫩叶翠绿、老叶红褐色，是非常优秀的海岸固沙植物和沙地绿化植物，与老鼠芳和厚藤等混种更能体现其固沙与美化沙滩效果，更是海岸高档居住区极佳的地被植物。果可食，味道酸、涩且咸，跻身"十大暗黑水果"榜单，在欧美常被做成蜜饯或者果酱。

**繁殖：** 扦插繁殖为主，也可播种繁殖。

| 莫邪菊 | 耐盐 | A | 耐盐雾 | A+ | 抗旱 | A | 抗风 | A |

南方滨海耐盐植物资源（二）

◎ 植株

◎ 生长于强盐雾海岸沙地最前沿的莫邪菊（澳大利亚昆士兰州黄金海岸）

◎ 莫邪菊用于海岸沙地绿化（澳大利亚昆士兰州黄金海岸）

◎ 野生状态的莫邪菊（澳大利亚昆士兰州黄金海岸）

# 针晶粟草

***Gisekia pharnaceoides*** Linn.

别名：吉粟草
英文名：Senegal, Gisekia

粟米草科一年生草本，高 20～50 cm，多呈匍匐状，茎多分枝，淡粉色，全株有白色针状结晶体，针晶粟草由此得名；单叶对生或假轮生，稍肉质，叶形变化大，多为椭圆形或匙形；聚伞花序或伞形花序腋生，花小，淡绿色或淡紫色，花被片 5；瘦果肾形，具小疣状凸起，不开裂；种子稍黑色，平滑，具细小腺点。花果期全年。

**分布**：广东（雷州半岛）、海南和台湾。偶见。

**生境与耐盐能力**：海岸沙地特有植物，常与绢毛飘拂草、假厚藤、蛇婆子、墨苜蓿等组成海岸沙地前沿的稀疏草丛。

**特点与用途**：喜光不耐阴、耐瘠、耐高温、耐沙埋；因植株矮小，分布稀疏，国内没有其应用的报道。全株可食用，在印度和西非地区常被作为应急食物。药理研究表明其提取物具有很强的抗菌、驱虫和抑制中枢神经的功能，在印度和非洲一些地区被广泛应用于治疗疥疮、鼻炎、支气管炎、食欲不振、麻风病、白斑病和泌尿系统疾病，在治疗蠕虫感染和精神错乱方面也有一定疗效。

**繁殖**：播种繁殖。

◎ 花

◎ 植株

| 针晶粟草 | 耐盐 | B+ | 耐盐雾 | A | 抗旱 | A | 抗风 | — |

南方滨海耐盐植物资源（二）

◎ 强盐雾海岸沙地针晶粟草群落（海南文昌海南角）

◎ 针晶粟草与糙叶丰花草苗（海南东方昌化江口）

◎ 针晶粟草克隆生长情况（海南东方昌化江口）

45

# 无茎粟米草

*Mollugo nudicaulis* Lam.

别名：裸茎粟米草
英文名：Nakedstem Carpetweed, Daisy-leaved Chickweed

粟米草科一年生矮小草本，高 5～25 cm；叶基生，椭圆状匙形或倒卵状匙形，顶端钝，全缘；二歧聚伞花序自基生叶丛中抽出，扩展，花序梗和花梗铁线状，花黄白色；蒴果近圆形，3 裂；种子多数，栗黑色。花果期全年。

**分布**：海南岛和西沙群岛。少见。

**生境与耐盐能力**：典型海岸带与海岛植物，常见于海岸沙荒地和空旷草地。在海南东方四必湾，无茎粟米草生长于高潮线上缘以上的沙地。在海南三亚亚龙湾，无茎粟米草生长于海岸沙地灌丛间隙。而在海南三亚西岛，从高潮线上缘到海拔几十米的海岸坡地，均有无茎粟米草分布。在印度、巴基斯坦等都被认为是具有较高耐盐能力的植物。

**特点与用途**：喜光不耐阴、耐瘠、耐旱不耐水湿；植株矮小，叶片常因干旱而呈现黄褐色，与沙地背景颜色类似，很容易被人忽视。光合作用碳同化途径非常独特（同一个体的嫩叶进行 $C_3$ 途径，老叶属 $C_4$ 途径，中部叶片则属于过渡类型），已经成为研究光合作用的模式植物之一。因植株矮小，目前国内没有其他方面的应用报道。

**繁殖**：播种繁殖。

◎ 花

◎ 植株

| 无茎粟米草 | 耐盐 | B+ | 耐盐雾 | A- | 抗旱 | A | 抗风 | — |

◎ 植株

◎ 生长于红树林海岸砾石滩的无茎粟米草（海南儋州新盈湾）

◎ 生长于海岸半流动沙丘的无茎粟米草（海南乐东莺歌海）

# 假海马齿

**Trianthema portulacastrum** Linn.
别名：沙漠似马齿苋、海马齿苋
英文名：Desert Horse-purslane, Horse Purslane, Giant Pigweed

粟米草科一年生或多年生匍匐或斜升半肉质草本，全株绿色或红色，茎圆筒状，多分枝，向光的一面紫色，节膨大；单叶对生，不等大，薄肉质，椭圆形至倒卵形，先端钝至略凹，叶缘常呈紫红色，密生微小尖齿，叶柄基部膨大成鞘状包住茎；花单生叶腋，白色至粉红色，花萼花瓣状，早晨开放；蒴果顶端平截，上部肉质，不开裂；种子肾形，黑色，表面具螺旋状皱纹。花期夏季。

**分布**：广东（雷州半岛）、广西、海南和台湾。偶见。

**生境与耐盐能力**：热带亚热带地区常见植物，从海边到内陆地区均有分布。我国仅见于海岸带，多分布于盐田、鱼塘堤岸、沙地、红树林林缘等。实验室条件下，种子在 NaCl 含量 150 mmol/L 的培养液中发芽率可达 80%（Tanveer et al., 2013）。室内水培实验结果表明，假海马齿的生长不受 NaCl 浓度的影响，即使是在盐度高达 24 dS/m 的培养液中，假海马齿的生长与对照没有显著差别（Chauhan et al., 2017）。假海马齿在中国、印度和巴基斯坦被均列为盐生植物（赵可夫等，2013；Lokhande & Suprasanna, 2012; Khan et al., 2006）。

**特点与用途**：喜光稍耐阴、耐旱亦耐水湿、耐瘠；适应性广，生命力强，水分和营养供应充足时生长速度快，在美国被列入杂草名单；嫩茎叶多汁，富含铁、钙，可作为绿叶蔬菜食用。药理研究表明，假海马齿提取物具有抗炎、保肝、利尿、止痛、驱虫及降低血糖的功效，在南亚及非洲地区作为传统药材广泛使用。

**繁殖**：播种与扦插繁殖。

◎ 花

◎ 果

◎ 植株

| 假海马齿 | 耐盐 | A- | 耐盐雾 | A | 抗旱 | A | 抗风 | A |

◎ 极端干旱环境下假海马齿枝叶变紫红色（海南东方昌化江口）

◎ 生长于海岸沙荒地的假海马齿（海南三亚小东海）

◎ 生长于天文大潮可以淹及的海岸沙地的假海马齿（海南东方昌化江口）

# 马齿苋

**Portulaca oleracea** Linn.
别名：猪母菜、长命菜、豆瓣菜、狮岳菜、五方草
英文名：Purslane

马齿苋科一年生肉质草本，全株无毛；茎从基部开始分枝，平卧或先端斜上；单叶互生或假对生，肉质，全缘；花两性，黄色，通常3～5朵簇生叶腋；蒴果短圆锥形，盖裂；种子小，多数，黑褐色。花期5—8月，果期6—9月。

**分布**：广布于全球温带和热带地区。

**生境与耐盐能力**：常见于海岸沙荒地、鱼塘堤岸，季节性出现于鱼塘清淤时的岸边。在西沙群岛的北沙洲岛和中沙洲岛沙地前沿，缺少地面覆盖植物，沙丘流动性大，土壤风化程度低，台风季节潮水可以弥漫整个岛屿，马齿苋作为唯一的先锋植物生长正常，表明其对海岸沙地环境的适应性超过厚藤。在马来西亚，马齿苋被认为是耐盐能力最高的蔬菜（Amirul et al., 2014）。而在杭州湾，马齿苋可以在含盐量高达14.5 mg/g的海岸滩涂正常生长。在水培条件下，可以耐1/3～1/2海水浇灌。温室盆栽实验结果表明，在土壤含盐量2.7 mg/g～6.6 mg/g的范围内，马齿苋生长不受抑制（李媛，2009）。

**特点与用途**：具有广泛生态适应性，耐旱、耐瘠、耐热，并有一定耐阴性，非常适合滨海沙荒地种植。茎叶肥厚多汁，略带酸味，适口性好，具有降血脂、降血糖、抗衰老、消炎抑菌、增强免疫力等保健功能，为著名药食同源功能性食物，有"长寿菜""长命菜"的美称。马齿苋也是很好的饲料，猪、鸡、鸭喜食；全草入药，具清热治痢、凉血止血、止痒利湿、解毒之功效，可治菌痢、肠炎、湿疹、皮炎、小儿疳积、中暑、吐泻等。药理实验表明，马齿苋对大肠杆菌和金黄色葡萄球菌等多种细菌有较强抑制作用，素有"天然抗生素"的美称。

**繁殖**：播种与扦插繁殖。

◎ 海南乐东莺歌海半流动沙地上的马齿苋

◎ 果实开裂情况

◎ 繁殖枝

| 马齿苋 | 耐盐 | A | 耐盐雾 | A+ | 抗旱 | A | 抗风 | A |

◎ 珊瑚碎屑上自然生长的马齿苋（南海某岛屿）

◎ 马齿苋与粗根茎莎草等组成海岸沙地稀疏的草丛（海南东方昌化江口）

# 沙生马齿苋 *Portulaca psammotropha* Hance

别名：海南马齿苋

马齿苋科多年生铺散肉质草本，高5～10 cm，有粗大的地下根，叶腋和花基部有柔毛；单叶互生，叶片扁平（极端干旱环境下叶片高度肉质化而呈镶状），倒卵形或线状匙形；花顶生，花瓣5片，黄色，柱头5裂，雄蕊25～30枚；蒴果宽卵形，压扁；种子多数，黑色，圆肾形。花果期夏季。

**分布**：海南南部、西沙群岛、东沙群岛和台湾南部海岸偶见。东沙岛是其模式标本采集地。少见。

**生境与耐盐能力**：热带海岸沙地特有植物。从分布数量较多的海南东方四必湾看，沙生马齿苋自然分布多集中于高潮线上缘海岸沙地，偶见于植被稀疏的海岸空旷沙地，推测海水在其种子传播中起到了主要作用。而在西沙群岛的东岛，沙生马齿苋与草海桐、圆叶黄花棯等生长于面海无遮挡的植被稀疏的海岸空旷沙地，是热带珊瑚碎屑海岛最先登陆的植物之一。在海南三亚西岛，沙生马齿苋生长于海岸迎风面山坡石缝，有时可以在浪花飞溅区生长。而在台湾垦丁，沙生马齿苋生长于强盐雾海岸珊瑚礁缝隙。

**特点与用途**：喜光不耐阴、耐瘠、耐高温、耐旱，是海岸恶劣环境的代表植物。由于野外资源稀少，植株矮小，目前没有其应用方面的报道。

**繁殖**：播种繁殖。

◎ 花

◎ 果实及种子

◎ 植株

| 沙生马齿苋 | 耐盐 | A | 耐盐雾 | A+ | 抗旱 | A+ | 抗风 | A |

◎ 珊瑚碎屑上生长的沙生马齿苋（西沙七连屿）

◎ 生长于珊瑚礁缝隙的沙生马齿苋（台湾垦丁猫鼻头）

# 落葵薯

**Anredera cordifolia** (Tenore) Steenis
别名：藤三七、土三七、马德拉藤
英文名：Madeira Vine, Binahong Leaf

落葵科多年生宿根稍带木质的缠绕藤本，植株基部簇生肉质根茎，腋生大小不等的肉质珠芽，形似三七，藤三七由此得名；单叶互生，肉质，心形、宽卵形至卵圆形，全缘。总状花序腋生或顶生，花序轴纤细下垂，花小，白色，芳香，开后变黑褐色，久不脱落；胞果球形；种子双凸镜状。花期6—10月。

**分布**：原产热带美洲，我国浙江、福建、广东、广西、海南、香港和台湾常见栽培或逸为野生。

**生境与耐盐能力**：常见于海岸带与海岛村落附近。在福建平潭白清乡白沙村、东山岛陈城镇、浙江平阳南麂岛等地，落葵薯攀爬于强盐雾海岸木桩、灌木丛树冠、废弃民房屋顶，生长完全正常。实验室水培条件下，在NaCl含量3.3 g/L的1/2 Hoagland培养液中生长基本正常，NaCl含量8.3 g/L时出现一定的盐害症状，NaCl含量16.6 g/L时勉强存活（江蕙敏，2017）。

**特点与用途**：喜光亦耐阴、耐瘠；适应性强，生长快，栽培容易，病虫害少，营养丰富、口味好，具有滋补、壮腰膝、消散瘀、活血、健胃保肝等作用，成为药食两用蔬菜。落葵薯由于其强大的适应环境能力、繁殖能力、化感作用和快速生长特性，导致其枝叶可覆盖小乔木、灌木和草本植物，造成灾害（王玉林等，2008），被环境保护部列入中国第二批外来入侵物种名单。

**繁殖**：种子未见，常用珠芽和块根繁殖，也可以扦插繁殖。

◎ 花序

◎ 珠芽

◎ 攀援枝

| 落葵薯 | 耐盐 | B | 耐盐雾 | A- | 抗旱 | A- | 抗风 | — |

南方滨海耐盐植物资源（二）

◎ 强盐雾海岸攀援于灌木上的落葵薯

◎ 攀援于废弃房子上的落葵薯（浙江平阳南麂岛）

## 石竹

**Dianthus chinensis** Linn.

别名：洛阳花、五彩石竹、中国石竹、中国沼竹、石竹子花
英文名：China Pink

石竹科多年生直立草本，茎疏丛生，高 30～50 cm；茎具节，膨大似竹，故名石竹。叶对生，线状披针形；花单生枝端或数朵集成聚伞花序；苞片 4 枚，卵形，长达萼筒 1/2 以上；花萼圆筒形，有纵条纹；花小，花瓣倒卵状三角形，紫红色、粉红色、鲜红色或白色，顶端不整齐齿裂，喉部有斑纹；蒴果圆筒形，包于宿存萼内，顶端 4 裂；种子扁圆形，黑色。花期 5—6 月，果期 7—9 月。

**分布**：浙江、福建有天然分布。作为观赏植物广泛栽培，栽培品种众多。

**生境与耐盐能力**：海岸常见植物，常见于基岩海岸石缝，从浪花飞溅区至海拔数十米的坡地均有分布，也可以作为伴生植物生长于海岸沙地单叶蔓荆灌丛中。在山东和河北等地，石竹被认为是有一定耐盐能力的植物（王玉珍和刘永信，2009；彭红丽等，2012；胡月楠等，2012）。在土壤 pH 值 8.5 左右、含盐量 2 mg/g 的土壤中生长良好（李勃等，2014）。室内试验发现，盐胁迫大大降低石竹的发芽率，但在 NaCl 含量达 15 g/L 的培养液中有 16% 的种子能发芽（陈海平等，2012）。

**特点与用途**：喜光不耐阴、耐寒、耐瘠、不耐渍水；适应性强，花朵繁密，花色丰富，花期长，是滨海地区优良的地被植物。全株入药，具清热利尿、破血痛经和散瘀消肿的功效。

**繁殖**：播种、分株与扦插繁殖，商业化生产主要采取组织培养法繁殖。

◎ 花

◎ 生长于海岸沙荒地的石竹（福建莆田湄洲岛）

| 石竹 | 耐盐 | B− | 耐盐雾 | A− | 抗旱 | A | 抗风 | A |

◎ 强盐雾海岸迎风面山坡的石竹冬季景观（浙江洞头三盘岛）

◎ 生长于基岩海岸石缝的石竹（浙江洞头大垄山）

# 白鼓钉

*Polycarpaea corymbosa* (Linn.) Lam.
别名：声色草、白鼓丁、星色草、满天星草、广白头翁
英文名：Corymb Polycarpaea, White Stone Fort, Old-Man's Cap

石竹科一年生或多年生直立草本，高 15～25 cm，茎纤细而坚硬，二歧分枝，多数。单叶对生或假轮生，狭线形至锥尖，肉质；托叶长披针形；伞房花序或聚伞花序顶生，花小，白色，多数，密集；朔果卵圆形或长椭圆形。花期春至秋季，海南可以冬季开花。

**分布**：浙江、福建、广东、广西、海南、香港和台湾。偶见。

**生境与耐盐能力**：常见于空旷海岸沙荒地及山坡草地。在福建石狮祥芝，白鼓钉生长于强盐雾海岸草地，与其伴生的植物有丁癸草、滨海前胡等。而在海南三亚亚龙湾、澄迈花场湾等地，白鼓钉生长于海岸木麻黄林空隙。2017 年 1 月我们在海南澄迈花场湾泻湖沙坝鱼塘堤岸草地发现有少量正在开花的白鼓钉。

**特点与用途**：喜光不耐阴、耐旱不耐水湿、耐瘠；根系发达，对海岸沙荒地环境有很强的适应性。全草药用，性凉，味淡，具有清热解毒、除湿利尿的功效，用于治疗急性细菌性痢疾、肠炎、实症腹水和消化不良等。

**繁殖**：播种繁殖。

◎ 花

◎ 叶

| 白鼓钉 | 耐盐 | B | 耐盐雾 | A- | 抗旱 | A | 抗风 | A |

◎ 植株
（海南儋州新英湾）

◎ 生长于海岸沙地木麻黄林空隙的白鼓钉
（海南三亚青梅港）

# 女娄菜

***Silene aprica*** Turcx. ex Fisch. et Mey.

**别名**：九子参、王不留行、野罂粟、对叶草、罐罐花
**英文名**：Sunward Melandrium

石竹科一年生或二年生草本，高 20～70 cm，全株密生短柔毛；单叶对生，基生叶倒披针形或狭匙形，茎生叶倒披针形、披针形或线状披针形；聚伞花序伞房状，2～3 回分枝，每枝上有花 2～3 朵，花瓣粉红色或白色；蒴果椭圆形，种子多数，肾形，细小，黑褐色。花期 4—6 月，果期 6—8 月。

**分布**：东北、华北、西南和华东都有分布。常见。

**生境与耐盐能力**：常见于海岸沙地、沿海山坡路边草丛。在浙江舟山群岛、福建泉州湾、福建东山岛等地，女娄菜生长于大潮线上缘的海岸沙地。在浙江舟山的桃花岛，女娄菜生长于以假俭草、绢毛飘拂草、肾叶打碗花和卤地菊等为优势的海岸固定沙丘（张晓华等，1997）。而在浙江洞头的元觉码头，女娄菜生长于海岸突起岩石的浪花飞溅区石缝中。张娆挺和顾莉（1991）将其列为海岸沙生生态类型植物。辛华等（1998）认为女娄菜是盐生植物。

**特点与用途**：喜光不耐阴、耐旱不耐水湿、耐瘠；适应性强，形态奇特，适用于滨海沙绿化，也是一种值得开发的野生观赏植物资源。春季嫩苗可食，也可作牲畜饲料。全草入药，性平，味辛苦，有活血调经和健脾行水的功效，用于治疗月经不调、乳少、小儿疳积、痈肿和脾虚浮肿等。因对铜具有较强的耐性而被地质学家用作铜矿勘探的指示植物。

**繁殖**：播种繁殖。

◎ 花序

◎ 海岸沙地女娄菜植株（福建漳浦古雷半岛）

| 女娄菜 | 耐盐 | B+ | 耐盐雾 | A | 抗旱 | A | 抗风 | A- |
|---|---|---|---|---|---|---|---|---|

# 南方滨海耐盐植物资源（二）

◎ 强盐雾海岸沙地的厚藤和女娄菜（福建龙海火山岛）

◎ 海岸沙地女娄菜幼苗（福建漳浦古雷半岛）

◎ 生长于基岩海岸石缝的女娄菜（浙江洞头岛）

# 匍匐滨藜

**Atriplex repens** Roth.
别名：海芙蓉、海归母、沙马藤
英文名：Creeping Saltbush

藜科常绿小灌木，高 20～50 cm，茎外倾或平卧，浅绿色，下部常生有不定根；单叶互生，宽卵形至卵形，肥厚，全缘，灰绿色；花于枝的上部集成有叶的短穗状花序，雄花花被锥形，无苞片；雌花无花被，苞片果时三角形至卵状菱形，边缘具不整齐锯齿，靠基部的中心部木栓质臃胀，黄白色，中线两侧各有 1 个向上的突出物。胞果扁，卵形，果皮膜质。种子红褐色至黑色。果期 12 月至翌年 1 月。

**分布**：广东（雷州半岛）、广西（少见）、海南（常见）、香港（少见）。

**生境与耐盐能力**：海岸带特有植物，真盐生植物，热带海岸盐渍土指示植物（赵可夫等，2013；Basha et al., 2015）。从高潮线上缘到海岸沙荒地均有分布，常与绢毛飘拂草、卤地菊、假厚藤等组成海岸半流动沙地稀疏草丛。在海南东方，匍匐滨藜生长于大潮可淹及的低矮白骨壤红树林林间空地，也可以与海马齿生长在一起。在海南儋州和临高、广东徐闻等地，匍匐滨藜成片生长于鱼塘堤岸。

**特点与用途**：喜光不耐阴、耐瘠、耐高温；对海岸环境有很强的适应性，但因分布范围有限，生长缓慢，除药用外目前没有应用的报道。全株药用，性凉味微苦，具祛风除湿、活血通经和解毒消肿的功效，用于治疗风湿痹痛、带下、月经不调、疮疡痈疽和皮炎等。

**繁殖**：播种繁殖。

◎ 果

◎ 叶

◎ 鱼塘堤岸的匍匐滨藜（海南临高马袅）

| 匍匐滨藜 | 耐盐 | A | 耐盐雾 | A | 抗旱 | A | 抗风 | A |

◎ 生长于强盐雾海岸沙荒地的匍匐滨藜（海南昌江棋子湾）

◎ 呈带状分布的红树林、南方碱蓬和匍匐滨藜（海南东方四必湾）

◎ 海岸流动沙地的匍匐滨藜（海南东方八所）

## 灰绿藜

*Chenopodium glaucum* Linn.

别名：黄瓜菜、山芥菜、山菘菠、山根龙
英文名：Oak-leaved Goosefoot

藜科一年生草本，高 5～40 cm，茎斜上或平卧，有沟槽及红色或绿色条纹；单叶互生，稍肉质，长圆状卵形至卵状披针形，先端尖锐或钝圆，边缘具波状牙齿，表面暗绿色，背面灰绿或淡紫色，有厚白粉，无腺点；花簇短穗状，腋生或顶生；花被裂片 3～4，浅绿色；胞果伸出花被片，黄白色，果皮薄膜质；种子扁球形，暗褐色，有光泽。花期 6—9 月，果期 7—10 月。

◎ 果

**分布**：广泛分布于我国温带和中北亚热带地区。《中国植物志》认为浙江以南省区没有分布，我们在福建闽江口、泉州和厦门海岸均发现有天然分布。2018 年 5 月，我们在南海某岛屿发现了生长于珊瑚碎屑上逸为野生的灰绿藜。偶见。

**生境与耐盐能力**：盐碱地指示植物之一，常见于水分供应良好的轻度盐碱的湿草地、海滨低湿处和沙土地等。表皮具盐腺，是盐碱湿地被破坏后最先进入的植物。种子萌发实验和幼苗生长实验结果都显示灰绿藜为典型的盐生植物，低浓度的盐胁迫可促进种子萌发或对种子萌发影响不大，且可以促进幼苗生长（陈莎莎等，2010）。当培养液 NaCl 浓度低于 300 mmol/L 时，NaCl 对植株生长的抑制作用较小（陈莎莎等，2010）。种子萌发盐浓度的临界值和极限值分别为 9.3 g/L 和 19.3 g/L，与 2.9 g/L 盐溶液处理相比，23.4 g/L 盐处理种子的平均萌发率降低了近 70%，而 35.1 g/L 的盐溶液中没有种子发芽（段德玉等，2004）。此外，不同种源的灰绿藜耐盐能力存在明显差异，来源于我国西部干旱地区的灰绿藜耐盐能力明显高于滨海地区，在 400 mmol/L NaCl 培养液中，前者种子萌发率可达 90% 以上，而后者萌发率只有 2.5%（段德玉等，2003，2004）。移栽 22 d 后，灰绿藜在含盐量 2 mg/g～12.8 mg/g 的土壤中存活率高于 50%，但当含盐量 17.7 mg/g 时，存活率低于 50%（顾海蓉等，2009）。

**特点与用途**：喜光稍耐阴、耐旱亦耐水湿、耐瘠；适应性强，一旦定植可自行繁衍，繁衍速度快，是北方一些地区恶性杂草，但也正是这种特点，使其成为滨海盐碱地植被修复的先锋植物，土壤改良作用明显（赵可夫等，2013）。叶片富含蛋白质，幼苗或嫩茎叶可食，俗名灰条菜，也可以作为猪饲料、饲料添加剂和人类食品添加剂。

**繁殖**：播种繁殖。

| 灰绿藜 | 耐盐 | A- | 耐盐雾 | - | 抗旱 | A | 抗风 | - |

◎ 淤泥质海岸围填海区自然生长的灰绿藜（浙江慈溪庵东）

◎ 生长于海岸沙地的灰绿藜（浙江舟山朱家尖岛）

◎ 生长于鱼塘堤岸的灰绿藜（浙江慈溪庵东）

◎ 人工填海区珊瑚碎屑上自然生长的灰绿藜（南海某岛屿）

# 碱蓬

***Suaeda glauca*** (Bunge) Bunge

**别名：** 灰绿碱蓬、盐蓬、碱蒿子、盐蒿子、老虎尾、和尚头、猪尾巴、盐蒿

**英文名：** Common Seepweed

◎ 花

藜科一年生直立草本，高30～150 cm，茎有条棱，上部多分枝，全株灰绿色；叶肉质，半圆柱状条形，灰绿色；花小，球形，单生或2～5朵簇生于叶腋，常与叶基部合并，排列成聚伞花序；花两性，雄花花被杯状，黄绿色，雌花花被近球形，灰绿色；胞果包在五角星状的花被内；种子横生或斜生，双凸镜形，黑色，表面具清晰的颗粒状点纹。花期6—8月，果期9—10月。

**分布：** 山东、江苏、上海、浙江和福建。2011年至2020年间，我们陆续在福建福鼎沙埕湾、莆田木兰溪口和泉州湾发现天然生长的碱蓬。李信贤（2005）认为广西也有，需要进一步落实。浙江常见，福建偶见。

**生境与耐盐能力：** 叶片肉质化的真盐生植物，盐碱地指示植物，常见于高潮线以上的滨海泥质或泥沙质滩地、盐田及鱼塘堤埂，可以耐受经常性的潮水浸淹。但野外滩涂分布高程略高于盐地碱蓬，耐盐能力也稍低于盐地碱蓬。在内陆地区，常在碱湖周围和在盐碱斑上多星散或群集生长。在浙江舟山，碱蓬可以生长在土壤含盐量超过 10 mg/g 的滩涂及虾池土堤上（李根有等，1989）。赵可夫等（2013）将其归为盐生植物。

**特点与用途：** 喜光不耐阴、耐瘠、耐水湿；株型美观，成熟时植株火红，极具观赏价值，有"翡翠珊瑚"的雅称，是滨海高潮带以上滩涂及低洼咸湿地绿化的优良植物。栽培技术简单，病虫害少，鲜嫩茎叶营养丰富，具有特别的海鲜味，口感好，既可鲜食，又可制干，是一种优质无公害蔬菜和油料作物，适于沿海地区沙土或沙壤土种植。枝叶可入药，主治食积停滞、发热等。

**繁殖：** 播种繁殖。

◎ 果

| 碱蓬 | 耐盐 | A- | 耐盐雾 | A | 抗旱 | B+ | 抗风 | A- |

南方滨海耐盐植物资源（二）

◎ 围填海区自然生长的碱蓬
　（江苏启东圆陀角）

◎ 冬季鱼塘堤岸碱蓬景观

◎ 生长于大潮可淹及的碎石堆的碱蓬（浙江乐清西门岛）

◎ 生长于鱼塘堤岸的碱蓬、互花米草和秋茄（福建莆田木兰溪口）

# 盐地碱蓬

*Suaeda salsa*（Linn.）Pall.

别名：翅碱蓬、黄须菜、碱葱

英文名：Saline Seepweed

藜科一年生草本，高 20～80 cm，绿色或紫红色；茎直立，圆柱状，黄褐色，有微条棱，无毛；叶条形，半圆柱状，先端尖或微钝，无柄，枝上部的叶较短；团伞花序通常含 3～5 花，腋生，在分枝上排列成有间断的穗状花序；花两性，有时兼有雌性；花药卵形或矩圆形；胞果包于花被内；种子横生，黑色，有光泽，周边钝，表面具不清晰的网点纹。花果期 7—10 月。

◎ 花

**分布**：山东、江苏、上海、浙江。2008 年，我们在福建泉州湾发现天然分布的盐地碱蓬。常见。

**生境与耐盐能力**：叶片肉质化的真盐生植物，滨海重盐碱土的指示植物，常成片生长于高潮带滩涂、海滨低洼盐碱荒地、路边、鱼塘堤岸和河岸，是我国北方高盐滩涂的先锋植物。在上海、浙江杭州湾等地，盐地碱蓬常见于海三棱藨草和互花米草后缘、大潮可以淹及的高潮带滩涂及以上的积水洼地。而在天津，盐地碱蓬能够在含盐量 25 g/kg～36 g/kg、pH 值 7.0～9.5 的土壤中正常生长（马春等，2008；任建武等，2012）。甚至有报道可在含盐量高达 47 g/kg～50 g/kg 的海岸裸滩上稀疏生长（陈桐庵，1987；谭海霞，2013）。成年植株可以在含盐量 43 g/L 的海水中存活（张学杰等，2003）。在含盐量 36 g/L 的培养液中，仍然有部分种子可以萌发（李存桢等，2005），500 mmol/L NaCl 处理 20 d 时发芽率达 93%（史功伟等，2009）。400 mmol/L NaCl 显著促进其幼苗的生长（李圆圆等，2003）。

**特点与用途**：喜光不耐阴、耐水湿；生活力强，种子自播性好，管理宜粗放，是海滨滩涂地先锋植物、改造盐土生态环境的先驱者（马春等，2008）。季相变化明显，尤其入秋后群落外貌相续变为红色和紫红色，大面积的盐地碱蓬群落如一幅巨大的紫红色地毯，非常壮观。幼苗俗称黄须菜，北方沿海群众春夏多采食，也可以作为牛羊等的搭配饲料；种子含油量高，供食用或作为制造肥皂、油漆、油墨的原料。

**繁殖**：播种繁殖。

◎ 果

| 盐地碱蓬 | 耐盐 | A+ | 耐盐雾 | A | 抗旱 | B | 抗风 | — |
|---|---|---|---|---|---|---|---|---|

# 南方滨海耐盐植物资源（二）

◎ 填海区盐地碱蓬冬季景观（浙江慈溪庵东）

◎ 填海区枯死植株周围春季种子发芽（浙江慈溪庵东）

◎ 匍匐生长的植株（浙江慈溪庵东）

◎ 互花米草、秋茄和盐地碱蓬（浙江平阳西湾）

## 砂苋

***Allmania nodiflora*** (Linn.) R. Br.

**别名**：阿蔓苋、虾公草
**英文名**：Node Flower Allimania

苋科一年生草本，高10～50 cm；单叶互生，纸质，倒卵形、矩圆形或条形；头状花序初为球形，后变为卵形，系由数个具3～7花的聚伞花序组成；花小；胞果卵形，带绿色，全部包裹在宿存花被内；种子凸镜状，黑色，具白色杯状2裂的假种皮。花果期几乎全年。

**分布**：广西（钦州、北海、合浦）和海南（三亚、乐东、东方、儋州、澄迈、琼山和琼海。少见。

◎ 花

**生境与耐盐能力**：典型海岸沙生植物，常见于海岸固定沙丘草丛，偶见于鱼塘堤岸沙质土上。在海南东方昌化江口，砂苋与蛇婆子、单叶蔓荆、粗齿刺蒴麻等组成海岸半流动沙丘稀疏的灌草丛，植被覆盖率低于5%。赵可夫等（2013）将其归为盐生植物。

**特点与用途**：喜光不耐阴、耐瘠；干旱环境下植株矮小，叶片半肉质，再加上植被覆盖度低，很少引起注意。但如果土壤水、肥条件好，表现出快速生长特性，产量高，再加上营养丰富，嫩茎叶可作蔬菜，印度等地作为蔬菜有人工栽培。

**繁殖**：播种繁殖。

◎ 果

| 砂苋 | 耐盐 | A- | 耐盐雾 | A | 抗旱 | A | 抗风 | A |

◎ 植株

◎ 砂苋与单叶蔓荆等组成海岸沙地稀疏的灌草丛（海南东方昌化江口）

# 华莲子草

***Alternanthera paronychioides*** A. Saint-Hilaire

**别名**：匙叶莲子草、满天星、星星虾钳菜、美洲虾钳菜
**英文名**：Smooth Chaff Flower, Smooth Joyweed

苋科多年生匍匐草本，节节生根，高20～50 cm，多分枝，密被白色长毛；单叶对生，倒披针形或匙形，全缘；头状花序腋生，苞片3枚，卵状长圆形，花被5枚，白色，卵状长圆形；雄蕊5枚；卵圆形苞果扁平，黑色；种子红褐色，纺锤形。花果期全年。

**分布**：原产美洲，我国福建、海南、广东、香港和台湾有分布。福建南部的福建漳江口红树林国家级自然保护区是其集中分布区。偶见。

**生境与耐盐能力**：常见于红树林林缘和海岸鱼塘堤岸。我国海南岛东寨港、广东湛江、广东深圳、福建漳江口等地红树林林缘都有分布。而在福建漳江口红树林国家级自然保护区，华莲子草排挤其他物种，成片生长于鱼塘堤岸，也是新建鱼塘堤岸最先侵入的物种，有时盐度超过20 g/L的海水短时间浸泡也不会对其造成影响。

**特点与用途**：喜光稍耐阴、耐旱亦耐水湿、耐瘠；对土壤有广泛的适应性，生长快速，可自行繁衍，为近年来在我国快速扩张的恶性杂草，被农业部外来入侵生物预防与控制研究中心列入中国外来入侵物种名单。

**繁殖**：播种与扦插繁殖，扦插繁殖易生根。

◎ 花

◎ 华莲子草常形成致密的草丛

◎ 河流出海口岸边的华莲子草（海南文昌月亮湾）

| 华莲子草 | 耐盐 | B+ | 耐盐雾 | A− | 抗旱 | B+ | 抗风 | − |

◎ 鱼塘堤岸的华莲子草（福建云霄漳江口）

◎ 鱼塘堤岸的华莲子草（福建云霄漳江口）

## 安旱苋

**Philoxerus wrightii** Hook. f.
别名：安旱草
英文名：Wright Philydrum

苋科多年生肉质草本，高不超过5 cm，茎密集丛生，贴地生长；叶色及叶形变化较大，肉质光滑，倒卵形或匙形，长4～8 mm，宽2～3 mm，顶端圆钝；头状花序顶生或腋生，极度缩短，有粉红色花10～15朵；胞果卵形，侧扁，红色，包裹在宿存花被内；种子透镜状，褐色。花期5—11月。

**分布**：台湾南部，仅见于垦丁鹅銮鼻、兰屿和绿岛，垦丁帆船石是其集中分布区。钓鱼岛也有。稀少。

**生境与耐盐能力**：海岸带与海岛特有植物，为珊瑚礁海岸最靠近海水的植物。在台湾垦丁帆船石，安旱苋不仅可以在面海的珊瑚礁石缝凹处生长，也可以在水芫花灌丛带前缘的大潮可以淹及的珊瑚礁缝隙或凹陷处生长，显示出强大的耐盐和耐盐雾能力。在日本南部的一些岛屿，安旱苋是基岩海岸浪花飞溅区常见植物。

**特点与用途**：目前除了知道其具有超强的耐旱、耐盐、耐盐雾和耐高温能力外，有关安旱苋的信息就像其种群数量和个体大小一样，很少。

**繁殖**：播种繁殖。

◎ 花

◎ 紧贴珊瑚礁石壁生长的安旱苋（台湾垦丁）

◎ 珊瑚礁石壁上的安旱苋（台湾垦丁）

| 安旱苋 | 耐盐 | A+ | 耐盐雾 | A+ | 抗旱 | A+ | 抗风 | — |

南方滨海耐盐植物资源（二）

◎ 安旱苋为台湾垦丁珊瑚礁最靠近海水的植物之一

◎ 珊瑚礁低洼地成片生长的安旱苋（台湾垦丁）

## 针叶苋

**Trichuriella monsoniae**（Linn. f.）Bennet
英文名：Common Trichurus, Monson's Knotgrass

苋科多年生草本，高5～50 cm，全株有白色绵毛；叶对生或近轮生，钻状针形；穗状花序顶生，长卵形至圆柱形，花被片4，钻状披针形，淡红色或带绿色；胞果卵形，顶端横裂；种子卵形，褐色。花果期全年。

**分布**：仅见于海南乐东莺歌海、东方感城镇至四更镇海岸。非常稀少，连续多年的调查在野外仅发现少量植株。

**生境与耐盐能力**：在海南乐东莺歌海的半流动沙地迎风面，针叶苋与红毛草、羽芒菊、绢毛飘拂草等一起组成稀疏的海岸沙地植被。在海南东方四必湾，针叶苋生长于海岸鱼塘沙质堤岸。赵可夫等（2013）将其归为盐生植物。国际盐生植物应用协会（International Society of Halophyte Utilisation (ISHU)）也将针叶苋列为盐生植物。

**特点与用途**：喜光不耐阴、耐旱不耐水湿、耐瘠、耐沙埋；植株色彩艳丽，花序醒目，观赏期长，繁殖容易，有望开发为地被观赏植物。

**繁殖**：播种繁殖。

◎ 花序

◎ 植株

◎ 植株

◎ 苗

| 针叶苋 | 耐盐 | A | 耐盐雾 | A | 抗旱 | A+ | 抗风 | A+ |
| --- | --- | --- | --- | --- | --- | --- | --- | --- |

南方滨海耐盐植物资源（二）

◎ 植株

◎ 海岸半流动沙地上的针叶苋（海南乐东莺歌海）

# 量天尺

*Hylocereus undatus* (Haw.) Britt. et Rose

**别名：** 火龙果、三角柱仙人掌、芝麻果

**英文名：** Dragon Fruit, Pitaya, Night-blooming Cereus

仙人掌科肉质攀缘状灌木，具气生根；茎三棱柱形，多分枝，边缘波浪状；小窠沿棱排列，每小窠具1～3枚小刺；叶退化为刺；花大型，萼片基部连合成长管状、有线状披针形大鳞片，外围黄绿色，内部白色，5—9月晚间开放，具香味。浆果椭圆形，直径10～12 cm，红色，具黄色肉质鳞片状与绿色圆角三角形的叶状体，种子黑色。除量天尺外，主要栽培种类还有 *H. polyrhizus* (Weber) Britt. et Rose（红皮红肉）和 *H. costaricensis* (Weber) Britt. et Rose（红皮紫肉）。

**分布：** 原产中美洲至南美洲北部，我国福建、广东、广西、海南、香港和台湾常见栽培或逸为野生。

**生境与耐盐能力：** 在台湾岛最北端的富贵角，量天尺攀援于强盐雾海岸的浪花飞溅区岩石上，表现出极强的耐盐雾能力。在NaCl浓度为5.0 g/L时相关生理生化指标无明显变化，当NaCl上升至8.4 g/L时，各生理生化指标才有明显的变化（袁亚芳等，2012）；在12 g/L NaCl溶液培养35天，生长基本正常（袁亚芳等，2013）。2007年福建莆田某公司在江口废弃盐场种植火龙果获得成功，且其品质明显优于普通红壤栽培的火龙果。

**特点与用途：** 喜光稍耐阴、喜肥亦耐瘠、耐高温，不耐寒；适应性极强，茎可以通过气生根贴在岩石或其他物体表面，是理想的海岸垂直绿化植物。果肉营养美味，是著名热带水果；花可做蔬菜。集水果、蔬菜和药用于一身。红皮红肉类型火龙果是提取天然色素的绝佳原料。

**繁殖：** 扦插与嫁接繁殖。

◎ 花蕾

◎ 花

◎ 果

| 量天尺 | 耐盐 | B+ | 耐盐雾 | A+ | 抗旱 | A+ | 抗风 | A |

# 南方滨海耐盐植物资源（二）

◎ 生长于强盐雾海岸浪花飞溅区的量天尺（台湾台北富贵角）

◎ 生长于海岸刺灌丛的量天尺（海南儋州峨蔓）

◎ 商业化栽培的火龙果

## 单刺仙人掌

*Opuntia monacantha*(Willd.) Haw.

**别名**：多花仙人掌、单刺团扇
**英文名**：Common Prickly Pear Cactus, Cochineal Prickly Pear, Barbary Fig

仙人掌科肉质灌木或小乔木，高2～4m，主干圆柱状，分枝扁平，椭圆形、长圆形或狭倒卵形，基部渐狭至柄状；小窠结节状，具有1～2根直立、灰色长刺，尖头黑褐色，有时小窠内无刺；叶钻形，绿色或带红色，早落；花单生或多个聚集于枝条边缘，辐状，花托绿色，萼状花被片深黄色，具红色中肋；瓣状花被片深黄色，花丝淡黄绿色，花药淡黄色；浆果梨形或倒卵球形，成熟后紫红色，通常无刺；种子多数，肾状椭圆形，淡黄褐色。花期4—8月。

**分布**：原产南美，世界各地广泛栽培。我国浙江、福建、广东、广西、海南、香港和台湾常见栽培或逸为野生。

**生境与耐盐能力**：生境广泛，在海岸带与海岛常见于村落附近的基岩海岸缝隙、海堤缝隙等处。在台湾岛最北部的富贵角和福建东山岛等地，单刺仙人掌生长于强盐雾海岸浪花飞溅区砾石堆缝隙，与苦郎树、草海桐等成为最靠近海水的植物；而在福建漳浦，单刺仙人掌与单叶蔓荆等组成强盐雾海岸沙地前沿灌草丛。

**特点与用途**：喜光稍耐阴、耐旱不耐水湿、耐瘠、抗风；生命力顽强，适应性广，管理粗放，为我国仙人掌科植物中生长较快且较高大的植物种类，开花结果量大，花期长，浆果酸甜可食；茎药用，具有清热解毒、散瘀消肿、健胃止痛和镇咳的功效，用于治疗胃、十二指肠溃疡、急性痢疾、咳嗽，外用治流行性腮腺炎、乳腺炎、痈疖肿、毒蛇咬伤、烧烫伤等。

**繁殖**：播种、扦插与嫁接繁殖。

◎ 花

◎ 果

◎ 花与果

| 单刺仙人掌 | 耐盐 | A | 耐盐雾 | A | 抗旱 | A | 抗风 | A |
| --- | --- | --- | --- | --- | --- | --- | --- | --- |

## 南方滨海耐盐植物资源（二）

◎ 生长于强盐雾海岸浪花飞溅区的单刺仙人掌（台湾台北富贵角）

◎ 生长于强盐雾海岸沙地的单刺仙人掌（福建漳浦赤湖）

◎ 生长于海堤石缝的单刺仙人掌（福建泉州湾）

## 无根藤

**Cassytha filiformis** Linn.
别名：无叶藤、罗网藤、无头草
英文名：Filiform Cassytha, Love-vine

樟科多年生寄生草本，茎细长，匍匐缠绕，多分枝，黄绿色或橙褐色；茎每隔一段便会长出成排的吸盘，藉此附着于其他植物；叶退化为鳞片；短穗状花序，花小，白色或淡黄色；浆果圆球形，包藏于花后增大的肉质果托上。花果期5—12月。

**分布**：浙江、福建、广东、广西、海南、香港和台湾。常见。

◎ 果

**生境与耐盐能力**：典型海岸沙地、刺灌丛寄生植物，常见寄主有：厚藤、单叶蔓荆、白茅、变叶藜、草海桐、滨刺草等，尤其喜欢缠绕在厚藤上。在海南文昌石头公园，无根藤寄生于强盐雾海岸沙地最前沿的单叶蔓荆、厚藤等植物上，形成致密的覆盖层。

**特点与用途**：喜光稍耐阴、耐盐雾；寄生植物，对寄主有害；全草药用，具有清热利湿和凉血止血的功效，用于感冒发热、疟疾、急性黄疸型肝炎等。

**繁殖**：播种繁殖。

◎ 花

| 无根藤 | 耐盐 | — | 耐盐雾 | A | 抗旱 | A | 抗风 | — |

◎ 无根藤是海南岛海岸刺灌丛常见寄生植物（海南昌江棋子湾）

◎ 寄生于海岸沙地植物的无根藤（海南东方墩头）

◎ 寄生于红树植物的无根藤（广东珠海横琴）

## 普陀樟

*Cinnamomum japonicum* Sieb.

别名：普陀桂、天竺桂

樟科常绿乔木，高达 20 m，树皮光滑；叶对生或近对生，革质，芳香，卵形至长卵形，离基三出脉，有时近羽状脉，脉腋无腺点；圆锥花序具花 5～14 朵，无毛，生于新枝下苞腋或叶腋；花淡黄色；浆果状核果长圆形，熟时紫黑色，有光泽；种子长圆形。花期 5—6 月，果期 11—12 月。

◎ 幼枝

**分布**：上海（大金山岛）、浙江舟山群岛和台湾。国家二级保护植物。浙江舟山等地作为园林绿化植物常见栽培。福建厦门有引种。稀少。

**生境与耐盐能力**：海岛特有植物，常见于中亚热带海岛海拔 100 m 以下的东－东南向海边石缝和山坡，常与红楠、蚊母树、全缘冬青、山茶、滨柃、海桐和日本女贞等组成海岛特色常绿阔叶林。偶见于海岸迎风面山坡，但植株低矮，冬季枯梢现象严重。实验室水培条件下，幼苗可以在含盐量 5 g/L 的培养液中正常生长（李影丽等，2008）。此外，还表现出较强的耐盐雾能力（赵颖等，2016）。

**特点与用途**：喜光稍耐阴，苗期需要适当遮阴，耐瘠、耐热、耐寒；生性强健，病虫害较其他樟科树种少，叶片比香樟更绿更亮，树皮比香樟光滑，树冠饱满，枝叶浓密，四季常青，是滨海特有的观叶、观果植物，是优良的沿海山地及庭院绿化树种，也是构建中亚热带海岛常绿阔叶林的代表性树种，在中亚热带海岛采伐迹地更新、次生林改造中有很大的应用潜力。木材坚实致密，纹理直，耐腐，耐水湿，是优良的用材树种。

**繁殖**：播种与扦插繁殖。种子寿命短，幼苗生长缓慢，5 年后加快。

◎ 花序

| 普陀樟 | 耐盐 | B | 耐盐雾 | A- | 抗旱 | B+ | 抗风 | A- |

南方滨海耐盐植物资源（二）

◎ 结果枝

◎ 植株

◎ 生长于基岩海岸浪花飞溅区上缘的普陀樟（浙江舟山南沙）

# 圆叶豹皮樟

*Litsea rotundifolia* Hemsl.

别名：大灰木、百叶仔、白柴、香叶子
英文名：Oblong-leaved Litsea, Long-leaved Litsea

樟科常绿灌木或小乔木，高达 5 m；单叶互生，革质，倒卵状长圆形，上面有光泽，下面带苍白色，叶柄密有褐色柔毛。伞形花序腋生或节间生，总花梗及花梗不明显；花单性，雌雄异株；果球形，近无柄，初时红色，熟时黑色。花期 8—9 月，果期 9—11 月。

**分布**：浙江、福建、广东、广西、香港和台湾。常见。

**生境与耐盐能力**：生于低山灌丛、疏林或丘陵地带，常成为海岸次生林下优势种，也是海岸固定沙丘灌木丛的优势植物之一。在广西，圆叶豹皮樟是海岸干旱沙地上最典型的沙生木本植物之一，常与打铁树、酒饼簕、刺裸实等组成海岸沙地刺灌丛。而在强盐雾海岛—福建平潭岛，圆叶豹皮樟是海岸迎风面山坡黑松林下的优势灌木。

**特点与用途**：喜光稍耐阴、耐瘠；适应性强，春季嫩叶红色，浓密的枝叶红绿相衬，十分美丽，且呈色期长，是优良的海岸观赏植物，也是海岸与海岛山地植被恢复的优良树种。根药用，具有行气活血止痛、祛风湿的功效，用于治疗胃痛、腹痛、痢疾、腹泻、痛经、风湿痹痛和跌打损伤。

**繁殖**：播种繁殖。

◎ 花

◎ 幼芽

◎ 果

| 圆叶豹皮樟 | 耐盐 | B | 耐盐雾 | B+ | 抗旱 | A- | 抗风 | A |

南方滨海耐盐植物资源（二）

◎ 果

◎ 叶

# 倒卵叶润楠

*Machilus obovatifolia* (Hay.) Kanehira et Sasaki

别名：倒卵叶楠、恒春桢楠、青龙珠

英文名：Obovate-leaf Machilus

樟科常绿小乔木，高 3～5 m；单叶轮生或簇生于小枝的先端，倒卵形或卵状长椭圆形，厚革质，全缘，先端圆形，侧脉每边 4～5 条；叶柄短或无；聚伞状圆锥花序顶生，花少数，黄绿色；核果扁平球形，径 1.2～1.8 cm，成熟时黑色，被白粉，基部常衬托着残存反卷的花被片。花期 4—6 月，果期 10—12 月。

**分布**：台湾特有种，仅在恒春半岛的低海拔山区有少量分布。福建厦门有引种，可以正常开花结果。少见。

**生境与耐盐能力**：台湾恒春半岛低海拔海岸林成分，常出现在风口处或是接近海岸的地带。模拟盐雾试验发现，倒卵叶润楠耐盐雾能力与厚叶石斑木相当（陈国军等，2018）。

**特点与用途**：喜光稍耐阴；目前对其研究很少，缺乏基本信息。根据引种到厦门后的生长情况看，倒卵叶润楠适应性强，树形优美，耐修剪，幼叶嫩红，在海岸带与海岛绿化方面极具推广价值。

**繁殖**：播种繁殖。

◎ 花

◎ 花序

◎ 果

| 倒卵叶润楠 | 耐盐 | B | 耐盐雾 | A | 抗旱 | B+ | 抗风 | A |

◎ 幼叶

◎ 植株

# 红楠

**Machilus thunbergii** Sieb. et Zucc.

别名：小叶楠，红润楠，猪脚楠

英文名：Red Machilus, Common Machilus

樟科常绿乔木，高达20 m；因幼叶、嫩枝、花序、花梗及果梗常呈红色，故名红楠；单叶互生，倒卵形或卵状披针形，革质，全缘，揉之有臭味；每年新枝与老枝之间，有几圈猪脚般的环节，故名"猪脚楠"；圆锥花序近顶生或生于上部叶腋，花小，黄绿色；浆果扁球形，熟后黑紫色，果梗鲜红色。花期3—4月，果期6—8月。

**分布**：上海、浙江、福建、广东、广西、香港和台湾。浙江舟山地区作为园林绿化植物广泛栽培。偶见。

**生境与耐盐能力**：海岸带及海岛地区的红楠多生长于海岛背风面山坡水热条件较好的区域。在福建西台山岛，红楠生长于西侧背风面山坳中。而在浙江平阳南麂岛，红楠可以在海风较大的东北面基岩海岸山坡石缝中生长。在水培条件下，红楠幼苗耐盐能力与厚叶石斑木相当，可以在含盐量9 g/L NaCl的培养液中正常生长（张玲菊等，2008）。用盐度27 g/L的海水喷雾模拟盐雾处理，未见明显的盐害症状（贺位忠等，2008）。

**特点与用途**：喜光稍耐阴、耐寒、耐瘠；适应性广，是所有楠木中最耐寒和耐瘠的种类。树形优美，树干高大通直，枝叶浓密，生长快，花期长，翠绿色的树冠上挺立着红色的芽苞，极为醒目，是我国东南沿海理想的防风林树种和道路绿化树种，也是构建亚热带海岛特色景观的优良树种。材质优良，用途广泛。根皮药用，主治扭挫伤，叶可提取芳香油。

**繁殖**：播种繁殖为主，也可扦插繁殖。

◎ 花

◎ 幼芽

| 红楠 | 耐盐 | B+ | 耐盐雾 | A- | 抗旱 | B | 抗风 | B+ |

南方滨海耐盐植物资源（二）

◎ 果

◎ 幼芽

◎ 3级盐雾区一线海岸红楠生长情况（浙江舟山南沙）

◎ 生长于基岩海岸的红楠（浙江平阳南麂岛）

## 舟山新木姜子　*Neolitsea sericea* （Bl.）Koidz.

**别名**：佛光树、金新木姜子、男刁樟、鸟樟

樟科常绿乔木，高达 10 m；树皮灰白色，嫩枝、顶芽、花梗、花被及幼叶两面密被金黄色柔毛，老后无毛，具特异强烈窜透性香气；单叶互生，椭圆形至披针状椭圆形，革质，离基三出脉，幼叶具有金黄色绢毛，下垂；伞形花序簇生叶腋或枝侧，无总梗，每一花序有花 5 朵；花单性，雌雄异株；浆果核果状，椭圆形，成熟后鲜红色，有光泽。花期 10—12 月，果期 12 月至翌年 1—2 月。

◎ 芽

**分布**：上海（畲山、大金山岛）、浙江舟山群岛和台湾，野外个体数量稀少，为国家二级保护植物。作为舟山市的市树在浙江和上海栽培较多。福建厦门有引种。偶见。

**生境与耐盐能力**：海岸和海岛特有植物，常见于海岛背风面水热条件较好的地段，偶尔可以出现在受强风吹袭的基岩海岸石缝中。水培条件下，舟山新木姜子幼苗可以在盐度 3 g/L 的培养液中正常生长，盐度 6 g/L 培养液处理 20 天后无明显盐害症状，但生长量明显低于对照（王慰等，2007）。

**特点与用途**：喜光亦耐阴、耐旱不耐水湿；适应性广，生长迅速，萌芽力强；树形优美，季相变化明显，春夏季节，新抽的嫩枝嫩叶或叶子的背面密被着金黄色绒毛在阳光下闪闪发光，严冬时绿叶丛中红果累累，鲜艳夺目，为良好的观叶观果树种。是中亚热带沿海地区不可多得的城镇绿化树种，也是优良的海岛绿化树种。树干通直，材质优良，结构细致，是建筑、家具、船舶等的上等用材。舟山渔民出海捕鱼或返航时，老远就看见普陀山山坡上闪闪发光的树，人们以为这个是佛光普照的祥瑞景象，佛光树由此得名，也被认为是天生与佛有缘的珍稀树种。

**繁殖**：播种繁殖。

◎ 幼叶

| 舟山新木姜子 | 耐盐 | B | 耐盐雾 | B+ | 抗旱 | B+ | 抗风 | A− |

南方滨海耐盐植物资源（二）

◎ 幼叶

◎ 植株

## 木防己

*Cocculus orbiculatus* (Linn.) DC.
别名：土木香、白木香、细麦藤
英文名：Queen Coralbead, Snail Seed

防己科常绿缠绕木质藤本，茎细长，枝、叶被绒毛至疏柔毛；单叶互生，纸质至近革质，形状变异极大，线状披针形至阔卵状近圆形、狭椭圆形至近圆形、倒披针形至倒心形，有时卵状心形；掌状三出脉，侧生的一对脉不达叶片中部即分枝消失；叶柄被稍密的白色柔毛；聚伞状圆锥花序腋生或顶生，花小，黄绿色，单性，雌雄异株；核果近球形，成熟后蓝黑色，表面被白粉。花期5—6月，果期7—10月。

**分布**：我国除西北部及西藏外均有分布。常见。

**生境与耐盐能力**：生境多样，在山坡、灌丛、林缘、路边或疏林下都可以找到其踪迹。海岸带与海岛海滨灌丛及石缝常见。目前没有木防己耐盐能力的专门报道。但从其野外分布看，具有非常强的耐旱和耐盐雾能力。在福建石狮祥芝，秋冬季的强盐雾导致大部分植物枯黄，只有攀爬于结缕草草丛和岩石表面的木防己依然保持绿色。与之直线距离不过5 km的无居民海岛白屿岛，木防己、滨海前胡、裂叶假还阳参、酢浆草等5种植物是秋冬季唯一有绿叶的植物。

**特点与用途**：喜光不耐阴、耐瘠；对土壤和气候具有广泛的适应性，无病虫害，一旦种植成活就无需维护，蓝黑色果实形如葡萄，极具观赏价值，是滨海地区垂直绿化极佳植物。枝叶及根药用，为著名中药材，性辛味苦寒，具有祛风止痛和利尿消肿的功效，用于治疗风湿痛、肋间神经痛、中暑腹痛、胃痛、痛经、咽喉肿痛、肾炎水肿、尿路感染、毒蛇咬伤、无名肿毒等。

**繁殖**：播种与扦插繁殖。

◎ 花

◎ 果

◎ 成熟果

| 木防己 | 耐盐 | A- | 耐盐雾 | A | 抗旱 | A | 抗风 | A |

南方滨海耐盐植物资源（二）

◎ 生长于强盐雾海岸迎风面山坡的木防己（海南万宁港北港）

◎ 攀援于许树树冠的木防己（福建厦门土屿）

◎ 强盐雾海岸东北季风后草丛中的木防己（福建石狮祥芝）

# 束蕊花

*Hibbertia scandens*（Willd.）Dryand.
别名：蛇藤、纽扣花
英文名：Snake Vine, Climbing Guinea Flower, Golden Guinea Vine

五桠果科常绿攀缘草质藤本；单叶互生，椭圆形至倒卵形，膜质或薄纸质，先端尖，基部楔形，全缘；聚伞花序腋生，萼片卵状三角形，内面中肋中部以上凸起；花瓣倒卵圆形，金黄色；蒴果状核果，圆球形，种子黑色。花期全年，以春夏季为主花期。

**分布**：原产澳洲东海岸。我国广东、福建（厦门、泉州和福州）有引种。少见。

**生境与耐盐能力**：海岸带特有植物，从隐蔽的海岸低地到暴露于强风及盐雾的海岸沙丘都有分布，也可以在海岸木麻黄林内及灌丛中生长。在澳大利亚昆士兰州黄金海岸，人工种植于浪花飞溅区的束蕊花未见任何盐害症状。

**特点与用途**：喜光稍耐阴、耐旱不耐渍水、耐中度霜冻；适应性广，栽培容易，生长速度快，花大色艳，花期长，是滨海地区难得的攀援植物和地被植物，在澳大利亚的昆士兰州和新南威尔士洲作为观赏植物广泛栽培。花的颜色与气味（樟脑球味）令人印象深刻。

**繁殖**：扦插繁殖。种子发芽困难。

◎ 花

◎ 花

◎ 枝

| 束蕊花 | 耐盐 | A- | 耐盐雾 | A | 抗旱 | A | 抗风 | A |

南方滨海耐盐植物资源（二）

◎ 束蕊花作为海岸沙地地被植物（澳大利亚昆士兰州黄金海岸）

◎ 束蕊花作为强盐雾海岸地被植物（澳大利亚昆士兰州黄金海岸）

## 山茶

***Camellia japonica*** Linn.

**别名**：红山茶、耐冬、耐冬山茶、海石榴
**英文名**：Camellia

茶科常绿灌木或小乔木，高 2～10 m；单叶互生，厚革质，椭圆形或卵形，叶缘具锯齿；花顶生或腋生，苞片及萼 9～10 片，卵圆形或圆形；花瓣 6～7 片，红色或白色，近圆形；蒴果球形，宽 3～5 cm，平滑，2～3 室，3 爿开裂，种子球形，光滑无毛。花期 1 月至翌年 4 月，果期 9—10 月。

**分布**：天然种群主要分布于我国浙江、山东和台湾。朝鲜半岛南部和日本也有。是天然分布最北的常绿阔叶树种，山东荣成是我国山茶分布北界。是我国十大名花之一，栽培品种众多。浙江省省花，青岛市市花。栽培常见，野生稀少。

**生境与耐盐能力**：海岛特有植物，多见于海岛向阳山坡，从浪花飞溅区上缘至海拔 100 m 的山坡。在浙江舟山的一些岛屿，山茶常与滨松、海桐等生长在一起，在强劲的海风吹拂下，树冠常呈旗形。在山东青岛的一些岛屿，山茶经常与大叶胡颓子生长在一起，栖息在后者的枝叶所包围的小环境当中。

**特点与用途**：喜半阴，强光下叶片稍黄化，而在林下或遮阴处叶片墨绿色；喜酸性土壤；耐寒；适应性强，树姿优美，花繁叶茂，花期长，寿命长，病虫害少，对 $SO_2$ 有较强的抗性，是滨海城镇绿化和厂区绿化的优良植物。种子含油量达 45% 以上，可食用或工业用；花为收敛止血药；木材可作细工及农具等。

**繁殖**：扦插繁殖为主，名贵品种多用嫁接繁殖。播种繁殖亦可。

◎ 栽培山茶花

◎ 栽培山茶花

◎ 野生山茶幼果（浙江舟山羊峙门）

| 山茶 | 耐盐 | B+ | 耐盐雾 | A- | 抗旱 | A- | 抗风 | A |

◎ 野生山茶果（浙江舟山桃花岛）

◎ 基岩海岸野生山茶
（浙江舟山桃花岛）

◎ 野外移植的山茶（浙江舟山林科院）

## 日本厚皮香

***Ternstroemia japonica*** (Thunb.) Thunb.

**别名**：厚皮香
**英文名**：Japanese Cleyera

茶科常绿灌木或小乔木，高1～6 m，小枝近轮生，嫩枝淡紫红色；叶聚生于枝端，呈假轮生状，革质，倒卵形、长圆状倒卵形至倒披针形，全缘或上半部疏生细钝齿，先端圆钝或短钝尖，叶柄红色；花单生叶腋或生于当年生无叶的小枝上，小，淡黄色，有浓香；浆果状蒴果卵状球形或卵状椭圆形，假种皮成熟时鲜红色，花柱宿存；果梗较长，粗壮，下弯。花期5—6月，果期8—10月。

**分布**：浙江（象山松兰山）和台湾（张幼法等，2015）。野外资源稀少。浙江舟山、杭州、江苏南京等地有栽培。

**生境与耐盐能力**：海岸带与海岛特有树种（张幼法等，2015）。在浙江象山松兰山，日本厚皮香是迎风面基岩海岸石缝最接近海水的灌木之一，从浪花飞溅区到海拔几十米的山坡都有分布，未见明显的盐雾危害症状。

**特点与用途**：喜光亦耐阴；喜温暖湿润气候，但也非常耐旱、耐瘠，适应性强，在酸性、中性及微碱性土壤中均能生长，是山茶科植物中少有的可以生长在碱性土壤的种类之一。树冠浑圆，枝平展成层，叶色亮丽，尤其是春季叶色变化多端，初夏花开浓香，深秋红果如伞，初冬部分叶片由墨绿转绯红，远看疑是红花满枝，四季皆成景，耐修剪，是滨海地区优良的园林绿化植物，也是良好的绿篱植物。木材红色，坚硬致密，用途广泛；种子含脂肪油，可制油漆、肥皂与机械润滑油等；树皮含鞣质，可提供栲胶和茶褐色染料。

**繁殖**：播种与扦插繁殖。

◎ 果

◎ 叶

◎ 幼枝

| 日本厚皮香 | 耐盐 | B | 耐盐雾 | A- | 抗旱 | A- | 抗风 | A- |

◎ 生长于基岩海岸迎风面山坡的日本厚皮香（浙江象山松兰山）

◎ 野生植株（浙江象山松兰山）

# 青皮刺

***Capparis sepiaria*** Linn.

别名：曲枝槌果藤、公须花、曲枝山柑、西辟亚蝴蝶木

英文名：Caper Bush, Hedge Caper Bush

白花菜科常绿灌木或藤本，高可达3 m，枝粗壮，"之"字形弯曲，小枝密被灰黄色柔毛，有下弯的尖刺；单叶互生，长圆状椭圆形或长卵形至长圆形；亚伞形或短总状花序着生枝顶，有花10～20余朵，白色，芳香；浆果球形，熟后黑褐色，有种子1至数颗。花期4—6月，果期8—12月。

**分布**：广东、广西和海南。偶见。

**生境与耐盐能力**：海岸带与海岛特有植物，常见于海岸沙地灌丛和疏林中，也可以在干燥的海岸迎风面山坡生长。在海南岛西海岸，青皮刺是海岸灌丛的常见植物之一。在海南东方市墩头，青皮刺与苦郎树生长于受强海风吹袭的海岸沙地最前沿，为海岸灌丛最前沿的植物之一。在海南儋州峨蔓，青皮刺与仙人掌、刺茉莉等生长于强盐雾海岸浪花飞溅区礁石缝隙中，表现出极强的耐盐雾能力。

**特点与用途**：喜光不耐阴、耐旱不耐水湿、耐瘠；生性强健，不择土壤，耐粗放管理，花极香，花期长，花量大，是滨海地区优良的绿篱植物和蜜源植物。

**繁殖**：播种繁殖。

◎ 花

◎ 结果枝

| 青皮刺 | 耐盐 | B+ | 耐盐雾 | A | 抗旱 | A | 抗风 | A |

## 南方滨海耐盐植物资源（二）

◎ 生长于浪花飞溅区礁石缝隙的青皮刺（海南三亚青梅港）

◎ 海岸沙地的青皮刺灌丛（海南三亚三亚湾）

◎ 青皮刺、露兜树和仙人掌组成的海岸沙地刺灌丛（海南东方昌化江口）

◎ 生长于基岩海岸迎风面山坡的青皮刺（海南文昌七洲列岛）

# 牛眼睛

***Capparis zeylanica*** Linn.

**别名：** 槌果藤、锡朋槌果藤、锡兰刺山柑、印度刺山柑
**英文名：** Indian Caper, Ceylon Caper

白花菜科常绿攀缘或蔓性灌木，高 2～3 m，幼枝、幼叶和花梗密被红褐至浅灰色星状绒毛；单叶互生，形状多变，常为椭圆状披针形或倒卵状披针形，顶端有短尖头，老叶光滑无毛，叶柄基部有一对向下弯曲的褐色锐利短刺；花 2～3 朵腋生，排成一短纵列，花瓣白色，花丝长而突出，集合成圆扇状，初时白色，后转为紫红色，芳香；浆果球形或椭圆形，直径 2.5～4 cm，成熟时红色或紫红色，花梗果时增粗，形似鼓槌，槌果藤由此得名。花期 3—5 月，果期 7—10 月。

**分布：** 广东、广西和海南。偶见。

**生境与耐盐能力：** 海岸刺灌丛常见植物，多见于海岸固定沙丘、基岩海岸迎风面山坡、红树林内缘海堤等地。在海南三亚青梅港，牛眼睛生长于基岩海岸浪花飞溅区上缘，是最靠近海水的灌木之一。在海南三亚、东方等地，牛眼睛是海岸固定沙丘刺灌丛、木麻黄防护林隙的常见植物。

**特点与用途：** 喜光稍耐阴、耐瘠，耐旱不耐水湿；花香浓郁，雄蕊多数，花丝长而突出，集合成圆扇状，初时白色，后转为紫红色，花在幼枝上常于叶前开放，形成多花而美丽的花枝，为滨海地区优良的观花观果植物和防风固沙植物。根和叶提取物有广泛的生物活性（驱虫、抗氧化、降血糖、促进伤口愈合、抗菌、增强记忆）（Amit et al., 2010），用于治疗霍乱、偏瘫、肺炎、蠕虫和炎症活动（Arulmozhi et al., 2019）。果剧毒，人食半个果肉即可中毒，8～9 个可致死。

**繁殖：** 播种繁殖。

◎ 花蕾

◎ 花

◎ 果

| 牛眼睛 | 耐盐 | B | 耐盐雾 | A− | 抗旱 | A | 抗风 | A |

◎ 花（示白色和紫红色花丝）

◎ 牛眼睛是基岩海岸刺灌丛常见植物（海南三亚青梅港）

# 台南伽蓝菜

***Kalanchoe garambiensis* Kudo**

别名：鹅銮鼻灯笼草、鹅銮鼻景天
英文名：South Taiwan Kalanchoe

景天科多年生肉质草本，根茎粗壮，高 5～8 cm；单叶对生，小，长不及 2 cm，匙形，先端圆，有短尖，全缘或下半部有稀疏的锯齿，叶片颜色有紫叶型和绿叶型两个品种；聚伞花序顶生，有花 3～10 朵，排列成疏松的伞房花序；花黄色，高脚碟状；蓇葖果卵状椭圆形，种子多数。花期 4 月，果期 8 月。

**分布**：台湾特有种，仅见于台湾南部（高雄与恒春半岛海边珊瑚礁岩上）。由于野外数量稀少，且分布地狭窄，1991 年，为宣传野生植物保护，台湾有关方面以台湾特有植物为主题，发行了一套邮票，台南伽蓝菜是 16 种入选植物之一。

**生境与耐盐能力**：海岸带特有植物，仅见于临海珊瑚礁岩石上，从受强海风吹袭的海拔数米的浪花飞溅区珊瑚礁岩石缝隙至海拔数十米的高位珊瑚礁上均有分布，常见的伴生植物有沙生马齿苋、四瓣马齿苋和鹿角草等耐旱和耐盐雾能力很强的植物。

**特点与用途**：喜光稍耐阴、耐瘠、耐高温。株型紧凑，花清晨开放，傍晚闭合，同一朵花可以连续开放闭合多次，花期长，是良好的育种材料。台湾园艺专家将其与欧洲长寿花杂交，培育出金黄色的长寿花品种，不仅株型更漂亮，且花期提前。

**繁殖**：播种与叶片扦插繁殖。

◎ 花

◎ 植株

| 台南伽蓝菜 | 耐盐 | A | 耐盐雾 | A+ | 抗旱 | A+ | 抗风 | A+ |

◎ 生长于强盐雾海岸珊瑚礁缝隙的台南伽蓝菜（台湾垦丁猫鼻头）

## 茅莓

***Rubus parvifolius*** Linn.
**别名**：草杨莓、国公、红梅消、三月泡、蛇泡簕、薅田藨、天青地白草
**英文名**：Japanese Raspberry

蔷薇科落叶攀缘灌木，高1～2 m，枝、花序及叶柄上有柔毛和皮刺；叶互生，小叶3枚，菱状圆形或倒卵形，边缘有不整齐粗锯齿或缺刻状粗重锯齿，上面绿色具稀疏柔毛，背面密被灰白色绒毛，中药名"天青地白草"由此得名；伞房花序顶生或腋生，萼片卵状披针形或披针形；花粉红至紫红色，基部具爪；聚合果卵球形，成熟后红色；种子有浅皱纹。花期3—6月，果期4—8月。

**分布**：除新疆、西藏、青海和内蒙古外，全国各地常见。

**生境与耐盐能力**：茅莓的耐盐和耐盐雾能力尚未引起关注。但从其野外分布看，茅莓对海岸环境有广泛的适应性，在基岩海岸石缝、海堤石缝、海岸迎风面山坡等均可见其踪迹。

**特点与用途**：喜光稍耐阴、耐旱亦稍耐水湿、耐瘠；适应性强，生长迅速，繁殖容易，一旦种植成活后就不需要养护，果色艳丽，是滨海地区极佳的荒山绿化、边坡绿化、水土保持和地被植物。果酸甜多汁，可生食或用于酿酒及制醋等；根和叶含单宁，可提取栲胶。茅莓是一种传统民间中药，应用历史悠久，性苦味微寒，有清热解毒、祛风利湿、活血止血和利尿通淋的功效，用于治疗感冒发热、咽喉肿痛、咯血、吐血、尿血、急慢性肝炎、糖尿病、尿路结石、痢疾、肠炎、跌打瘀痛、风湿痹痛等，外治外伤出血、痈疮肿毒、湿疹、皮炎等（南京中医药大学，1997）。

**繁殖**：播种与扦插繁殖。

◎ 花

◎ 果

◎ 叶

| 茅莓 | 耐盐 | B+ | 耐盐雾 | A- | 抗旱 | A | 抗风 | A |

◎ 强盐雾区茅莓受害情况（福建泉州湾白屿）

◎ 生长于基岩海岸迎风面山坡的茅莓（浙江舟山牛头山）

# 相思子

**Abrus precatorius** Linn.
**别名**：鸡母珠、相思豆、红豆、美人豆、相思藤
**英文名**：Coralhead Plant Seed, John Crown Pea, Rosary Pea, Crab's Eye

豆科多年生落叶攀缘藤本，茎细弱；偶数羽状复叶互生，小叶对生，8～15对，长圆形或长圆状倒披针形；总状花序腋生，花小，淡紫色；荚果黄绿色，类长方形至长圆形；种子1～6粒；种子椭圆形，上部2/3鲜红色，基部近种脐部分黑色，平滑且有光泽。花期3—6月，果期9—11月。

**分布**：福建、广东、广西、海南、香港和台湾。偶见。

**生境与耐盐能力**：对其耐盐能力的报道很少，仅在Bown（1995）的《Encyclopaedia of Herbs and Their Uses》一书有简单介绍，认为它有一定的耐盐能力。相思子喜生于潮湿的海滩、海岸疏林中或林缘，也经常在干燥丘陵路旁、红树林内缘、或近海岸的灌木丛中出现。在海南天涯海角、亚龙湾等地，相思子大量攀援于干燥的海岸灌丛上。

**特点与用途**：喜光稍耐阴、耐旱、耐瘠；适应性强，根系发达，生长旺盛，具根瘤，能固氮，生长快，病虫害少，种子形态奇特，是滨海地区极佳的垂直绿化植物；种子美观，可制工艺品。种子含3%的相思子毒素（Abrine）。Abrine是迄今为止所发现的毒性最强的植物毒素之一，被禁止生物化学武器公约列为最为严格的控制对象之一。Abrine是一种植物蛋白毒素，具有极强的细胞毒作用，对某些恶性肿瘤细胞的毒性更强，在恶性肿瘤治疗方面显示出良好的应用前景。Abrine不耐高温，100℃处理30分钟毒性完全消失，印度个别地方将相思子种子煮熟后食用（马惠海等，2006）。

**繁殖**：播种繁殖。

◎ 花序

◎ 幼果

◎ 成熟种子

| 相思子 | 耐盐 | B | 耐盐雾 | B+ | 抗旱 | A | 抗风 | A |

◎ 攀援于红树林林缘的半红树植物黄槿上的相思子（海南海口东寨港）

◎ 攀援于红树林林缘灌木上的相思子（海南海口东寨港）

## 台湾相思

*Acacia confusa* Merr.

别名：相思树、台湾柳
英文名：Taiwan Acacia

豆科常绿乔木，高 6～18 m；树干灰色有横纹，叶退化，叶柄呈叶状，披针形，有清楚的 3～7 条平行脉，幼苗时可见其真正的二回羽状复叶；头状花序腋生，黄色，花后结扁平深褐色荚果。花期 4—6 月，果期 7—8 月。

**分布**：原产台湾南部，浙江南部、福建、广东、广西、海南、香港和台湾广泛栽培或逸为野生。

**生境与耐盐能力**：耐盐能力中等。在福建厦门，土壤含盐量达 3.2 mg/g，台湾相思明显受害，所有叶片叶尖枯死，枯死面积超过叶片总面积的 1/3，叶片早落，但没有发现盐害致死现象。福建厦门杏林高浦村，台湾相思生长于一残留红树林地，潮水因围堤不能再淹及，原先的淤泥因缺水干裂，土壤含盐量达 4.6 mg/g，自然生长的台湾相思生长旺盛，只是叶尖稍枯焦。彭镇华（2002）认为其有较强的抗盐雾与海潮能力。

**特点与用途**：强阳性树种，耐旱、耐瘠、抗风，亦耐水湿与短期水淹；生性强健、萌芽力强，病虫害少，生长迅速，根系发达，具根瘤，固氮能力强，是海岸荒山绿化的先锋树种，还可用于沿海防风林和水土保持林等。材质坚硬，是造船、做家具、雕刻艺术品的上乘木料；树皮含丹宁；花含芳香油，可作调香原料。

**繁殖**：播种繁殖。

◎ 花

◎ 果

| 台湾相思 | 耐盐 | B | 耐盐雾 | B | 抗旱 | A | 抗风 | A |

◎ 红树林林缘的台湾相思（福建厦门杏林高浦）

◎ 基岩海岸浪花飞溅区的台湾相思（福建龙海破灶屿）

◎ 海岸沙地绿化带的台湾相思（福建厦门环岛路）

# 厚荚相思

**Acacia crassicarpa** A. Cunn. ex Benth.
别名：粗果相思
英文名：Northern Wattle, Thick-podded Salwood

豆科常绿乔木，高 15～30 m；叶状柄着生于棱状小枝，灰绿色，弧形，枝上具鳞状附着物；头状花序排列成穗状，淡黄色；荚果暗褐色，木质，扁平，具不明显斜脉；种子黑色，椭圆形，具灰白色珠柄，有光泽。花期 10—11 月，果熟期翌年 6 月。

**分布**：原产澳大利亚、巴布亚新几内亚和印度尼西亚等地，1985 年从澳大利亚引入我国，目前在福建、广东、广西、海南等省区常见栽培。

**生境与耐盐能力**：原产地常见于沿海平原和山麓沙地，常与木麻黄等生长于海岸固定沙丘。对海岸沙荒地大风、流沙和干旱等恶劣生境适应性较强，在闽南沿海包括重盐雾区福建惠安赤湖防护林场海岸沙地种植树高、胸径、蓄积量等指标全面优于木麻黄（林武星等，2001；林武星，2005；曾国强，2007）。在强盐雾的木麻黄林前缘的海岸沙地种植，仅表现出中等程度的盐雾危害症状（王志洁等，2006）。从野外生长情况判断，厚荚相思的耐盐雾能力稍差于木麻黄，但强于一般的乔木树种。

**特点与用途**：强阳性树种，耐瘠、耐旱不耐水湿；根系发达，有根瘤，可以固氮，对土壤适应性广，生长速度快，干形通直，不仅是一种多功能的速生用材树种，也是荒山绿化的极佳树种，更是海岸困难立地营造碳汇林的理想树种和沙质海岸木麻黄林更新改造的理想树种。心材暗棕红色，材质优良，适于建筑、家具、造船等，也是优良的纸浆材；树皮也是优良的栲胶原料。

**繁殖**：播种繁殖。

◎ 果

◎ 果

◎ 叶

| 厚荚相思 | 耐盐 | B | 耐盐雾 | A- | 抗旱 | A | 抗风 | B+ |

◎ 强盐雾海岸厚荚相思叶片受害情况（福建龙海白塘湾）

◎ 强盐雾海岸与木麻黄生长在一起的厚荚相思（福建龙海白塘湾）

# 阔荚合欢

***Albizia lebbeck*** (Linn.) Benth.

别名：大叶合欢

英文名：Indian Siris, Siris Tree, Lebbeck Tree

豆科落叶大乔木，高达 20 m，树皮粗糙，树冠开展；二回偶数羽状复叶互生，羽片 2～4 对；小叶 4～8 对，长圆形或长椭圆形；总叶柄基部及叶轴上每对小叶着生处均有一腺体；头状花序 3～4 个排成伞房状，腋生，花黄绿色，有香气；荚果扁平，种子椭圆形，棕色，光滑。花期 5—9 月，果期 10 月至翌年 5 月。

**分布**：原产热带非洲及亚洲，我国福建、广东、广西、海南、香港和台湾常见栽培或逸为野生。

**生境与耐盐能力**：沿海防护林成分之一，经常生长于海堤、鱼塘虾池的堤岸，在环境条件较好的海岸沙地生长迅速，偶尔可以生长于高潮线上缘的海岸砾石地。阔荚合欢被认为是具有中等耐盐和耐旱能力的树种（Singh, 1994; Parrotta, 2010; Ferriter, 2011）。

**特点与用途**：喜光不耐阴、耐旱但不耐水涝、耐瘠；对土壤和气候具有广泛的适应性，速生，有根瘤菌能固氮，树姿清雅，花香浓郁，季相变化明显，可作为滨海地区的行道树、园景树，也是良好的海岸防护林植物和护堤植物。心材暗褐色，光亮而有斑纹，质坚硬，耐朽力强，用途广泛。叶可作为饲料。

**繁殖**：播种繁殖。

◎ 花序

◎ 荚果

| 阔荚合欢 | 耐盐 | B | 耐盐雾 | B+ | 抗旱 | A- | 抗风 | A- |

◎ 阔荚合欢用于海岸绿化（福建厦门环岛路）

◎ 生长于大潮可淹及的基岩海岸石缝中的阔荚合欢（福建云霄东山湾）

# 链荚豆

*Alysicarpus vaginalis* (Linn.) DC.

**别名**：蓼蓝豆、单叶草、狗蚁草
**英文名**：Alyce Clover, White Moneywort

豆科多年生草本，茎平卧或上部直立，簇生或基部多分枝；单叶互生，排成两列，全缘，叶形多变；托叶线状披针形；总状花序腋生或顶生，花冠紫蓝色；荚果扁圆柱形，内有种子4～7颗，如一段段链条，链荚豆由此得名。花期4—9月，果期6月至翌年1月。

**分布**：福建、广东、广西、海南、香港和台湾。常见。

**生境与耐盐能力**：草坪常见植物，也是海岸沙荒地常见植物。在海南乐东、东方和昌江等地，链荚豆是海岸半流动沙丘和固定沙丘的常见植物，它们多与匐枝栓果菊、老鼠艻、羽芒菊等组成海岸沙地稀疏草丛，环境条件较好的地点链荚豆可以形成面积较大的低矮致密的草丛斑块，而环境恶劣地段植株只有少数分枝。在广西北海银滩，链荚豆与狗牙根在大潮高潮线以上海岸沙地形成致密的覆盖。

**特点与用途**：喜光不耐阴、耐旱不耐水湿、耐瘠；适应性强，对土壤的pH有广泛的适应性，尤其是比大部分豆科植物耐低pH（Duke, 1981），能固氮，耐践踏，生长速度快，绿期长，是滨海地区优良的水土保持植物和游憩草坪植物（袁丽丽等，2018）。全草药用，性凉，有活血通络、接骨消肿和清热解毒的功效，用于治疗跌打骨折、筋骨酸痛、外伤出血、疮疡溃烂、腮腺炎和慢性肝炎等。草质柔嫩，适口性好，消化率高，牛、羊喜食，耐践踏，是优良牧草。

**繁殖**：播种繁殖。

◎ 花

◎ 荚果

| 链荚豆 | 耐盐 | A- | 耐盐雾 | A- | 抗旱 | A | 抗风 | - |

◎ 海边道路缝隙中的链荚豆（广东湛江东海岛）

◎ 海岸沙地人工草地自然生长的链荚豆（广西北海银滩）

## 蔓草虫豆

*Cajanus scarabaeoides* (Linn.) Thouars

别名：止血草、虫豆、地豆草
英文名：Showy Pigeonpea

豆科蔓生或缠绕状草质藤本，全株被红褐色或灰褐色短绒毛；羽状复叶互生，小叶3，纸质或近革质，顶生小叶椭圆形至倒卵状椭圆形，侧生小叶稍小，斜椭圆形至斜倒卵形；总状花序腋生，短，有花1～5朵；花冠黄色；荚果长圆形，种子间凹陷；种子3～7颗，椭圆状，种皮黑褐色，有凸起的种阜。花期9—10月，果期11—12月。

**分布**：福建、广东、广西、海南、香港和台湾。偶见。

**生境与耐盐能力**：海岸常见植物，多生长于干旱的海岸迎风面山坡灌草丛、基岩海岸石缝和风化的砂砾堆，也可以在强盐雾的海岸固定沙丘生长，偶见于鱼塘堤岸。在海南三亚小东海，蔓草虫豆生长于高潮线上缘大块碎珊瑚缝隙。

**特点与用途**：喜光不耐阴、耐瘠、抗风；生长速度快，能固氮，是海岸沙荒地或新填海区土壤改良的优良植物。叶入药，有解暑利尿、止血生肌的作用，主治伤风感冒、风湿水肿等；外用治外伤出血。

**繁殖**：播种繁殖。

◎ 花

◎ 枝

◎ 果

| 蔓草虫豆 | 耐盐 | A- | 耐盐雾 | A | 抗旱 | A | 抗风 | A |

◎ 早期人工种植草坪植物死亡而蔓草虫豆自然生长（南海某岛屿）

◎ 强盐雾海岸沙地的蔓草虫豆（福建龙海白塘湾）

◎ 高潮线上缘礁石缝隙中的蔓草虫豆（海南三亚小东海）

# 小刀豆

***Canavalia cathartica*** Thou.

别名：野刀板豆
英文名：Mangrove Legume

豆科多年生攀援藤本，茎、枝被稀疏的短柔毛；羽状复叶具3小叶，小叶纸质，卵形，先端急尖或圆，但不微凹，基部宽楔形、截平或圆；花1～3朵生于花序轴的每一节上；花冠粉红色或近紫色；荚果长圆形，长7～9 cm，宽3.5～4.5 cm，长宽比2:1，膨胀，顶端具喙尖；种子椭圆形，长约18 mm，种皮褐黑色，硬而光滑。花果期3—10月。本种与同属的海刀豆（*C. maritima*）形态及生长环境类似，但后者叶片先端微凹，果实狭长，长宽比4:1～5:1，易于区分。

**分布**：浙江、福建、广东、广西、海南、香港和台湾。常见。

**生境与耐盐能力**：海岸带与海岛特有植物，常见于海岸沙地，但从其生长位置看，对恶劣环境的适应能力弱于海刀豆，一般不在海岸沙地最前沿生长。除海岸沙地外，还可以在鱼塘堤岸、水分条件较好的海岸沙荒地、海堤石缝等环境出现。因常出现于红树林林缘，攀援于红树植物上，英文名称Mangrove Legume由此得名。

**特点用途**：喜光不耐阴、耐旱稍耐水湿、耐瘠、耐沙埋；对土壤有广泛的适应性，生长速度快，能固氮，常形成大面积的单优群体，是滨海地区极佳的防风固沙、水土保持和土壤改良植物。印度人将种子和豆荚经水煮沸、清水漂洗后食用，直接食用会中毒。

**繁殖**：播种繁殖。

◎ 花

◎ 叶

◎ 果

| 小刀豆 | 耐盐 | B+ | 耐盐雾 | B+ | 抗旱 | A− | 抗风 | A |

◎ 生长于海堤石缝的小刀豆（福建云霄漳江口）

◎ 泥质海岸鱼塘堤岸成片生长的小刀豆（广东湛江东海岛）

◎ 攀援于隔离网上的小刀豆（福建泉州后渚港）

# 座地猪屎豆

*Crotalaria nana* var. *patula* Grah. ex Baker
别名：座地小野百合
英文名：Tiny Rattlepod

豆科多年生平卧或近直立草本，高 20～30 cm；茎圆柱形，密被黄色柔毛，基部多分枝；单叶互生，线形，全缘，两面均被丝质毛，尤以背面毛更密；总状花序顶生，有花 2～6 朵，头状，苞片线形；花冠黄色，比萼片稍短，通常包被萼内；荚果黑色，卵球形或近球形，种子 5～6 颗，褐色或黑色。花期 8—11 月，果期 4—12 月。

**分布**：福建、广东、广西、海南。少见。

**生境与耐盐能力**：典型海岸带与海岛植物，常见于大潮高潮带以上的海岸沙荒地。在福建平潭龙凤头、海南昌江棋子湾，座地猪屎豆生长于受强海风吹袭的砂砾质海岸沙荒地。而在海南文昌石头公园，座地猪屎豆生长于强盐雾海岸浪花飞溅区，显示出强大的耐盐雾能力。

**特点与用途**：喜光不耐阴、耐旱不耐水湿、耐瘠；由于野外资源少，植物体矮小，没有其应用的报道。

**繁殖**：播种繁殖。

◎ 花

◎ 果

◎ 成熟果

| 座地猪屎豆 | 耐盐 | A- | 耐盐雾 | A- | 抗旱 | A | 抗风 | — |

◎ 强盐雾海岸沙荒地的座地猪屎豆（海南昌江棋子湾）

◎ 生长于强盐雾海岸浪花飞溅区石缝的座地猪屎豆（海南文昌石头公园）

# 屏东猪屎豆 *Crotalaria similis* Hemsl.
**别名**：鹅銮鼻野百合

豆科多年生铺地低矮小草本，高不超过 30 cm，全株密被丝质长柔毛；单叶互生，小，长 3～8 mm，宽 2～5 mm，卵形或椭圆形，先端急尖，基部钝圆，全缘；无托叶；总状花序顶生，有黄色小花 3～5 朵，偶见花单生枝顶；荚果圆柱形，长 1～1.5 cm，有种子 10～20 颗。花果期几乎全年。

**分布**：台湾特有种，主要生长于恒春半岛东侧海岸鹅銮鼻海岬、猫鼻头、社顶、风吹沙、龙磐草原、佳乐水一带，其中风吹沙和龙磐草原为主要分布区。稀少。

**生境与耐盐能力**：海岸特有植物，目前仅见于台湾垦丁一带海岸沙地、海岸迎风面珊瑚礁岩缝或草地。在垦丁风吹沙，屏东猪屎豆紧贴沙地生长，与卤地菊、鹅銮鼻大戟、土丁桂、卵叶灰毛豆等组成海岸沙地最前沿的稀疏草丛。也可以在隆起珊瑚礁岩缝、迎风面草丛找到其踪迹，被认为是离海最近的豆科植物之一。

**特点与用途**：喜光不耐阴、耐瘠、耐高温；由于植株矮小、生长缓慢，目前没有其应用的报道。

**繁殖**：播种繁殖。

◎ 花

◎ 果

◎ 幼叶

| 屏东猪屎豆 | 耐盐 | A | 耐盐雾 | A | 抗旱 | A | 抗风 | A |

南方滨海耐盐植物资源（二）

◎ 植株

◎ 生长于强盐雾海岸沙荒地的屏东猪屎豆（台湾垦丁风吹沙）

◎ 生长于强盐雾海岸沙地的屏东猪屎豆（台湾垦丁风吹沙）

# 弯枝黄檀

*Dalbergia candenatensis* (Dennst.) Prain

别名：扭黄檀
英文名：Twisted Rosewood

豆科木质落叶藤本，枝无毛，干时黑色，先端常扭转为螺旋钩状；奇数羽状复叶互生，小叶2～3对，倒卵状长圆形，上面暗绿色，下面青白色；圆锥花序腋生，总花梗极短或无；花小，白色，雄蕊9或10枚，单体；荚果半月形，腹缝直，背缝弯拱，扁平；种子肾形，扁平。花果期5—12月。

**分布**：广东、广西、海南、香港和台湾。常见。

**生境与耐盐能力**：海岸带与海岛特有植物，常出现于红树林与陆地森林过渡区；在盐度较低区域，可以深入红树林内，在高潮带与海莲、木榄、榄李等一起生长，有时藤蔓大片覆盖于红树林树冠。而在广西北仑河口，弯枝黄檀与许树、黄槿等一起生长于大潮时盐度高达28.5 g/L的海水可淹及的海岸坡地。在海南和广东湛江，弯枝黄檀也常出现于鱼塘堤岸。被Menzel & Lieth（2003）编入盐生植物名录。

**特点与用途**：喜光稍耐阴、耐旱亦耐水湿；适应性强，栽培容易，适合作为滨海地区护坡植物。茎皮含单宁，根、茎及树脂入药，有强筋活络、破积止痛之效，纤维供编织。

**繁殖**：播种繁殖。

◎ 花

◎ 花果

◎ 生长于红树林林缘鱼塘堤岸的弯枝黄檀（海南海口东寨港）

| 弯枝黄檀 | 耐盐 | A- | 耐盐雾 | B+ | 抗旱 | B+ | 抗风 | A- |

◎ 攀援于红树林树冠上的弯枝黄檀（海南文昌八门湾）

◎ 弯枝黄檀与黄槿、许树等生长在大潮可淹及的海岸（广西防城港珍珠湾）

## 乳豆

*Galactia tenuiflora*（Klein ex Willd.）Wight et Arn.

别名：细花乳豆

英文名：Iron Weed, Slender Flowered Milkpea

豆科多年生平卧或缠绕草质藤本，茎密被灰白色或灰黄色长柔毛。羽状复叶互生，小叶3，椭圆形，纸质，两端钝圆，先端微凹，有时具小凸尖；上面深绿色，被疏短柔毛，背面灰绿色；总状花序腋生，花序轴细长；花紫红色；荚果线形，初时被长柔毛，后渐变无毛；种子肾形，稍扁，棕褐色，光滑。花果期7—9月。乳豆与台湾天然分布的台湾乳豆 *G. formosana* 和琉球乳豆 *G. tashiroi* 主要区别在叶片表面毛的疏密和质地，这两个性状受光照和水分供应的影响较大。我们认为这些应该是乳豆在不同环境下的正常变化。

**分布**：福建、广东、广西、海南、香港和台湾。海南岛常见，福建和广东少见。

**生境与耐盐能力**：海岸带与海岛特有植物，常见于海滨沙地或荒坡草丛中。福建平潭白清乡白沙村、潭城镇龙凤头等地属于强盐雾海岸，乳豆与滨海前胡、结缕草等自然生长于海岸迎风面山坡草地，部分个体可以正常生长于浪花飞溅区。在海南东方昌化江口、昌化棋子湾等地，乳豆与蛇婆子、绢毛飘拂草等组成海岸沙地稀疏的草丛。

**特点与用途**：喜光不耐阴、耐瘠，对环境有广泛的适应能力；由于生境特殊，分布范围狭窄，且一般不形成致密的草丛，目前没有其应用的报道。

**繁殖**：播种繁殖。

◎ 花

◎ 结果枝

◎ 海岸沙荒地的乳豆（海南昌江棋子湾）

| 乳豆 | 耐盐 | A | 耐盐雾 | A | 抗旱 | A | 抗风 | A |

◎ 生长于强盐雾海岸石缝中的乳豆和仙人掌（海南昌江棋子湾）

◎ 生长于强盐雾海岸浪花飞溅区草丛中的乳豆（福建平潭白清乡白沙村）

# 野大豆

*Glycine soja* Sieb. et Zucc.

**别名**：小落豆、小落豆秧、落豆秧、山黄豆、乌豆、野黄豆
**英文名**：Wild Soybean

豆科一年生缠绕草本，茎纤细，全株被褐色长硬毛；三出羽状复叶互生，顶生小叶卵圆形或卵状披针形，侧生小叶斜卵状披针形，全缘，纸质；托叶卵状披针形；总状花序短于叶，花小，花冠淡红紫色或白色，旗瓣近圆形；荚果长圆形，长 17～23 mm，种子间稍缢缩，椭圆形，稍扁，干时易裂；种子 2～3 颗，椭圆形，稍扁，褐色至黑色。花期 7—8 月，果期 8—10 月。

**分布**：中国特有种，除新疆、青海和海南岛外，均有分布。国家二级重点保护野生植物。偶见。

**生境与耐盐能力**：生境多样，从大潮可以淹及的海岸淤泥质滩涂至内陆地区广泛分布，常见于河岸、沟边、路边、林缘等较湿润的环境。分布的广泛性决定了其生态类型的多样性，野生种群之间的耐盐能力分化很大。王敏等（2005）用 15 g/L NaCl 溶液处理 650 份野大豆种子，1 周后发芽率达 60% 的有 128 份（占 20%），这 128 份种子中有 46 份经 18 g/L NaCl 溶液处理后发芽率仍可达 60%。盆栽条件下，用含盐量 30 mg/g 土壤栽培来自渤海湾沿海地区的 895 份野大豆种子，有 109 份成活并收获种子（肖鑫辉等，2009）。在山东东营的黄河入海口的，野大豆可以在土壤含盐量高达 11.3 mg/g 的盐碱滩正常生长（周三等，2007）。

**特点与用途**：喜光不耐阴、耐瘠；适应性强，病虫害少，有根瘤，可固氮，根系发达，生长迅速，茎叶柔软，营养丰富，为各种家畜所喜食，是滨海地区优良的牧草、绿肥和水土保持植物。种子营养丰富，完全可以与大豆一样食用；茎皮纤维拉力强，可用于编织麻袋等；全草和种子入药，有补气血、强壮、利尿等功效，主治盗汗、肝火、目疾、黄疸、小儿疳疾。野大豆是中国主要油料及粮食作物大豆的野生近缘种，是非常重要的育种资源。

**繁殖**：播种繁殖。

◎ 花

◎ 荚果

| 野大豆 | 耐盐 | A- | 耐盐雾 | B+ | 抗旱 | B- | 抗风 | A |

◎ 营养枝

◎ 生长于新围填海区淤泥质滩涂的野大豆（浙江慈溪庵东）

◎ 生长于海堤石缝中的野大豆（浙江慈溪庵东）

# 烟豆

*Glycine tabacina*（Labill.）Benth.

别名：一条根、澎湖大豆、尖叶一条根

英文名：Twining Glycine, Love Creeper

豆科多年生匍匐草本，茎纤细，基部多分枝，茎、叶、花序及荚果被紧贴的白色柔毛；叶具3小叶；小叶薄纸质，顶生小叶长圆形、披针形至线形，侧生小叶较短，略偏斜；总状花序柔弱延长，花冠紫色至淡紫色，荚果长圆形而劲直，在种子之间不缢缩，有黑褐色种子2～5颗。花期3—7月，果期5—10月。《中国植物志》认为我国台湾澎湖有澎湖大豆（*G. clandestina*）分布，但《Flora of China》认为这应该是鉴定错误，实际应该是烟豆。*G. clandestina* 仅分布于澳大利亚。

**分布**：福建、广东和台湾。是我国台湾澎湖常见植物，澎湖大豆由此得名。国家二级重点保护野生植物。台湾金门和澎湖有栽培。偶见。

**生境与耐盐能力**：海岸带与海岛特有植物，多生于海拔100 m以下瘠薄干旱向阳的草坡、沙地或平地。在福建湄洲岛，烟豆生长于强盐雾海岸木麻黄林缘空旷沙地；而在福建石狮祥芝、惠安崇武等地，烟豆在强盐雾海岸浪花飞溅区正常生长，表现出极强的耐旱和耐盐雾能力。

◎ 花序

◎ 荚果

**特点与用途**：喜光不耐阴、耐瘠；主根粗壮，因只有一条主根直伸入土并少有支根或须根，为金门特产「一条根」产品的主要原料，具有平肝、健体止盗汗、强壮等功能，民间常用于治疗风湿关节炎和降血压。由于其抗病、耐旱和耐热等优势，在拓宽栽培大豆遗传基础方面具有潜在的应用价值。

**繁殖**：播种繁殖。

◎ 强盐雾海岸沙地的烟豆（福建惠安崇武）

| 烟豆 | 耐盐 | B+ | 耐盐雾 | A | 抗旱 | A | 抗风 | A |
|---|---|---|---|---|---|---|---|---|

南方滨海耐盐植物资源（二）

◎ 根系

◎ 海岸沙地生长的烟豆（福建莆田湄洲岛）

◎ 强盐雾海岸石缝中生长的烟豆（福建南安大佰岛）

# 短绒野大豆

**Glycine tomentella** Hayata

别名：多毛豆、阔叶野大豆、金门一条根、绒毛大豆
英文名：Woolly Glycine

豆科多年生攀援或匍匐草本，全株密被黄褐色绒毛；细长主根直伸入土并少有分支或须根，"一条根"由此得名；羽状复叶互生，小叶3，纸质，椭圆形或卵圆形，全缘；总状花序长3～7 cm，花单生或2～7（～9）朵簇生顶端；花冠淡红色、深红色至紫色；荚果扁平而直，开裂，有扁圆状方形种子1～4颗，褐黑色。花期4—10月，果期7—12月。

**分布**：福建、广东和台湾。国家Ⅱ级重点保护植物。台湾金门、澎湖及屏东等地有人工栽培。稀少。

**生境与耐盐能力**：海岸带与海岛特有植物（Huang & Ohashi, 1993），常见于海岸带与海岛干旱坡地上。在福建漳浦古雷、石狮祥芝、晋江深沪湾等强盐雾区，短绒野大豆生长于海岸迎风面结缕草草坡，也可以与厚藤、海边月见草等一起生长于海岸沙地。

◎ 花

◎ 枝

水培实验发现，短绒野大豆的生长存在低盐促进现象，NaCl浓度17 mmol/L时生长最佳，NaCl浓度85 mmol/L时生长达到对照的70%（Kao et al., 2006）。

**特点与用途**：喜光不耐阴、耐旱不耐水湿、耐瘠、耐高温。作为栽培大豆的野生近缘种（高霞等，2002），具有多种优良农艺性状，对大豆育种具有重要意义。此外，因其良好的适应性和较强的固氮能力，是滨海地区水土保持的先锋植物，也是优良的牧草。在台湾金门，民间用其根治疗风湿关节痛，已开发出多种保健产品，取之于本种植物的药材被特别称为"金门一条根"。

**繁殖**：播种繁殖。

◎ 结果枝

| 短绒野大豆 | 耐盐 | A- | 耐盐雾 | A | 抗旱 | A | 抗风 | A |
|---|---|---|---|---|---|---|---|---|

南方滨海耐盐植物资源（二）

◎ 枝

◎ 强盐雾海岸石缝中生长的短绒野大豆（福建南安大百岛）

◎ 强盐雾海岸沙地灌草丛中的短绒野大豆（福建晋江深沪湾）

# 九叶木蓝

***Indigofera linnaei*** Ali

别名：林奈草、伯兹维尔靛蓝、澳大利亚槐蓝

英文名：Birdsville Indigo, Nine-leafed Indigo

豆科一年生或多年生平卧草本，茎基部木质化，枝条被白色平贴丁字毛；羽状复叶互生，小叶2～5对，互生，近无柄，狭倒卵形或长椭圆状卵形至倒披针形；总状花序明显短于复叶，几无总花梗，有密集着生的花10～20朵；花萼杯状，花冠紫红色；荚果长圆形，长2.5～5 mm，有紧贴白色柔毛，有种子2粒；种子横矩圆形，亮褐色。湿润条件下花果期全年。

**分布**：广东湛江、海南三亚、西沙群岛和南沙群岛。林广旋2016年在广东廉江市九洲江口、徐闻县西连、三墩和角尾等地海边沙地有发现（个人通讯）。少见。

**生境与耐盐能力**：海岸带与海岛特有植物，常见于海岸沙荒地。湿润条件下枝叶生长迅速；干旱时枝叶枯萎，木质的地下根可存活很久，遇水则重新生长。赵可夫等（2013）将其归为盐生植物。

**特点与用途**：喜光不耐阴、耐瘠；湿润条件下生长迅速，分枝多，根系根瘤多，可固氮，常形成大片致密的草层（Lakshminarayana & Raju, 2017），是滨海沙荒地土壤改良和绿化的极佳植物。在澳大利亚和新西兰，马吃了较多的九叶木蓝之后会导致伯兹维尔马病，表现出食欲不振、嗜睡、后肢无力和转弯困难等症状，九叶木蓝的英文名Birdsville Indigo由此得名。

**繁殖**：播种与扦插繁殖。

◎ 花枝

◎ 密集生长的九叶木蓝

| 九叶木蓝 | 耐盐 | B+ | 耐盐雾 | A- | 抗旱 | A | 抗风 | A |

◎ 新填海沙地上生长的九叶木蓝（南海某岛屿）

◎ 新填海沙地上生长的九叶木蓝（南海某岛屿）

# 滨海木蓝

***Indigofera litoralis*** Chun et T. C. Chen

别名：滨木蓝

豆科多年生披散或匍匐木质草本，叶和幼枝有白色丁字毛，有发达的直根；羽状复叶互生，小叶1～3对，互生，线形或狭长圆形，叶柄极短；总状花序长2～3 cm，总花梗明显，花小，密集，花冠红色，长于花萼1倍；荚果线状圆柱形，劲直，有四棱，下垂，有种子7～10粒；种子赤褐色，长方形，两端平截；花期8—9月，果期10—12月。

**分布**：中国特有种，仅在海南三亚至东方海岸有分布。稀少。

**生境与耐盐能力**：典型海岸沙地植物，常见于大潮线以上的海岸沙地。在海南东方昌化江口，滨海木蓝生长于海岸废弃鱼塘靠海一侧的沙堤，此地风大、植被稀疏（盖度低于5%），常见植物种类有海马齿、老鼠芳、蛇婆子、黄细心等耐盐、耐瘠和耐旱植物。

**特点与用途**：强阳性植物，耐瘠、耐沙埋，生长速度一般。因分布范围狭窄，野外个体数量少，目前没有其应用的报道。

**繁殖**：播种繁殖。

◎ 幼叶

◎ 枝

◎ 结果植株

| 滨海木蓝 | 耐盐 | A- | 耐盐雾 | A | 抗旱 | A | 抗风 | A |

◎ 海岸半流动沙地滨海木蓝与辐射砖子苗等组成稀疏的草丛（海南东方昌化江口）

◎ 经历长时间干旱的半流动沙地上的滨海木蓝、蛇婆子和单叶蔓荆（海南东方昌化江口）

# 海滨山黧豆

*Lathyrus japonicus* Willd.

**别名**：海边香豌豆、海滨香豌豆、滨豌豆、野豌豆
**英文名**：Sea Pea

豆科多年生半匍匐草本，高 30～90 cm，茎扁棱形，顶端有卷须，侧根有根瘤。羽状复叶互生，小叶 3～5 对，椭圆形，叶轴末端具卷须，托叶箭形；总状花序腋生，有 2～5 朵，花冠蝶形，紫色有香味，雄蕊 10 个（9+1）。荚果矩形，棕褐色或紫褐色，压扁。种子近球形。花期 3—5 月，果期 5—7 月。

**分布**：浙江、福建。2012 年 3 月我们在福建宁德嵛山岛发现少量天然分布的海滨山黧豆。少见。

**生境与耐盐能力**：海岸带与海岛特有植物，盐碱土指示植物，典型拒盐盐生植物，常见于高潮线上缘的海岸沙地、海滨砂质草甸土。在福建福鼎嵛山岛，海滨山黧豆生长于大潮高潮线上缘的砾石堆中，有时攀援于滨柃等灌木上。而在浙江、江苏和山东等地，海滨山黧豆常在滨海沙地形成大面积单一群落。耐盐能力广，可以在含盐量 10 mg/g～15 mg/g 的盐土中正常生长。实验室盆栽条件下，盐度 9 g/L 的海水浇灌，土壤含盐量 11 mg/g 时生长不受影响；盐度 15 g/L 的海水浇灌，花期推迟，开花量减少，叶子微黄；大田试验表明，海滨山黧豆幼苗在含盐量 6 mg/g 的土壤上成活率超过 95%（韩宝芹等，1995）。

◎ 花

**特点与用途**：喜光稍耐阴、耐瘠；适应性广、根系发达、再生能力强、生长迅速、营养丰富，是一种待开发的优质牧草和改造盐碱地的理想植物，也是中亚热带和温带地区优良的海岸固堤植物。植株繁茂，花色鲜艳，也是良好的海岸沙地绿化植物。

**繁殖**：播种繁殖。

◎ 荚果

| 海滨山黧豆 | 耐盐 | B+ | 耐盐雾 | A− | 抗旱 | A− | 抗风 | A− |

◎ 生长于基岩海岸浪花飞溅区石缝的海滨山黧豆（福建霞浦崳山岛）

◎ 生长于海岸沙地的海滨山黧豆（浙江象山松兰山）

## 截叶铁扫帚

***Lespedeza cuneata***(Dumont de Courset) G. Don

**别名**：夜关门、截叶胡枝子、绢毛胡枝子、小叶胡枝子、铁马鞭、千里光、化食草

**英文名**：Sericea Lespedeza, Chinese bushclover, Chinese lespedeza

豆科落叶灌木，高约 1 m，茎直立或斜升；3 出复叶互生，叶密集，叶柄短，小叶楔形或线状楔形，先端截平，长宽比不超过 5，具小刺尖；总状花序腋生，具 2～4 朵闭锁花，总花梗极短；花两型：开花受粉（有花瓣的）花和闭花受粉（无花瓣）花，前者淡黄色或白色，旗瓣基部有紫斑；荚果宽卵形或近球形；种子椭圆，稍扁平，棕褐色，有光泽。花期 7—8 月，果期 9—10 月。

**分布**：浙江、福建、广东、广西、香港和台湾。常见。

**生境与耐盐能力**：张嘉灵等（2019）利用层次分析法对全球六大重盐雾区之一福建平潭的 227 种乡土野生植物进行综合评价，截叶铁扫帚被选为最适宜平潭环境的 50 种乡土野生地被植物之一。种子萌发实验表明，截叶铁扫帚的耐盐能力一般（王志勇等，2019）。土培实验发现，截叶铁扫帚幼苗在 5 g/L 盐溶液浇灌下生长正常（陈香波和许小连，2012）。

**特点与用途**：喜光稍耐阴、耐热、耐低温、耐瘠、耐旱也稍耐水湿；对环境有广泛的适应能力，栽培容易，根系发达，分蘖力强，覆盖度大，能固氮，属贫瘠土壤的先锋植物，是海岸带与海岛良好的荒山绿化、水土保持和防风固沙植物；茎叶营养丰富，耐刈割，是优良的饲用灌木。因其强大的适应能力，引入美国后被判定为入侵植物（Coykendall & Houseman, 2014）。根及全株药用，有明目益肝、活血清热和利尿解毒的功效，用于治疗毒性肝炎、痢疾、慢性支气管炎、小儿疳积、风湿性关节炎、夜盲、角膜溃疡、乳腺炎等；茎柔韧性好，不吸水，弹性强，制成的扫把经久耐用，铁扫帚由此得名；花量大，也是很好的蜜源植物。

**繁殖**：播种与扦插繁殖。

◎ 花

◎ 花

| 截叶铁扫帚 | 耐盐 | B | 耐盐雾 | A- | 抗旱 | A- | 抗风 | A |
|---|---|---|---|---|---|---|---|---|

◎ 强盐雾海岸人工绿地自然生长的截叶铁扫帚（福建南安围头湾）

◎ 长期未维护海岸绿地截叶铁扫帚长势超过绿化植物（浙江嵊泗岛）

◎ 海岸浪花飞溅区的截叶铁扫帚（福建莆田木兰溪口）

# 银合欢

***Leucaena leucocephala*** （Lam.） de Wit
别名：白合欢、白相思子
英文名：Leucaena, White Popinac, Hedge Acacia, Lead Tree

豆科落叶灌木或小乔木，高达 8 m；二回偶数羽状复叶互生，羽片 5 至 8 对，小叶 12 至 20 对，条状椭圆形，全缘；头状花序 1～3 个腋生，花白色；荚果扁平，革质，舌状，有种子 12～25 粒，种子褐色有光泽。花期 6—7 月，果期 10—11 月。

**分布**：原产中美洲，现广泛分布于热带、亚热带地区。常见。

**生境与耐盐能力**：海岸常见植物，常生长于海堤、鱼塘堤岸及海岸迎风面山坡，也可以在水分条件稍好的海岸沙地木麻黄林空隙生长。在福建厦门大嶝岛，银合欢可在土壤含盐量达 5.1 mg/g 的海滨鱼塘堤岸上正常生长。严琳玲等（2020）发现来自美国夏威夷大学的 18 份银合欢种子在 8 g/L 和 12 g/L 的 NaCl 培养液中萌发率达到淡水对照的 89.5% 和 80.0%，个别品种存在盐胁迫促进种子萌发和幼苗生长的现象。

**特点与用途**：喜光不耐阴、耐瘠、抗风；适应性强，生长快，萌生力强，根系发达，具有根瘤，可固氮，病虫害少，是优良的防风固沙植物、护堤植物和盐碱土改良植物，也是滨海地区理想的荒山造林树种和碳汇林树种。叶和嫩枝营养丰富，是理想的蛋白饲料。嫩豆荚被印度尼西亚和老挝个别地区居民作为食物。由于其强大的适应性和繁殖能力，被 IUCN 入侵物种专家组（Invasive Species Specialist Group）判定为全球最具入侵性的 100 种植物之一，在一些地区成为令人讨厌的入侵植物。

**繁殖**：播种繁殖。

◎ 花序

◎ 荚果

| 银合欢 | 耐盐 | B+ | 耐盐雾 | B+ | 抗旱 | A | 抗风 | B+ |
|---|---|---|---|---|---|---|---|---|

◎ 海岸沙地的银合欢（福建厦门环岛路）

◎ 排水沟堤岸的银合欢防护林（福建厦门大嶝岛）

# 紫花大翼豆

*Macroptilium atropurpureum* (DC.) Urban

别名：赛刍豆（台湾）、黑花豆、暗紫菜豆、大翼豆

英文名：Rhodes Grass, Purple Flower Bean, Siratro

豆科多年生蔓生草本，茎被短柔毛或茸毛；羽状复叶互生，3 小叶；小叶卵形至菱形，有时具裂片，侧生小叶偏斜，外侧具裂片，上面被短柔毛，下面被银色茸毛；总状花序腋生，花冠深紫色，具长瓣柄；荚果线形，具种子 12～15 颗；种子长圆状椭圆形。全年可见开花，主花期在秋冬季。本种与大翼豆（*Macroptilium lathyroides*）形态及生长环境类似，但后者茎直立，小叶狭卵形至卵状披针形，花红色，易于区分。

**分布**：原产美洲、澳洲和太平洋诸岛，上世纪 60 年代作为饲料和牧草引进我国，已成为南方建立人工混播草地的主要豆科牧草之一。福建、广东、广西、海南、香港和台湾常见栽培或逸为野生。

**生境与耐盐能力**：海岸沙荒地常见，FAO（2017）认为它有中度耐盐能力。在澳大利亚昆士兰州的黄金海岸市 Seaworld，紫花大翼豆攀爬于强盐雾海岸浪花飞溅区礁石，生长正常。在海南东方鱼鳞洲、东方墩头等地的海岸沙荒地，其他耐旱植物如白凤菜、羽芒菊等因长期没有降雨几近枯萎，紫花大翼豆却生长正常。

**特点与用途**：喜光不耐阴、耐瘠；对土壤要求不严，根系发达，匍匐茎节节生根，固氮能力强，生长迅速，叶片营养丰富，适口性好，不仅是优良的绿肥和水土保持植物，也是热带亚热带地区的优良牧草，与禾本科植物混播可大大提高牲畜的体重，是构建生态果园的必备植物，也可作为新垦山地和荒山荒坡改造的先锋植物，更是滨海地区良好的地被植物。在广东珠海桂山岛，紫花大翼豆在垃圾填埋场表面形成大面积的致密覆盖，达到了很好的绿化效果。因其强大的适应能力，美国夏威夷、多米尼加、印度、澳大利亚和大洋洲岛屿国家如斐济、帕劳和汤加将其列为入侵物种（CAB International, 2021）。

**繁殖**：播种繁殖。

◎ 花

◎ 叶

◎ 果

| 紫花大翼豆 | 耐盐 | B+ | 耐盐雾 | A | 抗旱 | A | 抗风 | A |

南方滨海耐盐植物资源（二）

◎ 海岸沙地草丛中的紫花大翼豆（台湾垦丁）

◎ 强盐雾海岸石缝中的紫花大翼豆（澳大利亚昆士兰州黄金海岸）

◎ 南海人工岛自然生长的紫花大翼豆草丛

# 草木樨

***Melilotus officinalis*** (Linn.) Lam.

**别名**：黄香草木樨、黄花草木樨、黄甜车轴草、金花草
**英文名**：Sweet Clover

豆科二年生草本，高 0.5～2 m，茎直立，多分枝，具纵棱，全株具带甜味的香气；羽状三出复叶互生，小叶倒卵形、阔卵形、倒披针形至线形，边缘具细锯齿；托叶镰状线形，中央有 1 条脉纹；总状花序腋生，具花 30～70 朵，花黄色；荚果卵形，具宿存花柱，有种子 1～2 粒；种子卵形，黄褐色，平滑。花期 5—9 月，果期 6—10 月。

◎ 花

**分布**：浙江、福建、广东、广西、海南、香港和台湾。常见。

**生境与耐盐能力**：生长于山坡、河岸、路旁、砂质草地及林缘。贾恢先和孙学刚（2005）将其收录于《中国西北内陆盐地植物》。实验室水培条件下，一些品种的种子发芽率随培养液 NaCl 含量的提高而下降，但在 NaCl 含量 6 g/L 的培养液中发芽率高达 60%，当 NaCl 含量高达 18 g/L 时仍有 10% 的种子可发芽（景春梅等，2014）。侯宇等（2019）的研究发现，培养液 NaCl 含量不超过 10 g/L 时，草木樨种子发芽率不受 NaCl 含量影响。

**特点与用途**：喜光不耐阴、耐旱亦耐水湿、耐盐碱、耐瘠；适应性强、生长速度快、根系能固氮、种植后自我繁殖能力强，被认为是适应性最强、分布最广的牧草（李中光，1962），是滨海地区极佳的水土保持植物、土壤改良植物、尾矿区植被修复、绿肥植物和牧草。花期长，花量大，也是很好的蜜源植物。一般情况下，种植当年生长较慢，第二年生长加快（王彦龙等，2019）。

**繁殖**：播种繁殖。

◎ 叶

| 草木樨 | 耐盐 | B+ | 耐盐雾 | A− | 抗旱 | A | 抗风 | A |

◎ 果

◎ 生长于海堤石缝的草木樨（浙江慈溪庵东）

## 小鹿藿

*Rhynchosia minima* (Linn.) DC.

别名：小叶括根
英文名：Least Snout-bean

豆科多年生铺散草本，茎纤细，具细纵纹，全株无毛或略被短柔毛；叶互生，小叶3，长、宽均不超过3 cm；顶生小叶菱状圆形，先端钝或圆，基出脉3；侧生小叶稍小，斜圆形；总状花序腋生，花序轴纤细；花小，排列稀疏，花冠黄色；荚果倒披针形至椭圆形，长不超过2 cm；种子1～2颗。花果期5—11月。

**分布**：福建、广东、广西、海南、香港和台湾。常见。

**生境与耐盐能力**：海岸草地、沙荒地和刺灌丛常见植物。在海岸沙荒地和人工草地上表现出非常顽强的生命力，在福建惠安崇武强盐雾海岸天然草地、福建南安强盐雾海岸缕草人工草坪、南沙群岛结缕草人工草坪，小鹿藿都可以旺盛生长，有时形成大面积草坪覆盖于人工种植的结缕草上。在一定程度上是草坪的有害杂草。但这也说明小鹿藿的适应性强于结缕草类植物。在海南儋州，小鹿藿是海岸刺灌丛的常见植物，常攀援于仙人掌等植物上。而在台湾垦丁，小鹿藿可以生长在高位珊瑚礁岩石缝隙，表现出很强的耐旱和耐盐能力。

**特点与用途**：喜光不耐阴、耐旱不耐水湿、耐瘠、耐盐雾，根系有根瘤，可固氮，对环境有广泛的适应能力，蔓延速度快，易形成较为致密的草坪，不仅可作为牧草或绿肥，也可作为海岸沙荒地绿化的先锋植物。

**繁殖**：播种繁殖。

◎ 花

◎ 结果枝

◎ 成片生长的小鹿藿

| 小鹿藿 | 耐盐 | B+ | 耐盐雾 | A- | 抗旱 | A- | 抗风 | - |

◎ 强盐雾海岸人工绿地上自然生长的小鹿藿（福建南安围头湾）

◎ 生长于强盐雾海岸高位珊瑚礁上的小鹿藿（台湾垦丁白沙湾）

## 圭亚那笔花豆

**Stylosanthes guianensis** (Aubl.) Sw.

别名：柱花草、圭亚那柱花草、笔花豆、巴西苜蓿、热带苜蓿

英文名：Brazilian Lucerne, Brazilian Stylo, Stylo

豆科多年生直立草本或亚灌木，高0.6～1 m，茎被疏绒毛；叶互生，三出羽状复叶互生，小叶卵形，椭圆形或披针形，边缘有时具小刺状齿；穗状花序短，具密集小花2～40朵，花小，蝶形，旗瓣橙黄色，具红色细脉纹，花逐朵开放；荚果卵形，扁平，具荚节1～2个，不开裂；种子肾形，灰褐色，具种阜。

◎ 花（照片提供：林广旋）

**分布**：原产于南美洲的巴西和哥伦比亚，1962年引入我国，现在浙江南部、福建、广东、广西、海南、香港和台湾有栽培或逸为野生，栽培品种较多。偶见。

**生境与耐盐能力**：实验室水培条件下，部分品种在6 g/L的NaCl溶液中的发芽率高于对照，在8 g/L的NaCl溶液中的发芽率与对照无差异，当NaCl浓度高达16 g/L时仍有55%的种子发芽（郇树乾等，2004）。栽培品种热研2号种子在14 g/L的NaCl溶液中发芽率超过95%；幼苗生长存在低盐促进高盐抑制现象，最大生长出现于6 g/L（韩瑞宏等，2014）。在海南三亚湾、南沙群岛的部分岛礁，圭亚那笔花豆在海岸沙荒地或人工填岛沙地形成致密的草丛。

**特点与用途**：喜光稍耐阴、耐瘠、耐酸亦耐碱、耐旱不耐水湿；根系发达，适应性广，生长速度快，具根瘤，固氮能力强，有很强的改良土壤能力，是一种集饲料、绿肥、水土保持与生态修复于一体的多用途植物，已经成为我国南方草业的当家品种；它不仅是海岸带与海岛植被修复的先锋植物，作为果园地被植物种植，不仅可以抑制杂草，还具有改良土壤和改善小气候的功效；它还是著名热带牧草，营养丰富，适口性好，动物易消化吸收。主要病害是炭疽病。有人将其列入入侵物种名单（徐海根和强胜，2018）。

◎ 枝

**繁殖**：播种繁殖。

| 圭亚那笔花豆 | 耐盐 | B+ | 耐盐雾 | B+ | 耐旱 | A− | 抗风 | A |

南方滨海耐盐植物资源（二）

◎ 与草海桐生长在一起的圭亚那笔花豆（南海某岛屿）

◎ 成片生长于海岸沙地的圭亚那笔花豆（南海某岛屿）

◎ 强盐雾海岸草丛中的圭亚那笔花豆（澳大利亚昆士兰州黄金海岸）

# 狭叶红灰毛豆 *Tephrosia coccinea* var. *stenophylla* Hosokawa

别名：狭叶红花灰叶

豆科灌木状草本，高40～50 cm，常贴地生长，茎多分枝；花瓣、果实、枝条及叶片密被银灰色绢毛；羽状复叶互生，小叶2～3（～4）对，倒披针状线形或倒披针形状长圆形，平行脉；总状花序顶生或与叶对生，花疏散，花冠红色；荚果线形，被茸毛，有种子8～12粒。花果期几乎全年。

**分布**：海南特有种，模式标本采自海南三亚，但三亚已经难觅其踪迹。我们在海南昌江棋子湾发现少量个体。杨小波等（2016）报道海南乐东也有分布。稀少。

**生境与耐盐能力**：典型海岸植物，常见于海岸沙荒地和基岩海岸迎风面山坡。在海南昌江棋子湾，狭叶红灰毛豆生长于强盐雾海岸迎风面山坡，从高潮线上缘至海拔数十米的山坡均有分布。多匍匐于风化强烈的粗砾石堆，也常见于海岸石缝中，但不能在流动或半流动沙丘生长。常见的伴生植物有刺裸实、土丁桂、佛焰苞飘拂草等。

**特点与用途**：喜光不耐阴、耐瘠、耐旱、耐高温；根系发达，形态奇特，叶片正面翠绿，背面密布银白色绢毛，在环境恶劣的海岸沙荒地别具一格，有望开发为盆栽观赏植物。由于野外资源稀少，应用前景不明。

**繁殖**：播种繁殖。

◎ 花

◎ 果

◎ 叶（示叶背银白色绢毛）

| 狭叶红灰毛豆 | 耐盐 | A- | 耐盐雾 | A- | 抗旱 | A | 抗风 | A |

◎ 海岸沙荒地上的狭叶红灰毛豆（海南昌江棋子湾）

◎ 海岸沙荒地上的狭叶红灰毛豆（海南昌江棋子湾）

# 卵叶灰毛豆

**Tephrosia obovata** Merr.

别名：台湾灰毛豆、红花灰毛豆
英文名：Taiwan Tephrosia

豆科多年生矮小草本，全株密被平伏柔毛，茎基部木质化，枝蔓生；奇数羽状复叶互生，小叶 4（～5）～6 对，倒卵形，先端浅凹，具短尖，小叶柄甚短；总状花序短，顶生、腋生或与叶对生，有花 1～3 朵，花萼钟状，花冠红色，旗瓣圆形；荚果直，长 2～2.5 cm，密被绢状长柔毛，有种子 8～10 粒。花果期全年。

**分布**：我国仅见于台湾澎湖、台东、恒春半岛及临近岛屿。少见。

**生境与耐盐能力**：海岸带与海岛特有植物，匍匐生长于强盐雾海岸的沙荒地、碎石滩和珊瑚礁石缝。在台湾垦丁，卵叶灰毛豆可以在植被稀疏的浪花飞溅区珊瑚礁石缝中生长，也可以在强盐雾海岸沙地风吹沙的流动沙丘生长，表现出极强的耐盐能力。而在台湾澎湖，卵叶灰毛豆生长于强盐雾海岸，从高潮带上缘的珊瑚碎屑堆积地到海岸迎风面山坡都有分布。

**特点与用途**：喜光不耐阴、耐瘠；分布范围小、植株矮小，目前没有其应用的报道。

**繁殖**：播种繁殖。

◎ 花

◎ 强盐雾海岸草丛中的卵叶灰毛豆（台湾澎湖内垵）

◎ 攀爬于强盐雾海岸高位珊瑚礁上的卵叶灰毛豆（台湾垦丁风吹沙）

| 卵叶灰毛豆 | 耐盐 | A | 耐盐雾 | A+ | 抗旱 | A | 抗风 | A |
|---|---|---|---|---|---|---|---|---|

◎ 海岸沙地最前沿的卵叶灰毛豆（台湾垦丁风吹沙）

◎ 生长于珊瑚碎屑中的卵叶灰毛豆（台湾澎湖后廖）

# 矮灰毛豆

***Tephrosia pumila***（Lam.）Pers.
英文名：Small Tephrosia

豆科多年生匍匐或蔓生草本，高20～30 cm，茎细硬，具棱，密被伸展硬毛；羽状复叶互生，小叶3（～6）对，楔状长圆形呈倒披针形，先端截平或钝，具短尖头，两面被平伏柔毛；总状花序短顶生或与叶对生，被长硬毛，有花1～3朵；花冠白色、黄色至紫红色外被柔毛；荚果线形，顶端稍上弯，被短硬毛，喙急剧下指，有种子8～14粒；种子长圆状菱形，具斑纹。花果期全年。

**分布**：海南、广西（涠洲岛）。偶见。

**生境与耐盐能力**：海岸带与海岛特有植物。在海南岛，矮灰毛豆主要分布于三亚到儋州一带海岸沙荒地、刺灌丛、半流动沙丘和固定沙丘。在海南儋州峨蔓海岸，矮灰毛豆生长于大潮高潮线附近的火山岩石缝；而在海南东方四必湾，矮灰毛豆从大潮高潮线附近到半流动沙丘及固定沙丘均有分布，常与绢毛飘拂草、蛇婆子、羽芒菊等组成稀疏的海岸沙生植被；水分条件稍好的地段枝条伸长，攀援于仙人掌、酒饼簕等海岸刺灌丛上。

**特点与用途**：强阳性植物，耐旱、耐瘠、耐沙埋；对海岸沙地环境有广泛的适应性，水分条件稍好的地段生长速度快，可形成致密的覆盖层，在防风固沙方面有潜在的应用价值。由于植株矮小、分布范围狭窄，目前没有其应用的报道。

**繁殖**：播种繁殖。

◎ 花

◎ 枝条

◎ 荚果

| 矮灰毛豆 | 耐盐 | A- | 耐盐雾 | A | 抗旱 | A | 抗风 | A |

◎ 生长于高潮线上缘沙地的矮灰毛豆（海南东方四必湾）

◎ 新填海沙地上旺盛生长的矮灰毛豆（南海某岛屿）

# 丁癸草

**Zornia gibbosa** Spanog.

别名：人字草、铺地锦、苍蝇翅、丁贵草、斜对叶
英文名：Grasslike Zornia

豆科多年生披散或直立矮小草本，茎丛生，纤细，多分枝，有肥厚的地下根状茎；小叶2枚，生于叶轴顶端，卵状长圆形或披针形，顶端渐尖，基部歪斜；总状花序腋生，有花2～10朵，花冠黄色；荚果长于苞片，扁平条状，由2～6圆形荚节组成，表面具明显网脉及针刺，成熟后不开裂。花期4—10月，果期7—9月。

**分布**：浙江、福建、广东、广西、海南、香港和台湾。常见。

**生境与耐盐能力**：海岸常见植物，多生长于低海拔的海岸山坡草丛和沙地，从浪花飞溅区上缘到海拔200 m山坡均有分布。在福建漳浦六鳌，丁癸草与结缕草、华南狗娃花和草海桐等生长于强盐雾海岸浪花飞溅区，离高潮线垂直高度仅2 m，为最靠近海岸的植物之一。而在福建惠安崇武，丁癸草生长于由海边月见草、糙叶丰花草和厚藤等组成的强盐雾海岸沙地稀疏草丛。

**特点与用途**：喜光稍耐阴、耐瘠；水肥充足条件下生长速度快，枝叶繁茂，质地细腻，叶色翠绿，密度高，耐践踏，盛花期花姿及花色均较为亮丽，适用于滨海高档住宅区庭院地被植物。全草药用，具有清热、解毒、去瘀的功效，用于治疗感冒、胃肠炎、肝炎、痢疾、小儿惊风和颈淋巴结炎等。枝叶柔嫩，营养丰富，是优良的牧草。

**繁殖**：播种繁殖。

◎ 花

◎ 荚果

◎ 生长于强盐雾海岸沙地的丁癸草
（福建平潭大屿岛）

| 丁癸草 | 耐盐 | A- | 耐盐雾 | A | 抗旱 | A | 抗风 | A |

南方滨海耐盐植物资源（二）

◎ 丁癸草可形成致密的草丛（海南万宁石梅湾）

◎ 强盐雾海岸丁癸草与华南狗娃花、结缕草等生长在一起（福建漳浦六鳌）

◎ 新填海岛屿人工种植的结缕草草坪退化后自然生长的丁癸草（南海某岛屿）

# 酢浆草

***Oxalis corniculata* Linn.**

**别名**：酸酸草、三叶酸草、酸母草、酸三叶、酸味草
**英文名**：Creeping Wood Sorrel

酢浆草科一年生或多年生草本，茎匍匐或斜升，细长，多分枝，全株被疏柔毛；掌状复叶互生，小叶3，倒心形，全缘，先端凹；花1~3朵组成腋生的伞形花序，花黄色，萼片5；蒴果长圆柱形，有5棱，被柔毛，熟时裂开将种子弹出；种子小，扁卵形，具横向肋状网纹，褐色。福建以南地区花果期全年。

**分布**：原产南美，我国南北各地都有分布。常见。

**生境与耐盐能力**：生境广泛，绿地、农田及果园常见植物。具有非常强的耐旱能力，在福建泉州湾的无居民海岛白屿岛，因干旱和强盐雾，秋冬季植物一片枯黄，只有酢浆草、木防己、滨海前胡、裂叶假还阳参等植物保持有绿色叶片。在福建平潭将军山，经历了秋冬季超强盐雾的洗礼，酢浆草未见任何盐雾危害症状。盆栽条件下，在含盐量 2 mg/g 的土壤中生长正常，当土壤含盐量上升至 4 mg/g 时表现出轻度盐害症状，在含盐量 6 mg/g 的土壤中受害严重（陈明林等，2007）。

**特点与用途**：喜光稍耐阴、耐瘠；适应性强，栽培容易，可用于构建滨海地区观赏性草坪。全草入药，具有清热利湿、止咳祛痰和解毒消肿功效，用于治疗肝炎、尿路感染、尿路结石、尿血、带下、痔疮、脱肛、疝气、妊娠恶阻等，外治疖肿、蛇虫咬伤、扭伤、外伤出血等。茎、叶含草酸，可用于磨镜或擦铜器。

**繁殖**：播种与分株繁殖。

◎ 花

◎ 果

◎ 枝

| 酢浆草 | 耐盐 | B- | 耐盐雾 | A | 抗旱 | A | 抗风 | A |

南方滨海耐盐植物资源（二）

◎ 极端干旱盐雾环境下叶片的特殊形态（海南文昌七洲列岛）

◎ 生长于强盐雾海岸迎风面山坡的酢浆草（福建平潭将军山）

# 蒺藜

**Tribulus terrestris** Linn.
别名：三脚虎、三脚丁、白蒺藜
英文名：Tribule Terrestre

蒺藜科一年生或二年生草本，茎平卧，全株密被柔毛；偶数羽状复叶对生，不等大；小叶4～7对，长椭圆形，尖端短尖或急尖，基部常偏斜，具叶柄及小托叶；花单生叶腋，直径约1 cm，黄色，花梗短于叶片；果由不开裂的5个分果瓣组成，有小瘤体和锐刺4条。热带亚热带地区花果期全年。同属的大花蒺藜（*Tribulus cistoides* Linn.）也是海边的常客，与蒺藜的主要区别就是前者花直径约3 cm，花梗与叶片等长或长于叶片。花期5—8月，果期6—9月。

**分布**：浙江、福建、广东、广西、海南、香港和台湾。常见。

**生境与耐盐能力**：阳光充足和干燥是蒺藜对环境的基本要求，从高潮线上缘的流动沙丘到海岸林林间空地均有分布，偶尔也可以在海堤及鱼塘堤岸见到其踪迹。蒺藜被列入巴基斯坦盐生植物名录（Khan & Qaiser, 2006）。

**特点与用途**：喜光不耐阴、耐热、耐瘠、耐旱不耐水湿；生性强健，耐粗放管理，花期极长，地披覆盖力强，适合庭园美化、地被和海岸固沙。果实中药名刺蒺藜，具有平肝疏肝和祛风明目的功效，治肝火上炎所致目赤肿痛、巅顶头痛、皮肤疮疖痈肿、红肿热痛等。果刺易伤人并粘附家畜皮毛，有些地方成为令人讨厌的杂草。

**繁殖**：播种与扦插繁殖。

◎ 花

◎ 大花蒺藜（示花梗长于叶）

◎ 果

| 蒺藜 | 耐盐 | B+ | 耐盐雾 | A- | 抗旱 | A | 抗风 | — |

# 南方滨海耐盐植物资源（二）

◎ 生长于海岸半流动沙地的蒺藜（海南乐东莺歌海）

◎ 海岸沙地上的大花蒺藜与厚藤（海南三亚海棠湾）

◎ 蒺藜是海南岛海岸沙荒地常见植物（海南东方昌化江口）

# 海南留萼木 *Blachia siamensis* Gagnep.

**别名**：博兰、博兰木、海南绐脸木

大戟科常绿灌木，高达 2 m，老树主干呈黑褐色，树皮粗糙、龟裂故得名绐脸木；单叶互生，卵圆形，革质，全缘，表面有光泽；圆锥花序顶生，花小，黄白色；果实大如黄豆，前期淡绿，中期深绿转淡黄，成熟期变红，脱落时外表黑色。花期 8—11 月，果期翌年 5—6 月。

**分布**：海南岛西南部。作为观赏植物在海南和广东有少量栽培。偶见。

**生境与耐盐能力**：常生长于海岸山坡灌丛及海岸林下。在海南三亚，海南留萼木是基岩海岸迎风面山坡灌丛的优势植物，海拔数米至近百米的山坡均有分布，部分个体可以在浪花飞溅区生长，与刺茉莉、苦郎树等成为基岩海岸最靠近海水的灌木。在海南儋州峨蔓，海南留萼木与仙人掌、刺茉莉等生长于强盐雾海岸浪花飞溅区礁石缝隙中，显示出强大的耐盐雾能力。

**特点与用途**：喜光亦耐阴、耐旱亦耐水湿、耐瘠；适应性强，生长速度快，病虫害少，萌芽力强，根系发达，枝干古朴多姿，花繁果硕，移植容易成活，寿命长，是滨海地区难得的园林绿化植物，也是制作盆景的优良树种。

**繁殖**：易繁殖，播种、扦插与压条均可。

◎ 果

◎ 叶

| 海南留萼木 | 耐盐 | B+ | 耐盐雾 | A | 抗旱 | A- | 抗风 | A |

◎ 生长于海岸礁石缝隙的海南留萼木（海南儋州峨蔓）

◎ 基岩海岸浪花飞溅区的海南留萼木（海南三亚青梅港）

# 滨海核果木

*Drypetes littoralis*（C. B. Rob.）Merr.
别名：铁色、滨环蕊木
英文名：Philippine Drypetes

大戟科常绿灌木或小乔木，高达7 m，树冠塔形；单叶互生，硬革质，长圆形至椭圆状卵形，呈新月状弯曲；雌雄异株，花小，淡黄绿色，无花瓣，单生或总状花序腋生，雄蕊10～15枚环生在扁平的花盘上，滨环蕊木由此得名；核果卵状椭圆形，单生或3～4个簇生，熟时红色。花期5—6月，果熟期9—10月。

**分布**：台湾恒春半岛、兰屿、绿岛，野外资源非常少。台湾作为大型盆栽、海岸防风树常见栽培。金门有少量栽培。福建厦门有引种。

**生境与耐盐能力**：海岸带与海岛特有植物，珊瑚礁海岸指标植物，多分布于独立珊瑚礁锋顶及突起之山脊，土壤层非常浅薄，仅在岩隙有土壤的堆积，且常受强风之吹袭的环境。

◎ 花

◎ 叶

◎ 果

**特点与用途**：喜光亦耐阴、耐旱不耐渍水；主干挺直侧枝斜长，果成熟时为红色，其特殊的叶形及艳红的果实，是滨海高档住宅区优良的园林绿化树种。材质优良，适合作为高级工艺品。

**繁殖**：播种与扦插繁殖。

| 滨海核果木 | 耐盐 | B- | 耐盐雾 | A- | 抗旱 | A- | 抗风 | A |

◎ 植株

◎ 强盐雾海岸滨海核果木的旗形树冠
（台湾垦丁猫鼻头）

# 大狼毒

***Euphorbia jolkinii*** Boiss.

**别名**：岩大戟、岩猫眼菜、台湾大戟、宾岛大戟、上莲下柳
**英文名**：Jolkin Euphorbia

大戟科多年生直立草本，高 40～80 cm，具白色乳汁，根圆柱状，直径 6～15 mm；单叶互生，长椭圆形，全缘，叶面淡绿色，叶背粉白绿色；杯状聚伞花序顶生，花淡黄色，柱头 3 裂，基部合生；蒴果卵圆形，具软刺，表面密布小颗粒状突起，熟时 3 裂；种子淡黄褐色，无条纹。花期 3—6 月。

**分布**：浙江南部海岛和台湾北部海岸。2012 年 3 月我们在福建福鼎的大嵛山岛有发现少量分布。稀少。

◎ 结果枝

**生境与耐盐能力**：常见于海岸高潮带上缘砾石滩或岩石缝隙。在福建福鼎的大嵛山岛，大狼毒与海滨木槿、肾叶打碗花、光叶蔷薇等共同生长于受强海风吹袭的基岩海岸浪花飞溅区的石缝中。而在台北基隆的基隆屿，大狼毒与单叶蔓荆、羊蹄和李花菊等生长于强盐雾基岩海岸石缝。在台湾，大狼毒被认为是海岸砾石滩最靠近海水的植物，显示出较强的耐盐和耐盐雾能力。

**特点与用途**：喜光不耐阴、耐瘠；形态优雅，叶色亮丽，无病虫害，是海岸绿化的优良植物，亦可盆栽。根入药，具止血、消炎、祛风、消肿等功效。有大毒，沾染汁液会引起皮肤过敏，口服引起腹痛、腹泻和呕吐等。

**繁殖**：播种繁殖。

◎ 植株

| 大狼毒 | 耐盐 | A- | 耐盐雾 | A | 抗旱 | B+ | 抗风 | A- |

◎ 生长于海岸礁石缝隙的大狼毒（福建霞浦嵛山岛）

◎ 生长于基岩海岸浪花飞溅区的大狼毒（福建霞浦嵛山岛）

## 铁海棠

**Euphorbia milii** Ch. des Moulins
别名：虎刺梅、虎刺、麒麟花
英文名：Crown of Thorns, Christ Thorns, Kiss Me Not

大戟科多年生蔓生灌木，具白色乳汁，茎多分枝，长60～100 cm，具螺旋状的纵棱，密生硬而尖的锥状刺，刺常呈3～5列排列于棱脊上；单叶互生，聚生枝顶，倒卵形或长圆状匙形，具小尖头，全缘；二歧聚伞花序着生于枝条上部叶腋，总花梗长；总苞基部具2枚苞叶，肾圆形，先端具小尖头，鲜红色；花小，不显著；蒴果三角状卵形，很少结果。花期冬春季为主。

**分布**：原产非洲，我国南方省区作为观赏植物广泛栽培，栽培品种众多。

**生境与耐盐能力**：铁海棠原生于马达加斯加内陆干旱地区（Madagascar Catalogue, 2020），有关它耐盐性的研究很少。但一些海岸绿化应用结果表明，铁海棠非常适应海岸环境，有较高的耐盐和耐盐雾能力。在美国，铁海棠被列入高耐盐植物名单

◎ 花

（Gilman, 1999; Haynes et al., 2015），可以在EC值高于6 dS/m的土壤中生长（CIWMB, 2007）。在福建漳州港，铁海棠应用于4级盐雾区海岸绿化，千头木麻黄等表现出明显的盐雾危害症状，铁海棠生长正常。

**特点与用途**：喜光稍耐阴、耐旱不耐水湿、耐瘠；适应性强，只要排水良好的土壤，不论酸碱，都可以正常生长；栽培容易，花期长，花色多样，一旦种植成活就几乎不用维护，被Haynes et al.（2015）选为美国佛罗里达少维护观赏植物之一，也是极佳的海岸地被植物。此外，铁海棠也可用于海岸沙地绿化。白色乳汁对皮肤和粘膜有一定的刺激性，避免接触。

**繁殖**：扦插繁殖。

◎ 花枝

| 铁海棠 | 耐盐 | B+ | 耐盐雾 | A- | 抗旱 | A | 抗风 | A |

◎ 铁海棠用于浪花飞溅区绿化（福建龙海漳州港）

◎ 铁海棠用于海岸绿化（福建龙海漳州港）

# 地杨桃

*Microstachys chamaelea*（Linn.）Muller Argoviensis

别名：色巴木、荔枝草、坡荔枝

英文名：Creeping Sebastiania

大戟科多年生直立或匍匐草本，茎多分枝，旱季枝条红色，水分供应良好时枝条绿色；单叶互生，厚纸质，线形或线状披针形；花单性，雌雄同株，聚集呈侧生或顶生的穗状花序，雄花多数，螺旋排列于花序轴上部，雌花1或数朵着生于花序轴下部；蒴果三棱状球形，分果爿背部具2纵列的小皮刺；种子近圆柱形。花果期全年。

**分布**：广东南部、广西、海南、香港和台湾。常见。

**生境与耐盐能力**：海岸带与海岛特有植物，常见于海岸沙荒地，偶见于海岸鱼塘沙质堤岸、木麻黄防护林空隙和草地。在海南三亚、乐东、东方等地，地杨桃多分布于海岸半流动沙丘，与蛇婆子、绢毛飘拂草、砂苋、土丁桂、滨海木蓝等组成盖度不超过5%的稀疏的沙地草丛。在海南昌江棋子湾，地杨桃生长于强海岸高潮线上缘迎风面山坡沙荒地、石缝。在海南文昌石头公园，地杨桃生长于强盐雾海岸浪花飞溅区草地。

**特点与用途**：喜光不耐阴、耐旱稍耐水湿、耐瘠；适应性强，果实形态奇特，在水分供应良好的情况下生长速度较快。除药用外，目前没有其他应用的报道。全株药用，海南民间用于治疗眩晕和头痛。

**繁殖**：播种繁殖。

◎ 果

◎ 海岸沙地的地杨桃（海南三亚青梅港）

◎ 生长于基岩海岸石缝的地杨桃（海南昌江棋子湾）

| 地杨桃 | 耐盐 | B+ | 耐盐雾 | A | 抗旱 | A | 抗风 | A- |
| --- | --- | --- | --- | --- | --- | --- | --- | --- |

◎ 旱季海岸沙地地杨桃和滨海木蓝（海南东方昌化江口）

◎ 海岸浪花飞溅区草丛中的地杨桃（海南文昌石头公园）

## 余甘子

**Phyllanthus emblica** Linn.
别名：滇橄榄、油甘子、庵摩勒、牛甘果、回甘子
英文名：Indian Gooseberry, Nelli, Myrobalan

大戟科落叶灌木或小乔木，高 1～5 m；单叶互生于小枝两侧，形似复叶，条状矩圆形，全缘；花数朵簇生于小枝中下部的叶腋内，小、单性、黄色，无花瓣；蒴果扁球形，外果皮肉质，初为黄绿色，后为白色、赤色、棕褐色或黄色；内果皮硬壳质，干时开裂，内三室含种子 1 粒。花期 3—6 月，果熟期 9 月至翌年 2 月，常出现一年多次开花结果的情况。

**分布**：福建、广东、广西、海南、香港和台湾。常见，福建惠安栽培较多。

**生境与耐盐能力**：国内多数学者认为余甘子不耐盐碱，在土壤 pH 值大于 8 的土壤上常出现严重的缺素症状。但是，在印度、巴基斯坦和斯里兰卡等国，余甘子被认为是具有较高耐盐能力的果树（Maas & Hoffman, 1977; Qureshi & Barrett-Lennard, 1998））。在福建以南，余甘子是海岸低海拔坡地常见植物。在海南昌江的棋子湾，余甘子是干旱的海岸沙地常见灌木之一。我们在福建、广东、广西的海堤、鱼塘堤岸等均发现长势良好的余甘子植株。

◎ 花枝

◎ 果

**特点与用途**：喜光不耐阴、耐瘠、耐旱，被认为是热带亚热带地区耐旱能力最强的果树；适应性强，病虫害少，寿命长，根系发达，固土作用好，树姿优美，萌芽力强，不仅是良好的庭园风景树，更是海岸荒山绿化的先锋树种。余甘子是药食两用的集营养和保健功能于一体的野果，与猕猴桃、山核桃并列为我国三大高营养水果，栽培品种众多。鲜果生食酸甜酥脆，初食时味酸涩，后回味甘甜，故名余甘，还可渍制或制成果酱食用。根、叶和果实药用，具有广泛的药用价值，全世界有近 20 个国家或民族在自己的传统药物体系中使用余甘子。果具有清热凉血、消食健胃、生津止咳功效，用于治疗血热血瘀、消化不良、腹胀、咳嗽、喉痛、口干等。木材坚硬耐腐。

**繁殖**：播种繁殖，由于根萌发能力很强，也常采用压苗和萌蘖成苗的方式繁殖。

| 余甘子 | 耐盐 | B | 耐盐雾 | B+ | 抗旱 | A- | 抗风 | A |

南方滨海耐盐植物资源（二）

◎ 枝叶

◎ 生长于海堤石缝中的余甘子（福建云霄漳江口）

◎ 海岸固定沙丘腰果林中的余甘子（海南昌江棋子湾）

◎ 生长于海岸护坡石缝中的余甘子（福建厦门环岛路）

# 台湾白树

*Suregada aequorea*（Hance）Seem.

别名：白树仔、山柑仔
英文名：Swamp Gelonium

大戟科常绿灌木或小乔木，高达 5 m，树冠圆锥至塔形，树皮灰白色；单叶互生，椭圆形至倒卵状长圆形，长 3.5～9 cm，宽 2～3.5 cm，全缘，顶端圆形，叶柄短；聚伞花序与叶对生，花小，白色至乳黄色，无花瓣，雌雄异株；蒴果近球形，有 3 浅纵沟，成熟后橙红色，种子具白色假种皮。花期 5—7 月。

**分布**：台湾特有种，天然分布于台湾南部，现作为观赏植物已在台湾岛南北各地有一定数量的栽培。福建厦门有引种。少见。

**生境与耐盐能力**：典型滨海植物，多见于沿海高位珊瑚礁区，在台湾被认为是珊瑚礁海岸林指示植物。由于生长环境为海边日照强烈且多盐雾地区，树干表面常呈灰白色，"白树仔"由此得名。在台湾高雄旗津公园，台湾白树应用于强盐雾海岸绿化，表现良好。

**特点与用途**：喜光稍耐阴、耐旱不耐水湿、耐瘠，但耐寒性稍弱；生性强健，树形端庄，枝叶浓密，生长缓慢，叶片光洁，是海岸防风林、海岸沙地及庭院绿化的理想树种，也适合盆栽。木材白色，质地致密坚重，可做杵或农具及小型器具用。

**繁殖**：播种与扦插繁殖。

◎ 雄花

◎ 果

◎ 枝

| 台湾白树 | 耐盐 | B+ | 耐盐雾 | A | 抗旱 | A | 抗风 | A |

◎ 强盐雾海岸的台湾白树（台湾高雄旗津公园）

◎ 植株（台湾高雄旗津公园）

## 白树

*Suregada multiflora*（Jussieu）Baillon

别名：白树卫矛、球花脚骨脆、山柑仔、假酸橙
英文名：False Lime Tree

大戟科常绿灌木或小乔木，高达 5 m，树冠圆锥至塔形，树皮灰白色，白树由此得名。单叶互生，倒卵状椭圆形至倒卵状披针形，长 5～12 cm，宽 3～6 cm，顶端短尖或短渐尖，稀圆钝，全缘，密布透明腺点；叶柄长 3～8 mm；聚伞花序与叶对生，花小，浅黄色；蒴果近球形，有浅纵沟，成熟后橙红色，种子具白色假种皮。花期 3—9 月。

**分布**：广东、广西和海南。少见。

**生境与耐盐能力**：典型滨海植物，分布于红树林内缘、海堤、基岩海岸石缝、海岸沙坝及沿海高位珊瑚礁区等。在广西防城港白龙半岛的怪石滩，白树生长于受强海风吹袭的基岩海岸迎风面石缝中，显示出较强的耐盐雾与抗旱能力。

**特点与用途**：喜光稍耐阴、耐旱亦耐水湿、耐瘠。树形端庄，叶片光洁，是海岸防风林、滨海水岸及庭院绿化的优良树种。

**繁殖**：播种繁殖。

◎ 雌花

◎ 雄花

◎ 叶

◎ 果

| 白树 | 耐盐 | B+ | 耐盐雾 | A- | 抗旱 | A- | 抗风 | A |

# 南方滨海耐盐植物资源（二）

◎ 海岸沙地刺灌丛中的白树（海南三亚三亚湾）

◎ 果

◎ 强盐雾海岸刺灌丛中的白树表现出一定的盐雾危害症状（海南昌江棋子湾）

## 小叶九里香　　*Murraya microphylla*（Merr. et Chun）Swingle

别名：多叶九里香

芸香科常绿灌木，高 1～3 m；嫩枝常被柔毛；羽状复叶常聚生枝顶，小叶 13～31 片，互生，宽不超过 8 mm，圆形或阔卵状圆形，顶端圆钝，叶缘有明显的钝裂齿；伞房花序式聚伞花序顶生，花密集，萼片和花瓣均为 5，雄蕊 10，花瓣白色，长 4～5 mm，有腺点；浆果近球形，具腺点，腺点干后黑色，有种子 1～2 颗；种子近球形至椭圆形。花期 5—7 月，果期 9—11 月。

**分布**：海南特有植物，从三亚到儋州海岸较常见。

**生境与耐盐能力**：海岸灌丛常见植物，多见于海岸沙荒地，也可在基岩海岸石缝见到其踪迹。在海南三亚，小叶九里香与刺裸实、刺篱木、仙人掌、露兜树、刺果苏木等组成海岸沙地刺灌丛。而在海南儋州，小叶九里香是基岩海岸迎风面山坡常见植物。

**特点与用途**：喜光不耐阴、耐瘠；生性强健，耐粗放管理，株型美观，叶小巧翠绿，花色洁白，芳香，有望开发为热带滨海地区的园林绿化植物。

**繁殖**：播种繁殖。

◎ 花

◎ 果

◎ 叶

| 小叶九里香 | 耐盐 | B | 耐盐雾 | B+ | 抗旱 | A- | 抗风 | A |

◎ 生长于海岸沙地木麻黄林内空隙的小叶九里香（海南三亚三亚湾）

◎ 小叶九里香是海南南部海岸固定沙丘常见植物（海南三亚崖城）

◎ 生长于强盐雾海岸礁石缝隙的绿玉树、仙人掌和小叶九里香（海南儋州峨蔓）

# 簕欓花椒

**Zanthoxylum avicennae**（Lam.）DC.
**别名**：花椒簕、狗花椒、鸡咀簕、画眉簕、雀笼踏、搜山虎、鹰不泊
**英文名**：Avicennia Pricklyash, Chinese Wingleaf Prickly Ash

芸香科落叶、半常绿或常绿乔木，高达10 m，树干有鸡爪状皮刺，刺基部扁圆而增厚，形似鼓钉；鲜叶、根皮及果皮均有花椒气味；奇数羽状复叶互生，小叶7～23，斜卵形/斜长方形或呈镰刀状，有时倒卵形，薄革质，全缘或沿中部以上有不明显的锯齿；伞房状圆锥花序顶生，花小而多，花瓣黄白色；蓇葖果果紫红色，有粗大油点，微凸，顶端有极短喙。花期6—8月，果期10—12月。

**分布**：福建、广东、广西、海南、香港和台湾，最北分布至福建福州。常见。

**生境与耐盐能力**：生境广泛，常见于低海拔平地、坡地或谷地，是常绿阔叶林或热带雨林破坏后常见的物种。而在海岸迎风面山坡，因风大，盐雾严重，只有耐盐雾、抗风、抗旱的植物能够正常生长，簕欓花椒是常见树种之一。

**特点与用途**：喜光稍耐阴、耐瘠；根系发达，树形美观，树干形态奇特，全株有特殊的花椒香味，是滨海地区非常值得开发的园林绿化植物，也是海岸带于海岛山地绿化的树种；根与叶入药，有祛风利湿和活血止痛的功效，用于治疗黄疸型肝炎、肾炎水肿、风湿性关节炎、跌打损伤、腰肌劳损、乳腺炎、疖肿等。

**繁殖**：播种繁殖。

◎ 花

◎ 果

◎ 植株

| 簕欓花椒 | 耐盐 | B | 耐盐雾 | A- | 抗旱 | A- | 抗风 | A |

◎ 老枝

◎ 幼枝

◎ 生长于强盐雾海岸迎风面山坡的勒欓花椒（福建东山苏峰山）

## 琉球花椒

*Zanthoxylum beecheyanum* K. Koch

别名：胡椒木、日本花椒、清香木、一摸香
英文名：Japanese Pepper, Pepper Tree

芸香科多年生常绿灌木，高约1 m，茎有疏刺；全株有浓烈的胡椒味，胡椒木由此得名；奇数羽状复叶互生，叶基有短刺2枚，叶轴有狭翼，小叶对生，倒卵形，革质，叶面浓绿富光泽，密生腺体；雌雄异株，雄花黄色，雌花橙红色；果实椭圆形，中间有一条裂痕，红褐色；种子黑色。花果期春夏季。

**分布**：原产日本和韩国，我国长江以南地区常见栽培。

**生境与耐盐能力**：海岛特有植物，原产地为日本小笠原群岛、琉球群岛的高位珊瑚石灰岩滨海地区。在日本被列为具有高耐盐雾能力的物种。

**特点与用途**：喜光稍耐阴、耐寒、耐旱不耐水湿；耐修剪，易移植，生长缓慢，病虫害少，枝叶浓密，叶色翠绿，光泽明亮，全株具浓烈胡椒香味，是滨海地区优良的绿篱植物。叶片与山椒的气味相似，作为山椒替代品用于日本料理。

**繁殖**：扦插与高压繁殖。

◎ 花

◎ 致密的枝叶

| 琉球花椒 | 耐盐 | B | 耐盐雾 | A | 抗旱 | B+ | 抗风 | A |

南方滨海耐盐植物资源（二）

◎ 植株

◎ 琉球花椒用于海岸绿化（福建云霄漳江口）

# 两面针

**Zanthoxylum nitidum** (Roxb.) DC.

别名：双面针、双面刺、叶下穿针、光叶花椒、红倒钩簕
英文名：Radix Zanrhoxyli

芸香科多年生常绿攀缘藤本，茎、枝、叶轴下面和小叶中脉两面均着生钩状皮刺，老茎上有三角形翼状凸起；一回奇数羽状复叶互生，小叶3～11，对生，革质，卵形至卵状矩圆形，有油点，边缘微具波状疏锯齿；伞房状圆锥花序腋生，花小，淡黄绿色，单性；蓇葖果球形，成熟时紫红色，有粗大腺点，顶端具短喙；种子近球形，黑色光亮。花期3—5月，果期4—11月。

**分布**：浙江（北界为玉环县）、福建、广东、广西、海南、香港和台湾。常见。

**生境与耐盐能力**：是海岸带与海岛迎风面山坡林下灌木常见植物，多攀援于石头或树干上，也可以在一些海岛的基岩海岸见到其踪迹。在福建平潭将军山，两面针生长于强风强盐雾海岸迎风面山坡，未见任何盐害症状。而在福建龙海浯垵岛，两面针与石斑木、了哥王等生长于浪花飞溅区上缘的岩石缝隙中。

**特点与用途**：喜光亦耐阴、耐瘠；适应性强，耐移植，姿态优美，叶形奇特，叶色亮丽，四季常青，近年来常被人们用来制作盆景或盆栽观赏，也是滨海地区优良的花棚、花篱及岩石的垂直绿化植物。叶和果皮可提芳香油；两面针根是传统的中药材，具有抗炎、镇痛和清热解毒等功效，被广泛应用于抗炎镇痛的中医处方、中成药及精细化工产品中，是三九胃泰、正骨水、跌打万花油等著名中成药和日用品两面针中药牙膏的主要原料药材。

**繁殖**：播种繁殖。

◎ 花

◎ 果

◎ 叶

| 两面针 | 耐盐 | B | 耐盐雾 | A- | 抗旱 | A- | 抗风 | A |
| --- | --- | --- | --- | --- | --- | --- | --- | --- |

◎ 生长于强盐雾海岸迎风面山坡石缝的两面针（福建平潭将军山）

◎ 生长于强盐雾海岸迎风面的两面针（福建龙海浯垵岛）

# 牛筋果

*Harrisonia perforata*（Bl.）Merr.

别名：弓刺、连江簕

苦木科近直立或稍攀援常绿灌木，高1～2 m，叶柄基部有锐利的短钩刺1对；奇数羽状复叶互生，叶轴在小叶间有狭翅；小叶5～13，纸质，菱状卵形，边缘有钝齿，稀全缘；花两性，数朵至10余朵排成顶生的短总状花序；花瓣白色，4～5片，披针形；果实浆果状，肉质，球形，由2～5个合生心皮组成，成熟时淡红色。花期4—5月，果期5—8月。

**分布**：广东南部（徐闻、雷州）、海南。海南岛常见，徐闻和雷州偶见。

**生境与耐盐能力**：常见于低海拔海岸旷野、荒地。在海南岛西海岸东方、昌江、儋州等地，牛筋果常与刺篱木、刺裸实、酒饼簕、露兜树等组成海岸固定沙丘稀疏的沙生刺灌丛。而在海南儋州、临高等地，牛筋果可生长于海岸鱼塘堤岸，有时攀援于黄槿等树冠。

**特点与用途**：喜光稍耐阴、耐瘠；适应性强，生长速度快，幼叶鲜红，果形奇特，有望开发为滨海地区的垂直绿化植物，也是值得开发的防风固沙植物。根叶药用，味苦、性寒，具有清热、解毒、截疟等功效，民间常用于防治疟疾、霍乱、腹泻、痢疾、疮疖、咽喉肿痛、咳嗽、外感风热等疾病（中华草本编委会，1999）。

**繁殖**：播种繁殖。

◎ 花

◎ 果

| 牛筋果 | 耐盐 | B | 耐盐雾 | B+ | 抗旱 | A- | 抗风 | A |

南方滨海耐盐植物资源（二）

◎ 结果枝

◎ 幼枝

# 海人树

**Suriana maritima** Linn.
别名：滨樗
英文名：Bay Cedar

苦木科常绿灌木或小乔木，高达 3 m，多分枝；单叶互生，线状匙形，全缘，稍肉汁，聚生枝顶；聚伞花序腋生，花黄色；核果略红，球形，具宿存花柱。花果期夏秋季。

**分布**：广泛分布于太平洋热带海岸。我国仅在西沙群岛和东沙群岛有分布。稀少。

**生境与耐盐能力**：热带海岸与海岛特有树种，一般生长于高潮线上缘的海岸沙丘和珊瑚礁缝隙中，常与水芫花、草海桐、银毛树等组成稀疏的海岛灌丛，为热带珊瑚礁海岛植被演替的先锋植物，也是热带珊瑚礁海岛最靠近海水的木本植物之一。种子耐海水浸渍，能随水传播。

**特点与用途**：喜光不耐阴、耐旱不耐水湿、耐瘠、不耐寒；生命力极强，树形特别，叶肉质翠绿，优美，枝叶茂密，根系发达，耐修剪，病虫害少，颜色深绿，是海滩、沙丘等地绿化的优良树种，也是优良的诱蝶植物。木材暗红色，质硬，常用于制作小型器具。

**繁殖**：播种繁殖。

◎ 花

◎ 叶

◎ 果

| 海人树 | 耐盐 | A+ | 耐盐雾 | A+ | 抗旱 | A+ | 抗风 | A+ |

# 南方滨海耐盐植物资源（二）

◎ 海人树是热带珊瑚礁海岛植被演替的先锋树种之一（西沙七连屿）

◎ 海人树与草海桐（西沙七连屿）

# 光叶金虎尾

***Malpighia glabra* Linn.**

别名：西印度樱桃、黄褥花、巴巴多斯樱桃、光果樱
英文名：Acerola, Barbados Cherry

金虎尾科常绿灌木或小乔木，高 2～4 m；单叶对生，表面粗糙，两面皆有毛，长椭圆状卵形，基部不对称；聚伞花序腋生，花白色、玫瑰色或粉红色；浆果状核果，扁球形或球形，外有三道浅沟，熟时橙红色，形如樱桃，西印度樱桃由此得名。花期春季至秋季，果期全年。

**分布**：原产热带美洲，最早由西印度群岛加勒比海地区的原住民栽培利用。我国福建、广东、广西、台湾和海南作为观赏植物或果树有一定面积的栽培。福建厦门是其露地栽培北界。少见。

**生境与耐盐能力**：生长于海岸石灰岩地带。具有中度的耐盐与耐盐雾能力（Bezona et al., 2001）。但在美国夏威夷等地，西印度樱桃被认为是具有较高耐盐能力的植物，可以在不受海水浸淹的海岸沙地生长。

**特点与用途**：喜光稍耐阴、耐旱不耐水湿；适应性强，生长速度快，栽培简单，喜钙质土壤，枝叶茂密，树姿优美，果色鲜红，常年挂果，耐修剪，是滨海地区优良的庭院绿化及盆景植物。果味酸甜可食，富含维生素 C，堪称水果"维 C 之王"，成人每日食用 1～2 粒果实，可满足需求（郑慧坚等，2008）。除鲜食外，果还可制成果酱、蜜饯、果汁和混合饮料。花果吸引蜜蜂、蝴蝶或鸟类，是很好的诱鸟或诱蝶植物。木材材质坚重，可用于制作各种器具。

**繁殖**：扦插繁殖为主，也可播种繁殖。

◎ 花

◎ 叶

◎ 果

| 光叶金虎尾 | 耐盐 | B | 耐盐雾 | B+ | 抗旱 | B+ | 抗风 | B |

◎ 光叶金虎尾用于海岸绿化（台湾湃湖）

◎ 海岸沙地种植的光叶金虎尾（西沙赵述岛）

# 三星果

***Tristellateia australasiae*** A. Rich.

**别名**：星果藤、三星果藤、蔓性金虎尾、澳洲三星果
**英文名**：Shower of Gold Climber, Australia Gold Vine, Australian Tristellateia, Maiden's Jealousy

金虎尾科常绿藤本，茎具有明显皮孔；单叶对生，长卵形或卵状椭圆形，全缘，叶基有2腺体；总状花序顶生，花柱细长，花瓣鲜黄色，花丝初为黄色，后变鲜红色；成熟心皮三个，每心皮有3个翅，合成为星状有翅的蒴果，像三颗星星，背贴背聚在一起，三星果由此得名，果实熟后变为褐色。花期4—10月（或全年），果期5—12月（或全年）。

**分布**：台湾恒春半岛及兰屿。野生资源稀少，台湾南部作为观赏植物栽培较多。福建厦门、广东、广西和香港有引种。少见。

**生境与耐盐能力**：典型海岸带与海岛

◎ 花

◎ 果

植物，是热带雨林向红树林过渡区域常见植物，在受潮汐影响的河道两侧、沙滩林、红树林内缘等地均可见其踪迹。东南亚地区被认为是红树林伴生植物（Giesen et al., 2006）。

**特点与用途**：喜光稍耐阴，耐寒能力稍弱（台湾中部以南地区能够露天栽培）；适应性强，栽培容易，生长速度快，花金黄色，花蕊艳红色，花期长，温暖地区可以全年开花，是滨海地区理想的藤架植物。

**繁殖**：扦插与播种繁殖。

◎ 枝

| 三星果 | 耐盐 | B | 耐盐雾 | A- | 抗旱 | B+ | 抗风 | A |

◎ 三星果用于垂直绿化（广州华南植物园）

◎ 强盐雾海岸三星果用于垂直绿化（台湾垦丁白沙湾）

# 腰果

***Anacardium occidentale*** Linn.

**别名**：槚如树、鸡腰果、介寿果、树花生
**英文名**：Cashew

漆树科常绿灌木或小乔木，高达10 m；单叶互生，倒卵形或椭圆形，近革质，全缘，嫩叶棕红色；圆锥花序顶生，多分枝，排成伞房状；花多密集，密被锈色微柔毛，黄色、粉红色或带紫色纵条纹；假果由花托发育膨大而成，陀螺形、扁菱形或梨形，成熟后红黄色或紫红色；真果（核果）着生于假果上，肾形，两侧压扁，青灰色至红褐色，果壳坚硬，内有种子1枚。花期1—6月，果熟期5—6月。

**分布**：原产中南美洲和西印度群岛，现作为经济作物在热带地区广泛栽培。福建、广东、广西、海南、香港和台湾有引种，海南和云南有小面积商业化栽培。栽培品种众多。

**生境与耐盐能力**：一般认为腰果不耐盐（沈国舫，2020）。但海南岛引种腰果的生长状况提示其对海岸环境具有较好的适应性。在海南昌江棋子湾海拔仅数米的强盐雾海岸沙荒地，有一座废弃很久的腰果园，腰果树生长正常，未现盐害症状。在海南陵水、三亚等地的海岸沙荒地、木麻黄防护林中，均有生长良好的腰果分布。Viégas et al.（2001）报道腰果对巴西东北部常受干旱和盐胁迫的海岸半干旱环境有很强的适应性。实验室条件下，腰果的一些品种中度耐盐，可在200 mmol/L的培养液中长期生长，生长比对照下降42%（Ferreira-Silva et al., 2008）。

◎ 花

**特点与用途**：喜光不耐阴、耐瘠、耐旱不耐渍水；对低温敏感，15℃以下低温可使其严重受害；适应性极强，栽培容易，结果期早，树冠开展，外貌深绿色，花期长，花香浓郁，是具典型热带特色的经济和生态树种，也是海岸沙荒地防风固沙的优良树种。假果（果梨）柔软多汁，可食；果仁营养丰富，还具有很好的药用和保健价值，为世界四大干果之一。果壳味奇涩，有毒，果壳油是优良的防腐剂或防水剂；果壳入药，用于治疗牛皮癣、铜钱癣及香港脚，还可提制栲胶。木材耐腐，可供造船。树皮用于杀虫、治白蚁和制不退色墨水。

**繁殖**：播种、扦插与嫁接繁殖。

| 腰果 | 耐盐 | B+ | 耐盐雾 | A- | 抗旱 | A- | 抗风 | B |

南方滨海耐盐植物资源（二）

◎ 幼叶

◎ 果

◎ 木麻黄防护林空隙的废弃腰果园（海南昌江棋子湾）

◎ 海岸边的木麻黄与腰果（海南三亚铁炉港潟湖）

# 厚皮树

*Lannea coromandelica* (Houtt.) Merr.

别名：脱皮麻、万年青、胶皮麻、赖皮树
英文名：Indian Ash Tree, Bark of Coromandel Lannea

漆树科落叶小乔木，高 5～10 m，树皮灰白色，厚，小枝、嫩叶和花序密被锈色星状毛；奇数羽状复叶集生枝顶，小叶 3～4 对，卵形或长圆状卵形，膜质或薄纸质，基部略偏斜，全缘；总状花序顶生，花小，黄色或黄中带紫；核果卵形，略压扁，成熟后紫红色，花柱宿存。花期 3—4 月，果期 4—5 月。

**分布**：广东、广西和海南。海南常见，广东和广西偶见。

**生境与耐盐能力**：海南岛西南部落叶季雨林受破坏后残存或次生植被的常见植物，也是海岸沙地刺灌丛的常见植物。在海南东方昌化江口，厚皮树常与楝树等作为海岸固定沙地刺灌丛的上层稀疏乔木，在人为干扰少的地方则形成较为致密的树丛。在海南三亚，厚皮树是基岩海岸常见植物，在海岸迎风面山坡从浪花飞溅区到海拔百米以上的低山均有分布。此外，厚皮树也可以与黄槿、海漆等一起生长于鱼塘堤岸。

◎ 花

◎ 果

**特点与用途**：喜光不耐阴、耐瘠，树皮厚，耐火烧；对海岸环境具有顽强的适应能力，栽培容易，病虫害少，种植成活后无需维护，树形美观，嫩叶紫红色，是构建热带海岸景观的极佳乡土植物。花期长、蜜粉多、诱蜂力强，是优良的蜜源植物；树皮含红色染料，可提制栲胶，海南沿海居民将树皮浸出液染渔网；幼皮强韧，是海南黎族制作树皮布的主要原料；木材轻软，不易变形，不耐腐，可制作家具和箱板等。树皮入药，用于治疗骨折和河豚鱼和木薯中毒。

**繁殖**：播种与扦插繁殖。

◎ 幼叶

| 厚皮树 | 耐盐 | B | 耐盐雾 | B+ | 抗旱 | A | 抗风 | A |
|---|---|---|---|---|---|---|---|---|

◎ 基岩海岸浪花飞溅区许树、厚皮树和海岸桐（海南三亚小东海）

◎ 生长于基岩海岸迎风面山坡石缝的厚皮树（海南三亚青梅港）

◎ 厚皮树是海南岛海边村落常见植物

◎ 厚皮树是海南岛海岸沙荒地常见植物（海南东方昌化江口）

# 巴西胡椒木

*Schinus terebinthifolius* Raddi

别名：巴西乳香、乳香黄连木、巴西圣诞树、肖乳香
英文名：Brazilian Pepper Tree, Christmas Berry Tree

漆树科常绿小乔木，高达 10 m，枝叶具胡椒香味；奇数羽状复叶互生，小叶 3～7 对，长椭圆形或卵状长椭圆形，全缘或具不明显疏锯齿状缘；叶基有短刺 2 枚，叶轴有狭翼；全叶密生腺体；圆锥花序顶生或生于枝顶叶腋，花小，多数，单性，雌雄异株，雄花黄色，雌花橙红色。核果球形，熟后鲜红色。花期 4—5 月，果熟期 12 月。

**分布**：原产南美。1909 年引种至台湾，现福建、广东、海南和台湾有栽培。偶见。

**生境与耐盐能力**：17 世纪中期，巴西胡椒木作为观赏植物被引入美国。在美国佛罗里达洲，巴西乳香可以侵入远离海岸、潮水偶尔淹及的低洼红树林地（basin mangrove）。这些地方由于水分蒸发，水体盐度有时远高于海水盐度（35 g/L）。在福建厦门五缘湾湿地公园，人工种植的巴西乳香可以自然扩散，并侵入红树林中。

**特点与用途**：喜光稍耐阴、耐寒、耐旱亦耐水湿，性喜高温高湿环境，适应性强；树形优美，栽培容易，生长速度快，耐修剪、色彩鲜艳、晶莹剔透的成串核果常被用于圣诞节的装饰物，是滨海地区优秀的庭园树、行道树、观果树或诱鸟树。由于其强适应性、速生等特点，一些地区将其定性为外来入侵植物（Williams et al., 2005）。福建各地种植后自然扩散明显，使用时候应注意。

**繁殖**：播种与高压繁殖。

◎ 花

◎ 果

◎ 叶

| 巴西胡椒木 | 耐盐 | A- | 耐盐雾 | A- | 抗旱 | A- | 抗风 | A- |

◎ 巴西胡椒木用于人工填海地绿化（福建厦门下潭尾）

◎ 海岸沙地防护林下的巴西胡椒木（福建厦门环岛路）

# 全缘冬青

*Ilex integra* Thunb.

**别名**：全缘叶冬青、黐木、糊樗、苦连茶

冬青科常绿小乔木，高达 9 m，树皮灰白色。小枝粗壮，茶褐色，具纵皱褶及椭圆形凸起的皮孔；顶芽卵状圆锥形，腋芽卵圆形，无毛。单叶互生，倒卵形或倒卵状椭圆形，稀倒披针形，全缘，厚革质，背面无腺点；聚伞花序簇生于叶腋，总花梗短，花瓣淡黄色；核果球形，直径 10～12 mm，成熟时红色。花期 4 月，果熟期 9—11 月。

◎ 果

**分布**：上海（崇明岛）、浙江、福建（张若蕙，1994）和台湾（兰屿）。国家二级重点保护植物。福建厦门植物园有引种。少见。

**生境与耐盐能力**：海岛特有植物。从基岩海岸浪花飞溅区上缘的石缝至海拔 300 m 以下的海岸迎风面山坡的阔叶林中或灌丛中均有分布。在浙江舟山的一些岛屿，全缘冬青与普陀樟、红楠构成舟山海岛特有的常绿阔叶林（王国明等，2005）。模拟实验发现，全缘冬青耐盐雾能力强于滨柃，次于厚叶石斑木（赵颖等，2016）。但浙江舟山南沙人工栽培的全缘冬青生长情况表明其仅具中等耐盐雾能力。

**特点与用途**：喜光不耐阴、耐干旱瘠薄，适应性广，在干旱环境中的生长情况和存活率要优于红楠和滨柃。四季常绿，树冠圆锥状，树形端正优美，枝叶浓密，叶色深绿，临冬其果实鲜红缀于枝头，远望满树缀满红果，红果绿叶交相映辉，极具观赏价值，十分适合作为中亚热带滨海地区的行道树、庭院树、风景林与防护林，也是海岸与海岛困难地造林的优良树种。全缘冬青可与厚叶石斑木、海桐、滨柃和大叶胡颓子等配置构建成为具有中亚热带海岛特色的风景林。

**繁殖**：播种与扦插繁殖。

◎ 叶

| 全缘冬青 | 耐盐 | B | 耐盐雾 | B+ | 抗旱 | A- | 抗风 | A- |

南方滨海耐盐植物资源（二）

◎ 海岸3级盐雾区无遮挡条件下全缘冬青生长情况（浙江舟山南沙）

◎ 植株

# 蛇藤

*Colubrina asiatica* (Linn.) Brongn.

别名：亚洲滨枣
英文名：Asian Colubrina, Asian Snake Wood

鼠李科常绿藤状灌木，枝条长而柔弱，幼枝具绒毛，老枝光滑；单叶互生，纸质，卵形或阔卵形，叶缘具粗钝齿；聚伞花序腋生，花小，黄绿色；蒴果状核果近圆球形，熟时棕色，宿存萼筒包围果实基部，果梗长4～6 mm。种子卵形，黑色，外有棱角。花期6—9月，果期9—12月。

**分布**：广东、广西、海南、香港和台湾。偶见。

**生境与耐盐能力**：海岸带与海岛特有植物，常见于海岸沙地灌丛或疏林。在一些坡度较大的海岸，常在高潮线上缘成片出现，成为最靠近海水的灌木。有时在红树林内缘出现，柔弱的枝条攀援于木榄、海莲等植株树冠。在海南南部和西部海岸，蛇藤是海岸沙地灌丛的常见植物。在美国佛罗里达，蛇藤被认为是具有高耐盐与耐旱能力的树种（Ferriter, 2011）。

**特点与用途**：喜光稍耐阴、耐旱亦耐水湿，但不甚耐寒；性喜高温湿润的环境，但也可以在干旱的海岸沙地生长，适应性强，不拘土质，病虫害少，生长快，可以作为滨海地区的绿篱及堤岸护坡植物。在马尔代夫，蛇藤叶片具有多种用途，叶片与水混合可产生大量泡沫，被沿海居民用于洗衣服；果实可以用于毒鱼，捣碎后汁液涂抹于肿胀部位可以缓解肿胀。

**繁殖**：播种与扦插繁殖。

◎ 花枝

◎ 枝

◎ 果枝

| 蛇藤 | 耐盐 | A- | 耐盐雾 | A | 抗旱 | A | 抗风 | A |

◎ 蛇藤是海岸沙地最前沿的灌木之一（海南三亚大小洞天）

◎ 蛇藤的枝条蔓延至大潮可以淹及的高潮带（海南三亚西岛）

## 厚叶崖爬藤

*Tetrastigma pachyphyllum*（Hemsl.）Chun

别名：过山龙、孖带藤
英文名：Thickleaf Rockvine

葡萄科常绿木质藤本，茎扁平，多瘤状突起；卷须不分枝，相隔2节间断与叶对生；掌状复叶，小叶3，有时5，多少肉质，倒卵形或倒卵状长椭圆形，侧生小叶基部不对称，每侧边缘有3～4个锯齿；复二歧聚伞花序腋生，比叶柄长或与叶柄近等长；花序梗及花梗密被短柔毛，花小，淡绿色，花瓣顶端有角状突起，密被乳突状毛；浆果近球形，有种子1～2颗；种子椭圆形。花期4—7月，果期5—10月。

**分布**：广东（雷州半岛）、广西（涠洲岛、合浦）、海南和台湾。海南岛和雷州半岛常见。

**生境与耐盐能力**：海岸常见植物，多生长于海岸防护林林隙或攀援于海岸刺灌丛，也是海岸村庄围墙、篱笆等常见的攀援植物。在海南海口东寨港，厚叶崖爬藤生长于高潮线上缘，其枝蔓攀援于黄槿、木榄、海莲等红树或半红树植物树冠。在海南儋州峨蔓海岸，厚叶崖爬藤攀援于基岩海岸仙人掌、露兜树灌丛或裸露的岩石上，是海岸最靠近海水的植物之一。

**特点与用途**：喜光稍耐阴、耐旱稍耐水湿、耐瘠；适应性广，栽培简单，生长速度快，成活后无需维护，是滨海地区构建低维护绿地极佳的垂直绿化植物。

**繁殖**：播种与扦插繁殖。

◎ 花

◎ 果

◎ 攀援于海岸礁石的厚叶崖爬藤（海南儋州峨蔓）

| 厚叶崖爬藤 | 耐盐 | B+ | 耐盐雾 | A | 抗旱 | A | 抗风 | A |
|---|---|---|---|---|---|---|---|---|

南方滨海耐盐植物资源（二）

◎ 攀援于木麻黄树冠的厚叶崖爬藤（海南文昌瓮田）

◎ 攀援于强盐雾海岸珊瑚礁上的厚叶崖爬藤（台湾垦丁猫鼻头）

# 文定果

*Muntingia calabura* Linn.

**别名**：南美假樱桃、牙买加樱桃、红灯果（海南）、西印度樱桃

**英文名**：Jam Tree, Japanese Cherry, Jamaica Cherry, Strawberry Tree, West Indian Cherry

杜英科常绿小乔木，高5～8 m，成年植株枝条平展，叶及小枝表面密被绒毛；单叶互生，纸质，长卵形或长椭圆状卵形，基部偏斜，具不规则锐锯齿；花单朵或2朵着生于叶腋，花白色，花瓣先端边缘波状；浆果球形或近球形，成熟时紫红色；种子椭圆形，多数，小。花果期全年。

**分布**：原产南美洲和西印度群岛，我国福建、广东、广西、海南、香港和台湾偶见栽培或逸为野生。

**生境与耐盐能力**：文定果的耐盐能力存在一些争议，多数文献认为它不耐盐（Verheij，1991）。英国皇家植物园Kew园对文定果的介绍：除不耐盐外，对其他环境因子具有很强的适应能力"It is tolerant of most extreme conditions, but not to salt"。但是，在马尔代夫，文定果被认为是珊瑚礁海岛植被发育的先锋树种。在海南三亚西岛，文定果可以在海滩前沿的草海桐灌丛中正常生长。在南沙新填岛屿，文定果可以在极度贫瘠的珊瑚碎屑上正常生长。

**特点与用途**：喜光不耐阴、耐瘠、抗风性差；适应性强，生长速度快，树冠层次分明，侧枝平展，枝叶稠密，树姿优美，结果量大，果期长，是滨海地区极佳的庭院绿化植物，也是废弃地尤其是废弃采矿地植被修复的先锋树种。果有冬瓜茶的香味，味甜可生食，也可用于制作果酱，叶可用于制茶。果可以吸引大量鸟类前来觅食，为优良的招鸟植物。树皮富含纤维，可用于制作绳索。

**繁殖**：播种繁殖。

◎ 花

◎ 叶

◎ 果

| 文定果 | 耐盐 | B | 耐盐雾 | B | 抗旱 | A- | 抗风 | B |

◎ 珊瑚碎屑岛自然生长的文定果（南海某岛屿）

◎ 珊瑚碎屑岛自然生长的文定果（南海某岛屿）

◎ 生长于红树林海岸海堤的文定果（海南陵水新村港）

# 圆叶黄花棯

*Sida alnifolia* var. *orbiculata* S. Y. Hu
英文名：Orbicularleaf Sida

锦葵科直立亚灌木（海岸山坡或沙地生长者多为匍匐灌木），高 1 m；单叶互生，圆形，直径 5～13 mm，具圆齿，两面被星状长硬毛；叶柄长约 5 mm，密被星状疏柔毛；花单生叶腋，花梗长约 3 cm，花萼被星状绒毛，裂片顶端被纤毛，雄蕊柱被长硬毛。蒴果近球形，分果爿 6～8，具 2 芒，具直槽。花果期 7—12 月。

**分布**：中国特有种，仅在西沙群岛有发现。少见。

**生境与耐盐能力**：海岛特有植物，生长于低海拔海岛特大高潮线以上沙荒地或海岸沙地，是热带珊瑚礁海岛植被演替的先锋种之一。在西沙群岛的中沙洲岛，圆叶黄花棯与黑果飘拂草等组成稀疏的珊瑚礁沙地植被，成为首先登陆的植物之一。在西沙群岛的石岛，圆叶黄花棯是海岸沙荒地的优势种，与厚藤、粗根茎莎草、过江藤等组成稀疏的海岸沙荒地植被。而在西沙群岛的南沙洲岛，圆叶黄花棯是岛屿中部沙地植被的优势种之一，优势度仅次于细穗草。但在植被发育较好的北岛，则逐渐让位于其他灌木和草本植物。

**特点与用途**：喜光不耐阴、耐瘠；对海岸沙地环境有极强的适应能力，可用于海岸沙荒地绿化。

**繁殖**：播种繁殖。

◎ 花

◎ 叶

◎ 植株

| 圆叶黄花棯 | 耐盐 | A- | 耐盐雾 | A | 抗旱 | A | 抗风 | A |

◎ 海岸沙荒地成片生长的圆叶黄花稔（西沙永兴岛）

◎ 圆叶黄花稔是热带珊瑚岛的先锋植物（西沙七连屿）

## 蜀葵

*Althaea rosea*（Linn.）Cavan.

**别名**：蜀季花、一丈红、麻秆花、大麦熟、端午红
**英文名**：Hollyhock

锦葵科二年生直立草本，茎不分枝，高达 2.5 m，全株被毛；单叶互生，近圆心形，有时具浅裂，掌状脉 5～7 条；花单生叶腋或近簇生，排列成总状花序，花色多样，有红、白、紫、黄等；蒴果扁球形，种子扁圆，肾脏形。常于 6 月麦子成熟时开花，"大麦熟"由此得名。花期 5—10 月，果期 7—11 月。

**分布**：原产四川，叶似葵菜，蜀葵由此得名。我国南北各地作为观赏植物广泛栽培。

◎ 花

**生境与耐盐能力**：国内大多文献报道蜀葵可以在含盐量 6 mg/g 的土壤上正常生长。在河北沧州，蜀葵可以在含盐量 2.2 mg/g～3.5 mg/g 的土壤上通过播种形成可自繁殖的种群，绿化效果良好（王刚等，2012）。山东师范大学驯化的蜀葵耐盐极限达到 10 mg/g。贾恢先和孙学刚（2005）将其收录于《中国西北内陆盐地植物》。实验室水培条件下，发芽率、根长等指标随培养液含盐量的提高而下降，盐度 4 g/L 时种子发芽率达对照的 50%，盐度 12 g/L 时发芽率降低至对照的 10%（许桂芳等，2007）。在含盐量 9 g/L 的培养液中发芽率可达 50%，个别种子可以在含盐量 13 g/L 的培养液中发芽（刘淑贤，2002）。

**特点与用途**：喜光稍耐阴、耐旱不耐水湿；适应性强，栽培容易，花大色艳，花期长，花色繁多，是滨海地区极佳的庭院绿化植物。嫩叶及花可食；皮为优质纤维；全草入药，有清热解毒、镇咳利尿之功效，全草入药，有清热止血、消肿解毒之功，内服用于治疗便秘、痢疾等，还可用于解河豚毒，外用治疮疡、烫伤等；从花中提取的紫色素，易溶于酒精和水，可为食品的着色剂。

◎ 花

**繁殖**：扦插、播种与分株繁殖。

| 蜀葵 | 耐盐 | B | 耐盐雾 | B | 抗旱 | B | 抗风 | B |

南方滨海耐盐植物资源(二)

◎ 成熟果

◎ 植株

◎ 幼株

## 长梗肖槿

***Thespesia populneoides***（Linn.）Solanh. ex Corr.

别名：长梗桐棉

英文名：Tulip Tree, Pacific Rosewood

锦葵科常绿灌木或小乔木，高 3～5 m，小枝、叶片两面、花梗及果实密被褐色鳞秕；单叶互生，三角形，基部截形，全缘。花单生叶腋，花梗长 6 cm 以上，蒴果圆球形，成熟后红棕色，种子三角状卵圆形，无毛。《Flora of China》将长梗肖槿归并入杨叶肖槿（*T. populnea*），但本种花梗长 6 cm 以上，果实无毛及叶片两面被褐色鳞秕，区别还是很明显的，本书还是保留。

**分布**：海南三亚和临高。中国特有种，2001 至今，我们仅在海南三亚和澄迈见过不超过 10 棵自然生长的长梗肖槿。2006 年海南省人民政府将其列入海南省省级重点保护陆生野生动物名录和野生植物名录。海南东寨港国家级自然保护区有引种。稀少。

**生境与耐盐能力**：典型滨海植物，常见于红树林内缘和海岸林中，被认为是半红树植物之一。

**特点与用途**：喜光不耐阴、耐水湿；树形优美，生长迅速，花大色艳，花期长，是滨海地区良好的护堤植物和园林绿化植物。

**繁殖**：播种与扦插繁殖。

◎ 花

◎ 花

◎ 果

| 长梗肖槿 | 耐盐 | A- | 耐盐雾 | A- | 抗旱 | B | 抗风 | A- |

◎ 成熟果

◎ 生长于强盐雾海岸沙荒地的长梗肖槿（海南临高马袅）

## 粗齿刺蒴麻 *Triumfetta grandidens* Hance

椴树科匍匐草本或亚灌木，茎多分枝；单叶互生，叶细小，宽不超过 1.5 cm，下面被单毛，叶形变异较大，下部叶常菱形，3~5 裂，上部叶长圆形，三出脉，边缘有粗齿；聚伞花序腋生，花瓣阔卵形，花瓣及花丝均鲜黄色；蒴果球形，针刺长 2~4 mm，先端有短勾，干后不开裂。花果期冬春季。

**分布**：广东、广西、海南。偶见。

**生境与耐盐能力**：海岸带与海岛特有植物。生长于海岸半固定沙丘、海岸沙荒地，常与绢毛飘拂草、蛇婆子、粗根茎莎草等组成海岸沙地稀疏灌草丛。

**特点与用途**：喜光不耐阴、耐瘠、耐高温、耐沙埋。因分布范围小、野外个体数量少、植株矮小，目前尚未引起关注。地上部分甲醇提取物对南方根结线虫具有很强的杀伤力，500 μg/mL 暴露 48 小时可使二龄幼虫的死亡率达 100%（Jang et al., 2014）。

**繁殖**：播种繁殖。

◎ 花

◎ 果

◎ 深裂的叶

| 粗齿刺蒴麻 | 耐盐 | B+ | 耐盐雾 | A | 抗旱 | A | 抗风 | A |

◎ 海岸沙地粗齿刺蒴麻与蛇婆子（海南东方昌化江口）

◎ 海岸流动沙地的粗齿刺蒴麻（海南东方昌化江口）

## 铺地刺蒴麻

**Triumfetta procumbens** Forst. f.

别名：匍匐刺蒴麻、匍地垂桉草

英文名：Procumbent Triumfetta

椴树科木质草本，茎匍匐，节节生根，嫩枝被黄褐色星状短茸毛；单叶互生，厚纸质，卵圆形，有时3浅裂，先端圆钝，基部心形，上面有星状短茸毛，下面被黄褐色厚茸毛；聚伞花序腋生，花柄长2～3 mm，花黄色；蒴果近球形，干后不开裂，表面具长3～4 mm甚至更长的粗壮针刺，针刺先端弯。果期5—9月。

**分布**：东沙群岛、南沙群岛和西沙群岛。铺地刺蒴麻是西沙群岛分布最广的植物之一，几乎每个岛屿都有分布。

**生境与耐盐能力**：海岸带与海岛特有植物。在我国南海诸岛，铺地刺蒴麻见于由珊瑚和贝壳碎片堆积而成的海岸沙地，它既可以与细穗草等分布于海岸沙地最前沿，也可以在草海桐或银毛树灌丛的空隙中生长。从海岛植被演替看，铺地刺蒴麻与细穗草、海滨大戟、草海桐和银毛树等是新生沙洲最先出现的植物种类。

**特点与用途**：喜光不耐阴、耐旱不耐水湿、耐瘠、耐高温；根系发达，节节生根，生长快，是热带海岸沙地绿化的先锋植物。因野外数量少，我国目前还没有其应用的报道。Iwashina & Kokubugata（2012）发现其叶片含有黄酮和黄酮醇苷类化合物，能有效防治肠道鞭毛虫（Peraza-Sánchez et al., 2005）。

**繁殖**：播种与扦插繁殖。

◎ 花

◎ 节节生根的铺地刺蒴麻

◎ 铺地刺蒴麻与草海桐（西沙七连屿）

| 铺地刺蒴麻 | 耐盐 | A | 耐盐雾 | A | 抗旱 | A | 抗风 | A |
| --- | --- | --- | --- | --- | --- | --- | --- | --- |

◎ 铺地刺蒴麻与细穗草（西沙七连屿）

◎ 铺地刺蒴麻与草海桐（西沙七连屿）

◎ 铺地刺蒴麻是热带珊瑚岛植被演替先锋植物（西沙七连屿）

## 蛇婆子

***Waltheria indica* Linn.**

别名：草梧桐、满地毯、和他草
英文名：Florida Waltheria, Sleepy Morning

梧桐科略直立或匍匐状半灌木，小枝、叶、花及果密被短柔毛；单叶互生，卵形或长椭圆状卵形，基部圆形或浅心形，边缘有不规则小齿；聚伞花序腋生，头状，花瓣5，淡黄色，矩圆状匙形；蒴果小，倒卵形，为宿存萼所包围，内有种子1颗。花期夏秋季。

**分布**：福建、广东、广西、海南、香港和台湾。常见。

**生境与耐盐能力**：滨海地区的蛇婆子多见于海岸沙荒地，从高潮带上缘的流动沙地、半固定沙地到海岸林空隙均有分布。在海南岛西海岸，蛇婆子常与羽芒菊、老鼠艻、厚藤、小刀豆等组成海岸沙地最前缘的稀疏草丛；此外，它也是植被反复受干扰后海滨沙荒地的优势植物。

**特点与用途**：喜光不耐阴、耐瘠、耐旱不耐水湿、耐高温；对海岸干旱环境有很强的适应性，在防风固沙方面有一定的作用。根、茎入药，具有祛湿驱风、消炎和解毒功效，主治下消、白带、痈疖和乳腺炎等。叶提取物对黑色素的生长有较好的抑制作用，可以用于美白化妆品的开发。

**繁殖**：播种繁殖。

◎ 花

◎ 叶

◎ 海岸沙荒地稀疏生长的蛇婆子（海南文昌海南角）

| 蛇婆子 | 耐盐 | A- | 耐盐雾 | A | 抗旱 | A | 抗风 | A |

南方滨海耐盐植物资源（二）

◎ 蛇婆子是海南岛海岸沙荒地常见植物（海南昌江棋子湾）

◎ 海岸沙荒地稀疏生长的蛇婆子（海南文昌海南角）

◎ 生长于强盐雾基岩海岸迎风面礁石缝隙的蛇婆子（海南昌江棋子湾）

# 黄杨叶箣柊  *Scolopia buxifolia* Gagnep.
别名：海南箣柊

大风子科常绿小乔木或灌木，高2～8 m，树皮灰褐色，有时有刺；单叶互生，革质，长不超过2.5 cm，顶部圆形，无尖头，形似黄杨叶，无腺体；总状花序腋生，花小，白色，萼片和花瓣均为4片；浆果球形，成熟后红色，有种子3～5粒。花期4—9月，果实成熟期秋冬季。

**分布**：海南。偶见。

**生境与耐盐能力**：典型海岸植物，常见于海岸沙地。在海南三亚亚龙湾，黄杨叶箣柊生长于海岸沙地木麻黄林林间空隙和红树林林缘，个别植株可以深入高潮带的红树林内，与红树植物榄李生长在一起。而在海南昌江棋子湾、文昌石头公园等地，黄杨叶箣柊生长于强海风吹袭的基岩海岸灌丛，个别植株可以生长于浪花飞溅区上缘。

◎ 花

◎ 果

**特点与用途**：喜光不耐阴、耐旱亦耐水湿、耐瘠；枝叶密集，生长速度慢，木材优良，为家具、农具和其他器具的用材；为海边固沙保土植物。

**繁殖**：播种繁殖。

◎ 叶

| 黄杨叶箣柊 | 耐盐 | B | 耐盐雾 | A- | 抗旱 | A- | 抗风 | A |
|---|---|---|---|---|---|---|---|---|

◎ 生长于海岸沙地木麻黄林隙的黄杨叶箣柊（海南三亚青梅港）

◎ 强盐雾海岸刺灌丛黄杨叶箣柊盐雾危害情况（海南昌江棋子湾）

# 箣柊

***Scolopia chinensis*** (Lour.) Clos

别名：土乌药

英文名：Chinese Scolopia

大风子科常绿小乔木或灌木，高2～6 m，枝通常有刺；单叶互生，椭圆形至长圆状椭圆形，边缘有稀疏的浅波状锯齿，叶基部两边各具一腺体；总状花序腋生或顶生，花小，白色至淡黄色；浆果球形，成熟时红色；种子卵状圆形，有棱角。花期秋末冬初，果期晚冬。

**分布**：福建、广东、广西、海南、香港和台湾。常见。

**生境与耐盐能力**：典型滨海植物，经常出现于红树林林缘、废弃盐田、鱼塘堤岸和基岩海岸岩石缝隙。在海南三亚市三亚河，箣柊在土壤含盐量高达5.1 mg/g的特大潮时潮水可淹及根部的堤岸正常生长。在广西珍珠湾，有一箣柊生长于鱼塘堤岸

◎ 花

◎ 果

外侧，大潮时根部淹水深达40 cm，旱季海水盐度高达31 g/L，未见任何受害症状。而在福建龙海浯垵岛，生长于强盐雾海岸迎风面山坡石缝中的箣柊紧贴地表生长，突出枝条盐害严重。赵可夫等（2002）将其归为盐生植物。

**特点与用途**：喜光稍耐阴、耐旱亦耐水湿；耐修剪，萌芽力强，幼叶嫩红，分枝多，是滨海盐碱地良好的绿篱材料。

**繁殖**：播种繁殖。

◎ 植株

| 箣柊 | 耐盐 | A- | 耐盐雾 | A- | 抗旱 | A- | 抗风 | A |
|---|---|---|---|---|---|---|---|---|

◎ 涨潮时海水可淹及废弃鱼塘堤岸的莿柊（广西防城港珍珠湾）

◎ 强盐雾基岩海岸莿柊生长情况（福建龙海浯垵岛）

◎ 生长于基岩海岸浪花飞溅区的莿柊（广西防城港白龙半岛）

## 无叶柽柳

**Tamarix aphylla**（Linn.）H. Karst.
别名：盐杉、盐地松、观音柳、亚非柽柳
英文名：Salt cedar, Tamarisk, Athel Tree

柽柳科常绿大灌木或乔木，高达12 m，树枝浓密，下垂，外形酷似木麻黄；叶退化，在幼枝上抱茎成鞘状；圆锥花序着生在新枝上，花多数，白色或淡粉红色，小型，花丝着生花盘裂片间；蒴果卵形，褐色，内含多数种子，种子顶端具毛簇。花期夏季，果期11月至翌年4—5月。无叶柽柳与国内海岸常见的柽柳（Tamarix chinensis）外形相似，前者是常绿树种，后者为落叶树种。

◎ 枝

**分布**：原产北非、西南亚至阿富汗和巴基斯坦草原沙漠和滨海地区，20世纪50年代被引种至台湾，现台湾南北各地都有栽培。广东有少量引种。

**生境与耐盐能力**：为耐盐能力很强的非盐生植物，对盐渍环境有一种天生的嗜好，但也可以在淡水环境下生存。叶片及幼枝表面有大量盐腺，可将多余的盐分排出体外。它可以在含盐量6 mg/g～8 mg/g的土壤中正常生长，可以忍耐的土壤含盐量上限是36 mg/g（Di Tomaso, 1998）。在美国内华达东南部的干旱地带，无叶柽柳可以在土壤含盐量高达13 ds/m的沙地正常生长（Hayes, 2000）。从强盐雾区台湾澎湖的栽培情况看，无叶柽柳的耐盐雾能力强于木麻黄。

**特点与用途**：喜光不耐阴、耐旱亦耐水湿、耐瘠；适应性强、生长快、繁殖容易，病虫害少，耐修剪，火灾后能够快速恢复，是滨海地区理想的园林绿化树种和防风固沙树种，在台湾澎湖等地作为防护林大量栽培。由于其极强的适应性，在美国和澳大利亚被认为是入侵性最强的物种之一，使用的时候需注意。

**繁殖**：播种与扦插繁殖，以扦插繁殖为主。

◎ 植株

| 无叶柽柳 | 耐盐 | A- | 耐盐雾 | A | 抗旱 | A | 抗风 | A- |
|---|---|---|---|---|---|---|---|---|

◎ 东北季风前的无叶柽柳（台湾澎湖内垵）

◎ 东北季风后的无叶柽柳（台湾澎湖内垵）

◎ 东北季风后的无叶柽柳（台湾澎湖内垵）

## 红瓜

***Coccinia grandis*** (Linn.) Voigt

**别名**：红葫芦、金瓜、茅瓜、藤甜菜、常春藤葫芦、老鼠拉冬瓜

**英文名**：Ivy Gourd, Baby Watermelon, Little Gourd

葫芦科多年生攀援草质藤本，根常膨大；卷须纤细，不分枝；单叶互生，阔心形，常有5个角或稀近5中裂或深裂，两面均布有颗粒状小凸点，先端钝圆，基部有数个腺体；雌雄异株，雌花、雄花均为单生；花梗细弱，花萼筒宽钟形，子房纺锤形，花冠白色或稍带黄色，雄蕊合生；浆果纺锤形，熟时深红色，常下部先变红色；种子黄色，长圆形，两面密布小疣点，顶端圆。花果期几乎全年。

**分布**：福建、广东、广西、海南、香港和台湾有分布。在印度、我国云南等地有少量人工栽培。常见。

**生境与耐盐能力**：目前没有红瓜耐盐方面的报道。红瓜是海边的常客，在海南三亚、陵水、万宁、儋州等地，红瓜常攀援于海岸沙地、鱼塘堤岸灌草丛，最常见的攀援对象是露兜树。在海南三亚蜈支洲岛东北侧海岸，露兜树、李花菊等表现出明显的盐雾危害症状，但红瓜生长正常，表现出较强的耐盐雾能力。

**特点与用途**：喜光亦耐阴、耐瘠、耐高温、耐高湿；适应性强，生长迅速，经常攀爬于植物的树冠，窒息其他植物，部分地区成为令人讨厌的杂草。果熟时红赤色，多汁，味甜，可生食（有报道说果实有微毒，不可多食）；嫩茎叶可作为野菜炒食或做汤。叶性寒，味甘苦，微涩，有清热解毒、化瘀散结、化痰利湿之功效，新鲜叶汁可退烧、解渴、解毒，嫩茎叶能治疗糖尿病和降低血糖含量。红瓜繁殖容易，栽培简单，病虫害少，是一种值得推广的药食两用特色功能植物。

**繁殖**：播种与扦插繁殖，种子无休眠，宜随采随播。

◎ 花

◎ 多变的叶形

◎ 果

| 红瓜 | 耐盐 | B | 耐盐雾 | A- | 抗旱 | A- | 抗风 | A- |

◎ 多变的叶形

◎ 攀援于红树林上的红瓜（海南三亚三亚河）

◎ 攀援于露兜树上的红瓜（海南万宁乌场）

◎ 鱼塘堤岸的红瓜（海南陵水新村港）

# 凤瓜

*Gymnopetalum scabrum*（Loureiro）W. J. de Wilde et Duyfjes
别名：金瓜
英文名：Entireleaf Gymnopetalum

葫芦科一年生攀援或匍匐草本，茎纤细，全株密被长柔毛；单叶互生，肾形或卵状心形，不分裂或波状3～5浅裂，边缘具显著的三角形锯齿，上面被短刚毛，后从基部断裂在叶面上成粗疣点；雌雄同株，花单性，花冠白色；果实近球形，无纵肋，熟后桔黄色至红色，外面光滑，无纵肋；种子狭长圆形，两面光滑，两端稍钝。花果期几乎全年。

**分布**：广东和海南。广西有引种。偶见。

**生境与耐盐能力**：海岸带与海岛常见植物，常攀援于露兜树、仙人掌等滨海刺灌丛，也常见于高潮线上缘海岸沙地。在海南三亚，凤瓜与老鼠芳、厚藤等组成海岸沙地最前沿稀疏的草丛，有时可以分布至海岸沙地植被最前沿。在水热条件好的区域，可以生长成大面积致密草丛。

**特点与用途**：喜光不耐阴、耐旱不耐水湿、耐瘠、耐热；适应性强，在肥水供应充足的情况下，生长迅速，叶形奇特，果色鲜艳，是良好的海岸沙地绿化植物。为泰国民间常用中草药，作通便剂。

**繁殖**：播种繁殖。

◎ 花

◎ 果

◎ 木麻黄林下凤瓜

| 凤瓜 | 耐盐 | B+ | 耐盐雾 | A- | 抗旱 | A | 抗风 | A- |

◎ 海岸半流动沙地上的凤瓜（海南乐东莺歌海）

◎ 海岸草丛上自然生长的凤瓜（海南三亚青梅港）

◎ 海岸沙地的凤瓜（海南文昌海南角）

# 桃金娘

*Rhodomyrtus tomentosa*（Ait.）Hassk

别名：岗稔、山稔、多莲、当梨根、山旦仔、稔子树、豆稔

英文名：Rose Myrtle

桃金娘科常绿小灌木，高达 2 m，嫩枝有灰白色柔毛；单叶对生，椭圆形或倒卵形，革质，全缘，叶背有灰色茸毛；聚伞花序腋生，有花 1～3 朵，花初开时淡紫红色，渐变为粉红色至白色；浆果卵状壶形，熟时紫黑色。花期 4—5 月，果期 7—9 月。

**分布**：我国热带、亚热带地区广泛分布。常见。

**生境与耐盐能力**：酸性土指示植物，是我国东南沿海低海拔山坡灌丛优势植物。在福建龙海浯垵岛，桃金娘生长于基岩海岸迎风面山坡，从浪花飞溅区到海拔 80 m 的台湾相思树林均有分布，除浪花飞溅区的叶片盐害严重外，其余正常。适当遮阴条件下叶片大，生长快。在福建东山东门屿，与薜荔、了哥王等生长于海岸浪花飞溅区，生长正常。

**特点与用途**：生性强健，适应性强，喜光不耐阴，耐旱、耐瘠。株形紧凑，花大色艳，花朵繁密，花期长，病虫害少，栽培管理粗放，是具有广泛应用前景的野生乡土植物。园林中用以布置草坪或坡地，不论孤植、群植或与其他花灌木配植，均很适宜。成熟果可食，也可制作果汁、果脯和酿酒。全株药用，有活血通络、收敛止泻、补虚止血的功效。

**繁殖**：播种与扦插繁殖，插穗易生根。

◎ 花

◎ 果

◎ 生长于强盐雾基岩海岸迎风面山坡的桃金娘（海南文昌石头公园）

| 桃金娘 | 耐盐 | B | 耐盐雾 | A- | 抗旱 | A- | 抗风 | A |

◎ 强盐雾海岸迎风面山坡石缝的桃金娘（福建东山东门屿）

◎ 强盐雾海岸迎风面山坡刺灌丛中的桃金娘（海南昌江棋子湾）

# 洋蒲桃

**Syzygium samarangense**（Blume）Merr. et Perry
别名：人参果、爪哇蒲桃、莲雾
英文名：Java Apple, Wax Apple, Bell Apple

桃金娘科常绿乔木，树冠伞形，高达18 m；单叶对生，近无柄，椭圆形，全缘；聚伞花序顶生或腋生，有花数朵、白色，雄蕊多枚；浆果倒圆锥形或钟状，表面有光泽、蜡质，顶部凹陷，果肉海绵质，有香气；种子1枚或无。亚热带地区花期3—4月，果期5—6月。

**分布**：原产马来半岛及安达曼群岛，我国福建、广东、广西、海南、香港和台湾作为果树园林绿化植物常见栽培。

**生境与耐盐能力**：目前没有莲雾耐盐能力的报道。但一些栽培信息预示莲雾有较好的耐盐能力。台湾屏东林边乡因水产养殖业大量抽取地下水使地层严重下陷，海水倒灌导致土壤次生盐渍化。上世纪60年代，当地农民开始尝试种植莲雾，由于土壤盐分含量高，外加海上吹来的南风，莲雾果实很小，但色泽暗红且风味极甜，故称"黑珍珠"。现在台湾一些地区用盐水灌溉莲雾来调节产期，同时提高了果实外观色泽和风味。福建东山在海岸沙地种植莲雾获得成功。

**特点与用途**：喜光不耐阴、抗风、耐涝、耐水湿；对土壤条件要求不严，树冠广阔，四季长青，花期绿叶白花，果期绿叶红果，为滨海地区美丽的观果树种、风景树和绿荫树，也可作行道树。莲雾果品汁多味美，含有特殊水果风味，是著名的热带水果，台湾的黑珍珠莲雾更是莲雾中的精品。

**繁殖**：扦插、嫁接与高压繁殖。

◎ 花

◎ 幼果

◎ 成熟果

| 洋蒲桃 | 耐盐 | B | 耐盐雾 | B+ | 抗旱 | B+ | 抗风 | A |
|---|---|---|---|---|---|---|---|---|

南方滨海耐盐植物资源（二）

◎ 植株

◎ 成熟果

◎ 幼叶

◎ 海岸沙地台湾莲雾果园（福建东山）

# 拉氏红树  *Rhizophora* × *lamarckii* Montrouz.

红树科常绿乔木,为红海榄和正红树的天然杂交种,高 10～15 m,有发达的支柱根;单叶对生,革质,全缘,椭圆形,先端锐尖,具短尖头;二歧聚伞花序腋生,有花 2～4 朵;总花梗短于叶柄或与叶柄等长,圆柱形,两侧压扁,宽度 ≥ 4 mm;苞片光滑绿色;花萼 4 裂,肉质,三角形;花瓣乳白色,三角形,先端钝,边缘被疏毛;雄蕊 9～15 枚;柱头 2 裂,花柱长 1～2 mm。花果期几乎全年,未见伸出果实的胚轴。

**分布**：亚洲沿岸、东太平洋群岛和大洋洲沿岸。我国仅在海南文昌八门湾、三亚青梅港(已灭绝)、陵水新村港和儋州新盈湾有天然分布,野外个体数量不超过 100 株,极度濒危,亟需保护。

**生境与耐盐能力**：典型真红树植物,通常生于中高潮带淤泥质或泥沙质滩涂,与正红树和红海榄混生。在海南儋州新盈湾,拉氏红树与红海榄混生;在海南陵水新村港,拉氏红树在沙泥质的中高潮带滩涂零星分布于正红树为优势种的红树林中,水体盐度高达 18～24 g/L。

**特点与用途**：喜光不耐阴、耐水湿但不耐旱;根系发达,抗风能力强,保滩护陆功能突出,野外生长表现出明显的杂种优势,植株高度明显高于周边的红海榄和正红树。

**繁殖**：杂种不育,果实早落,无法形成可用于繁殖的胚轴。目前无法在母本红海榄植株上分辨杂种胚轴。扦插、高压及组培均没有成功。

◎ 花

◎ 果

◎ 花蕾及花梗

| 拉氏红树 | 耐盐 | A- | 耐盐雾 | A | 抗旱 | C | 抗风 | A |

南方滨海耐盐植物资源（二）

◎ 繁殖枝

◎ 海南三亚青梅港的拉氏红树
（该树于2011年被毁）

◎ 拉氏红树明显高于边上的红海榄（海南儋州新盈湾）

241

# 榄果木

***Conocarpus erectus*** Linn.

**别名**：直立锥果木、直立风车子、银纽树、银叶纽扣树、纽仔树

**英文名**：Buttom Mangrove, Buttonwood, Grey Mangrove, False Mangrove

使君子科常绿灌木，高 1～4 m，偶见长成高 20 m、胸径 1 m 的大树。单叶互生，卵圆形，全缘，叶柄基部具腺点；头状花序自茎顶及近茎顶的叶腋伸出，排列成总状花序；花小，有放射状排列的雄蕊，花瓣 4～5 枚；聚合果熟时红褐色，直径约 1 cm，形似纽扣，种子具翅。变种 *Conocarpus erectus* var. *sericeus*，叶片表面密被银白色的毛，又称银叶纽扣树（英文名：Silver Buttonwood）。

◎ 花

**分布**：原产美洲大西洋及太平洋沿岸，西非、美拉尼西亚和波利尼西亚等地。广东（珠海）、海南（海口东寨港）和台湾（台江内海）有引种。上世纪 90 年代中期引种到海南海口，能够正常开花结果，2008 年 1 月因不耐低温寒潮死亡。少见。

**生境与耐盐能力**：海岸带特有树种，典型半红树植物，常见于红树林陆地一侧。在美国佛罗里达，从淡水洼地、海岸潮间带滩涂、海岸沙地到只有大潮可以淹及的高地均可见其踪迹。人工种植条件下也可以在陆地生长。此外，它也是大西洋一些小岛唯一的木本植物，可以忍受盐雾和风暴潮时候的海水浸淹。在美国佛罗里达，被认为是耐盐能力最高的植物之一（Black, 2003）。

**特点与用途**：喜光不耐阴、耐旱亦耐水湿、耐瘠；对土壤有广泛的适应能力，耐修剪，繁殖容易，病虫害少，是热带海岸与海岛绿化的理想树种，引种到科威特之后成为科威特最常见的观赏植物之一；在阿联酋，榄果木广泛应用于沙漠地区盐碱地治理和绿化。由于其广泛的适应性和强大的繁殖能力，一些地方将其列入入侵物种名单。树皮富含单宁，可提取栲胶；材质坚重，纹理细，材质好，耐腐，用途广泛；木材燃烧时温度高，燃烧缓慢，是高级薪柴，用于烧制高级木炭；木材燃烧时烟具有牧豆树的味道，是很好的熏肉和熏鱼木材。

**繁殖**：播种与扦插繁殖。

◎ 叶

| 榄果木 | 耐盐 | A | 耐盐雾 | A | 抗旱 | A | 抗风 | A |
|---|---|---|---|---|---|---|---|---|

◎ 果

◎ 种植于高潮带滩涂的桤果木（海南东寨港红树林苗圃）

## 拉关木

***Laguncularia racemosa*** (Linn.) C.F.Gaertn.

别名：拉贡木、对叶榄李、假红树
英文名：White Mangrove

使君子科常绿乔木，高 8～10 m，有指状呼吸根；单叶对生，全缘，厚革质，长椭圆形；叶柄正面红色，背面绿色，基部有 2 个腺体；总状花序腋生，隐胎生果卵形或倒卵形，表面有隆起的脊，幼果灰绿色，成熟时黄色。花期 2—9 月，果熟期 7—11 月。

**分布**：原产美洲东岸和非洲西部沿海。1999 年从墨西哥引入海南海口东寨港，引进后 3 年即开花结果（廖宝文等，2006）。目前已经在福建、广东、广西、海南广泛种植并表现出很强的自然扩散趋势。人工引种北界是福建莆田。

◎ 果实

**生境与耐盐能力**：真红树植物，自然生长于中高潮带滩涂。在墨西哥，拉关木多分布于美洲大红树后缘，为演替中前期树种（廖宝文等，2006）。从引种中国后生长情况看，拉关木显示出对底质、淹水和盐渍生境极强的适应性，从淤泥质滩涂到沙质滩涂都可以正常生长。在海南陵水，拉关木正常生长于含盐量高达 30 g/L 的高盐沙泥质滩涂，也可以在长期缺乏淡水供应的海南东方高含盐量沙泥质滩涂生长；而在福建九龙江口，人工种植的拉关木可以在平均含盐量不超过 5 g/L 的低盐河口区正常生长。既可以与白骨壤等先锋树种一起生长于红树林前缘，也可以与木榄等一起生长于高潮带滩涂。

**特点与用途**：强阳性植物，对底质、盐度和滩涂高程有广泛的适应能力，生长速度快，繁殖快，栽培简单，病虫害少，曾作为红树林造林先锋树种和速生树种在我国南方省区广泛种植，尤其是一些盐度高、环境恶劣的困难立地，显示出很强的优势。拉关木引入我国后，在福建莆田以南地区长势旺盛，适应性强，树形高大，3～5 年可郁闭成林，抗风消浪能力强，具有良好的海岸防护能力。但其强大的快速生长能力、适应能力、繁殖能力和扩散能力，已经在我国各个引种地自然扩散并侵入天然红树林中，引起了一些生态学家对其生态入侵的担心。

◎ 叶柄腺体

**繁殖**：播种繁殖，顽拗型种子不耐低温和干燥，宜随采随播。

| 拉关木 | 耐盐 | A | 耐盐雾 | A | 抗旱 | B | 抗风 | A- |

◎ 指状呼吸根

◎ 海南三亚青梅港拉关木种植后第三年自然生长的幼苗

◎ 拉关木林内（海口东寨港）

◎ 海南三亚铁炉港河道两侧人工种植的拉关木

## 裂叶月见草

*Oenothera laciniata* Hill.

别名：待宵草
英文名：Evening Primrose

柳叶菜科一年生或多年生草本，茎匍匐，常分枝，被曲柔毛，有时混生长柔毛。基生叶莲座状，倒披针形，羽状分裂；茎生叶互狭倒卵形或狭椭圆形，不规则疏锯齿缘，叶两面被白色短毛。穗状花序单生叶腋；花黄色，花萼向后90度翻卷；夜间开放只有一夜的寿命。蒴果长圆柱形，种子椭圆形，褐色，表面具整齐洼点。花期4—9月，果期5—11月。

**分布**：原产美国东部至中部，我国上海、浙江、福建、广东、香港和台湾有栽培或逸为野生。

**生境与耐盐能力**：典型海岸植物，常见于大潮线以上的海岸沙地，与老鼠芳、厚藤等组成海岸沙地最前沿植物群落。见于基岩海岸浪花飞溅区石缝，也可在海岸沙荒地生长。

**特点与用途**：耐寒、耐瘠、耐盐碱、耐沙埋、耐旱亦耐水湿；适应性广，繁殖容易，花大色艳，花期长，是非常优秀的防风固沙植物和海岸沙地绿化植物。根部干燥后与花、蜂蜜同熬有去痰抗菌作用，能止咳及治疗支气管炎。种子油中含的脂肪酸能养颜，亚麻油酸可治疗支气管炎、过敏性湿疹等，亦可当强壮药及健胃药服用。月见油亦是高级的按摩油，且渗透力强，可取代一般矿物油。因其强适应性而被认为是具有较强入侵能力的植物，使用时应特别注意。

**繁殖**：播种繁殖。

◎ 花

| 裂叶月见草 | 耐盐 | A | 耐盐雾 | A | 抗旱 | A | 抗风 | A |

◎ 果

◎ 生长于强盐雾海岸沙地的裂叶月见草（福建平潭龙凤头）

◎ 生长于强盐雾海岸沙荒地的裂叶月见草（福建平潭龙凤头）

# 美丽月见草

***Oenothera speciosa*** Nutt.

别名：粉花月见草、待霄草、粉晚樱草
英文名：Pinkladies

柳叶菜科多年生丛生草本（常作一二年生栽培），茎直立，枝条较软，海边生长植株常呈匍匐状；单叶互生，二型，茎下部叶有柄，上部叶无柄，长圆状或披针形，边缘有疏细锯齿，两面被白色柔毛；花单生于枝条顶部叶腋，清晨开放，白色至粉红色，花径达 8 cm，具 4~5 对羽状脉；蒴果棒状，具 4 条纵翅，顶端具短喙；种子小，黄色，多数，不规则三棱状。花期 3—11 月，果期 5—12 月（在干旱瘠薄的海岸沙地，2 月下旬开始生长，3 月底始花，5 月下旬陆续枯萎）。

**分布**：原产美洲温带地区，我国南北各地偶见栽培或逸为野生。

**生境与耐盐能力**：有关美丽月见草生境与耐盐能力的报道很少，但多数文献认为其对干旱和贫瘠环境具有较强适应性。在阿尔巴尼亚和希腊，美丽月见草生境多样，从城市街道边空地、路边、公园到海岸沙地、盐湖岸边均有分布（Vladimirov et al., 2017）。2015 年 4 月，我们在福建漳浦古雷半岛的强盐雾海岸沙地发现与厚藤生长在一起且处于盛花期的美丽月见草。在浙江舟山沈家门，美丽月见草生长于海拔数米的强盐雾海岸人工草地。

**特点与用途**：喜光稍耐阴、耐旱不耐水湿、耐瘠；适应性强，繁殖快，病虫害少，花为靓丽的粉红色，花径大，花量多，花期长，是滨海沙荒地优秀的地被植物。也正是由于它的广泛适应性和非常强的自播繁衍能力，在西南地区表现出很大的蔓延趋势，被认为是典型的外来入侵植物（韦

◎ 花

◎ 叶

美玉等，2012），使用时应充分注意。月见草油是 20 世纪发现的最重要的营养药物，可治疗多种疾病，对高胆固醇、高血脂引起的冠状动脉梗塞、粥样硬化及脑血栓等症有显著疗效。月见草属的很多种植物傍晚见月开花，且天亮后凋谢，故名月见草，但美丽月见草白天也会开花。

**繁殖**：播种繁殖，也可嫩枝扦插与分株繁殖。

| 美丽月见草 | 耐盐 | B | 耐盐雾 | A- | 抗旱 | A- | 抗风 | A- |
|---|---|---|---|---|---|---|---|---|

◎ 花

◎ 果

◎ 生长于海岸沙地的美丽月见草与厚藤（福建漳浦古雷）

# 土坛树

*Alangium salviifolium* （Linn. f.）Wanger.
别名：割舌罗、割嘴罗、南八角枫、椋
英文名：Sage Leaved Alangium

八角枫科落叶乔木或灌木，高达10 m，有时攀缘状；大树多无刺，小枝幼时常具刺；单叶互生，厚纸质或近革质，倒卵状椭圆形或倒卵状矩圆形，全缘；花白色至黄色，有浓香味，3～8朵排成腋生聚伞花序；核果卵圆形或椭圆形，幼时绿色，成熟时由红色至黑色，顶端有宿存的萼齿。花期2—5月，果期4—7月。

**分布**：广东、广西和海南。海南海岸村庄常见。

**生境与耐盐能力**：土坛树是热带海岸村镇常见乡土树种。有关土坛树生境及耐盐能力的报道很少，只有陈杰等（2012）对广东湛江地区的土坛树生长环境进行了简单描述，认为部分个体可以在高潮线上缘生长。在海南儋州峨蔓、昌江棋子湾等地，土坛树是海岸刺灌丛常见植物，从高潮线上缘的基岩海岸石缝至海拔数十米的海岸迎风面山坡均可生长。而在海南海口、文昌等地，土坛树可在大潮淹及的红树林缘生长。

**特点与用途**：喜光亦耐阴、耐旱亦耐水湿、耐瘠；树干苍劲，树形优美，枝叶繁茂，花香浓郁，结果量大，果色鲜艳，病虫害少，是滨海地区城乡绿化的极佳树种，也是很好的诱鸟植物。果可食，又名割舌罗，因多食后舌头有种被刀割过的感觉而得名。生长缓慢，材质优良，纹理美观，木材金黄色带黑间隔，是理想的家具用材，也常用于制作工艺品或雕刻神像。土坛树是民间传统药用植物，具祛风除湿、舒筋活络和散淤止痛的功效，主治风湿痹痛和跌打损伤。根皮可作呕吐剂和解毒剂，对麻风病、皮肤病、痔疮、痢疾、炎症、高血压、蛇咬伤和湿疹也有疗效。土坛树叶及树皮提取物具有广泛的抗糖尿病、细胞毒、抗炎、杀虫、抗菌和抗氧化活性（Tanwer & Vijayvergia，2014）。

**繁殖**：播种繁殖。

◎ 花

◎ 果

◎ 果

| 土坛树 | 耐盐 | B | 耐盐雾 | A- | 抗旱 | A- | 抗风 | A |

◎ 植株

◎ 强盐雾海岸刺灌丛呈灌木状的土坛树（海南昌江棋子湾）

◎ 强盐雾海岸高潮线上缘土坛树生长情况（海南儋州峨蔓）

## 澳洲鸭脚木

*Schefflera macrostachya*（Benth.）Harms

**别名**：昆士兰伞木、吕宋鹅掌柴、澳洲鹅掌柴、大叶伞树、昆士兰伞树

**英文名**：Queensland Umbrella Tree, Octopus Tree

五加科常绿乔木，原产地高达 30 m；掌状复叶互生，具长柄，幼株小叶 3～5 片，成年植株可达 16 片，小叶长椭圆形，全缘，革质，浓绿有光泽；密集的伞形花序排成伸长而分枝的总状花序，顶生，花小，红色；小苞片合成杯状，花柱全部合生成短柱状；核果近球形，成熟时紫红色。夏秋季开花，果熟期冬季至翌年春季。

◎ 花序

**分布**：原产澳大利亚昆士兰州、新几内亚及印尼爪哇，我国福建、广东、广西、海南、香港和台湾作为观赏植物常见栽培。

**生境与耐盐能力**：常见于入海河道两侧、河口、沙滩林、红树林内缘。目前没有澳洲鸭脚木耐盐和耐盐雾能力的报道。但从澳大利亚昆士兰州黄金海岸市、新加坡圣淘沙岛等地海岸人工种植的澳洲鸭脚木生长情况看，澳洲鸭脚木有一定的耐盐和耐盐雾能力。在新家坡圣淘沙岛，澳洲鸭脚木与椰子、木麻黄、榄仁等种植于人工岛，生长完全正常。

**特点与用途**：喜光亦耐阴、耐旱亦耐水湿、耐寒（可以耐受最冷月均温 5～7℃）；适应性强，生长速度快，易于管理，耐修剪，秀丽的树姿，醒目的花序，形如雨伞的掌状复叶，使其成为滨海地区优良的观赏植物，被美国佛罗里达、夏威夷等园艺经营者认为是最有价值的景观植物之一。木材白色细致，常用于制作木屐、冰棒棍、小木匙、火材棒、便当盒等。

◎ 花序

**繁殖**：播种繁殖为主，也可扦插繁殖。

| 澳洲鸭脚木 | 耐盐 | B | 耐盐雾 | B+ | 抗旱 | B+ | 抗风 | A− |

# 南方滨海耐盐植物资源（二）

◎ 亚洲大陆最南端的澳洲鸭脚木（新加坡圣淘沙岛）

## 滨当归

**Angelica hirsutiflora** S. L. Liu, C. Y. Chao et T. I. Chuang
别名：滨独活、毛当归、山当归
英文名：Angelica Punescens

伞形科多年生宿根大型草本，高1~2 m，根粗大，块状；根生叶和茎基部叶为二回羽状复叶，小叶宽卵形至卵状三角形，浓绿色；茎生叶简化成显著膨大的和近于无叶的叶鞘；复伞形花序顶生，大型，密生短柔毛；花小，白色，花瓣背面有毛；果实极扁压，长椭圆形，先端内凹，具木栓化的翼。花期3—4月，果期4—5月。5月之后地上部分枯死，11月再发芽。

◎ 叶

**分布**：原认为本种仅产于台湾东北部及绿岛、兰屿等沿海，是台湾特有植物。近年来在浙江定海、苍南和嵊泗等地一些海岛有发现。有人认为台湾澎湖和马祖列岛也有分布，经鉴定后是滨海前胡。少见。

**生境与耐盐能力**：海岸带与海岛特有植物，常群生或散生于海岸迎风面山坡草丛、基岩海岸石缝、砾石堆、沙滩或沟谷林下。在台湾岛最北端的富贵角，滨当归与李花蟛蜞菊、南美蟛蜞菊、鬼针草等生长于极强盐雾海岸迎风面山坡，从坡底的浪花飞溅区到海拔40 m的山坡均有分布，显示出极强的耐盐雾能力。在台湾北部，滨当归在盐雾最严重的秋冬季发芽生长，盐雾结束时候开花结果，地上部分枯死进入休眠状态，是强盐雾环境的指示植物。

◎ 植株

**特点与用途**：喜光稍耐阴、耐旱不耐水湿、抗风。植株高大、叶色翠绿、大型伞形花序，是滨海沙地和砾石区绿化的优良植物。花多，具香气，也是良好的蜜源植物。

**繁殖**：播种繁殖。

| 滨当归 | 耐盐 | B+ | 耐盐雾 | A | 抗旱 | A- | 抗风 | A- |
|---|---|---|---|---|---|---|---|---|

◎ 滨当归和厚叶石斑木盐雾危害情况（台湾台北富贵角）

◎ 滨当归常成为强盐雾海岸最靠近海水的植物（台湾台北富贵角）

◎ 强盐雾海岸迎风面山坡滨当归群落（台湾台北富贵角）

# 积雪草

**Centella asiatica**（Linn.）Urban
别名：崩大碗、马蹄草、铜钱草、半边钱、雷公根、落得打、蚶壳草、连钱草
英文名：Herba Centellae

伞形科多年生匍匐草本，茎细长，节节生根，常成片生长。单叶互生，圆形或肾形，基部心形，如缺口的饭碗，故名"崩大碗"，又因其叶子酷似马蹄状或半个铜钱，故又称为"马蹄草"、"连钱草"。伞形花序 2～3 个生于叶腋，每花序上有 3～6 朵紫红色无柄小花；果小，双悬果扁圆形。花果期 4—10 月。

**分布**：浙江、福建、广东、广西、海南、香港和台湾。常见。

**生境与耐盐能力**：生境广泛。在一些海岛，常见于强盐雾海岸沙荒地和低矮灌丛。在福建平潭岛君山强盐雾海岸迎风面山坡，积雪草常与茵陈蒿、爵床等生长于低矮的黑松林下。在浙江舟山，积雪草生长于鱼塘堤岸。

**特点与用途**：喜光稍耐阴、耐旱亦耐水湿、耐瘠；生性强健，种植容易，繁殖迅速，病虫害少，匍匐枝节节生根，叶形优美，观赏期长，可形成平整而致密的草坪，是滨海地区优良的草坪植物。质地柔嫩，适口性好，在我国南方少数民族地区作为野生蔬菜食用的习俗由来已久。全草药用，性大寒（积雪草由此得名），味苦、辛，具有清热利湿、解毒消肿之功效，用于治疗跌打损伤、传染性肝炎、流行性脑脊髓膜炎、皮肤病和创伤、肾衰竭等，茎叶煎水为清凉饮料，有清热利尿、消炎解毒、凉血生津之效，我国南方民间常将它作为凉茶饮用，是很有开发前途的药食两用植物，被卫生部列入《可用于保健食品的物品名单》。

**繁殖**：分株繁殖。

◎ 花

◎ 果

| 积雪草 | 耐盐 | B+ | 耐盐雾 | A | 抗旱 | B+ | 抗风 | A |

◎ 海岸人工结缕草草坪逐步被积雪草代替（福建厦门环岛路）

◎ 生长于强盐雾海岸沙荒地的积雪草（海南昌江棋子湾）

# 多枝紫金牛

*Ardisia sieboldii* Miq.

别名：树杞、东南紫金牛、白无常

紫金牛科常绿灌木或小乔木，高1～6 m，分枝多；小枝粗壮，幼时被疏鳞片及细皱纹。单叶互生，倒卵形或椭圆状卵形，有时披针形，全缘，边缘无腺点。复聚伞花序腋生，分枝多，无叶片，每花序有花50朵以上，花白色；核果球形，无棱，熟时先呈紫红色，后变成黑紫色。花期5—6月，果期约1月。

**分布**：浙江、福建、广东、香港和台湾。浙江常见，广东仅在珠江口岛屿有分布。舟山群岛是其分布北界。

**生境与耐盐能力**：海岸带与海岛特有植物，常见于低海拔的基岩海岸山坡和水热条件较好的海岸沙地乔木林下，是海岸阔叶林灌木层的优势植物之一。在浙江舟山群岛、福建台山列岛等地，多枝紫金牛生长于受强海风吹袭的基岩海岸迎风面山坡石缝，从浪花飞溅区上缘到海拔100 m的山坡均有分布。受海风的影响，植株常呈灌木状。

**特点与用途**：喜光亦耐阴、耐瘠；枝叶茂密，终年鲜绿，耐修剪，栽培容易，花量大，花白，是值得开发的海岸带观赏植物。植株生长缓慢，材质密度高，早期常被盗伐，用于制作砧板。成熟的果实则是野生动物的美味野果之一。

**繁殖**：播种繁殖。

◎ 花

◎ 花

◎ 花枝

| 多枝紫金牛 | 耐盐 | B | 耐盐雾 | A- | 抗旱 | A- | 抗风 | A |

南方滨海耐盐植物资源（二）

◎ 基岩海岸迎风面山坡多枝紫金牛生长情况（福建福鼎西台山岛）

◎ 生长于基岩海岸迎风面山坡石缝的多枝紫金牛（浙江平阳南麂岛）

## 密花树

*Myrsine seguinii* H. Léville

别名：狗骨头、打铁树、大明橘

紫金牛科常绿大灌木或小乔木，高2～7 m，最高可达12 m；单叶互生，革质，长圆状倒披针形至倒披针形，全缘；花3～7朵成伞形簇生于叶腋具鳞片的极短枝上，白色或淡绿色，有时为紫红色。果近球形，成熟后紫黑色。花期4—5月，果期10—12月。

**分布**：浙江、福建、台湾、广东（深圳）、广西、海南、香港和台湾。偶见。

**生境与耐盐能力**：常见于常绿阔叶林下，一般不认为其具有耐盐能力。但是，我们在浙江中南部海岸及一些海岛上，发现密花树与滨柃、海桐、赤楠、石斑木、山菅兰等生长于土壤瘠薄、阳光直射的基岩海岸石缝、崖壁及裸露的山坡上，部分个体可以分布于浪花飞溅区上缘的石缝中，表现出较强的耐旱与耐盐雾能力。在浙江舟山群岛，密花树也是基岩海岸的常客（王国明等，2007）。夏高达等（2008）认为密花树适合在海岛盐碱地上绿化造林。

**特点与用途**：生境广泛，喜光亦耐阴、耐瘠；枝叶茂密，树冠长椭圆形，树形端庄，花序密集、颜色丰富，具有较高的观赏价值，被喻为"阔叶树中的罗汉松"（谢清华，2013），是滨海地区园林绿化的优良树种。木材坚硬，可作车杆车轴，又是较好的薪炭柴。根药用，具有利尿排石的功效，用于治疗膀胱结石。

**繁殖**：播种与扦插繁殖。

◎ 花

◎ 幼叶

◎ 果

| 密花树 | 耐盐 | B | 耐盐雾 | A- | 抗旱 | A- | 抗风 | A- |

南方滨海耐盐植物资源（二）

◎ 花

◎ 植株

◎ 密花树是浙江象山松兰山基岩海岸最靠近海水的乔木之一

◎ 生长于基岩海岸石缝的密花树（浙江舟山桃花岛）

# 琉璃繁缕

**Anagallis arvensis** Linn.
别名：海绿、四念癀、龙吐珠
英文名：Scarlet Pimperne

报春花科一年生或二年生草本，茎四棱形，多分枝，高 10～30 cm。单叶对生，卵形至狭披针形，全缘，纸质，无柄。花单生叶腋，小，蓝紫色，偶见桔红色。由于蓝色的花瓣有琉璃般的光泽，琉璃繁缕由此得名。蒴果球形，果实盖裂；种子暗棕色，密生瘤状突起。花期 3—5 月。

**分布**：浙江、福建、广东、香港及台湾。常见。

**生境与耐盐能力**：滨海沙荒地常见。在福建平潭岛，琉璃繁缕生长于受强海风吹袭的海边沙地、路边及木麻黄林下。台湾分布于全岛海岸及马祖海滨空旷向阳的草生地间。

**特点与用途**：喜光亦耐阴、耐旱不耐水湿、耐瘠；适应性强，生态幅度广，不择土壤；虽然植株娇小，但碧绿的身躯、绝佳的色彩搭配（琉璃色泽的蓝色花瓣、鲜黄色花药和紫红色的花冠中心），使其在滨海沙荒地显得十分抢眼，是良好的地被植物。鲜草绞汁内服，渣敷患处，可治毒蛇或狂犬咬伤。但全草有毒，勿过量服用。

**繁殖**：播种繁殖。

◎ 花

◎ 果

◎ 蓝紫色花和橘红色花品种生长在一起

| 琉璃繁缕 | 耐盐 | B+ | 耐盐雾 | A | 抗旱 | B+ | 抗风 | — |

◎ 生长于强盐雾海岸沙地的琉璃繁缕（福建平潭老龙头）

◎ 强盐雾海岛沙荒地的琉璃繁缕与番杏（福建厦门土屿）

# 阿吉木

**Aegialitis annulata** R. Br.
别名：紫条木
英文名：Club Mangrove

百花丹科直立灌木或小乔木，高约 1.5 m，树干基部膨大，基部分枝多；单叶互生，叶三角状卵形，革质，全缘，叶鞘基部稍抱茎；圆锥花序顶生，花白色；果弯曲，长约 3～5 cm。引种于海南海口的个体花期 5—8 月，果熟期 10 月至翌年 2 月。

**分布**：原产澳大利亚和巴布亚新几内亚，1998 年从澳大利亚达尔文港引种至海南海口东寨港，引种后 3 年即开花结果（廖宝文等，2006）。广东珠海也有引种，能正常开花结果。2009 年引入福建厦门，生长正常并开花结果，后因低温寒害致死。

**生境与耐盐能力**：仅生长于海岸潮间带滩涂的真红树植物，多分布于沙泥质高盐度中高潮带滩涂（廖宝文等，2006）。在澳大利亚昆士兰州，高 1.5～2.0 m 的阿吉木常作为灌木与高 4～7 m 的白骨壤组成 2 层的红树林群落（Suzuki & Saenger, 1996）。赵可夫（1999）将其归为盐生植物。叶片上表面有盐腺，天气晴好的时候可见到盐结晶。被收录入世界盐生植物数据库（eHALOPH. Halophytes Database（https://www.sussex.ac.uk/affiliates/halophytes/index.php）。实验室水培条件下，培养液 NaCl 浓度 500 mmol/L 时幼苗叶片光合速度大于 50 mmol/L 培养的幼苗，耐盐能力超过我国最常见的红树植物桐花树（Naidool & von Willert, 1995）。

**特点与用途**：喜光稍耐阴，不耐低温；株型奇特，既可以在海水环境中正常生长，也可以在完全淡水环境中长期培养，繁殖容易，栽培简单，可作为观赏植物在福建南部以南地区栽培，具有很好的科普教育价值。

◎ 花

◎ 果

◎ 繁殖枝

**繁殖**：隐胎生胚轴繁殖。果实不耐低温干燥，宜随采随播。

| 阿吉木 | 耐盐 | A- | 耐盐雾 | A- | 抗旱 | B- | 抗风 | A |

南方滨海耐盐植物资源（二）

◎ 果实落地后果皮开裂情况

◎ 植株

◎ 海南东寨港自然生长的阿吉木苗

# 台湾胶木

***Palaquium formosanum* Hay.**

别名：大叶山榄、法国枇杷、橄榄树
英文名：Formosan Nato Tree

山榄科常绿大乔木，高达20 m，树皮富含乳汁，小枝具褐色细柔毛，具明显的下凹叶痕；单叶互生，丛生枝端，长椭圆、倒卵形或窄倒卵形，全缘，厚革质，幼叶两面通常被红褐色绒毛；花单生或2～4朵簇生叶腋，淡黄色；核果初期为球形，成熟时橄榄球形，有宿存花柱。花期9月至翌年2月，果实成熟期6—7月。

**分布**：台湾北部、东部及南部海岸，在台湾作为绿化树种广泛栽培，广东和福建厦门有引种。在福建厦门温度稍高年份可正常开花结果。

**生境与耐盐能力**：典型海岸树种，为海岸林的主要成员之一，也是隆起珊瑚礁的代表性植物。在台湾鹅銮鼻公园，台湾胶木常见于临海珊瑚礁岩石背风处。台湾胶木是台湾沿海外围公路的主要绿化树种之一，只要不是在受强海风直接吹袭的地方，都可以正常生长。

**特点与用途**：喜光稍耐阴、耐瘠；生性强健，不拘土质，移植容易，病虫害少，树型雄伟，树冠层次分明，枝叶浓密，叶片厚实，整棵树充满了阳刚之气，花香浓郁，是极佳的海岸绿化美化植物。近年来台湾在木麻黄林中混种台湾胶木、黄槿和水黄皮等树种以改变木麻黄防护林树种单一的情况，效果良好。乳状汁液可作为绝缘材料的胶木，台湾胶木由此得名。原国家林业局局长贾治邦2011年2月访问台湾垦丁公园时种植的树种就是台湾胶木。果肉多汁，味甜可食，木材可供建筑及制造器具。

**繁殖**：播种繁殖。

◎ 花

◎ 乳汁

◎ 果

| 台湾胶木 | 耐盐 | B | 耐盐雾 | A- | 抗旱 | A- | 抗风 | A |

南方滨海耐盐植物资源（二）

◎ 叶

◎ 植株

◎ 古树（台湾垦丁植物园）

◎ 强盐雾海岸台湾胶木盐雾危害情况（台湾基隆野柳）

# 山榄

*Planchonella obovata* (R. Br.) Pierre
别名：树青
英文名：Formosan Nato Tree

山榄科常绿中乔木，高达 10 m，有白色乳汁，小枝及叶背密被锈色短绒毛，具明显的凸起叶痕；单叶互生，倒卵形，全缘，厚革质；花绿白色，通常 2～4 朵簇生叶腋，冠钟状，两性花和雌花并存，有一股特殊的气味；核果肉质，椭圆形，熟时黄绿色；种子呈纺锤形，具硬壳，中果皮多纤维，质轻，可漂于水面以利散播。花期 4—6 月，果期 10—12 月。

**分布**：海南（陵水）和台湾。台湾各地作为行道树有少量栽培。华南植物园有引种。2003 年以来，我们多次调查没有在海南陵水找到山榄。偶见。

**生境与耐盐能力**：海岸带与海岛特有植物。在台湾垦丁山榄是热带珊瑚礁海岸林常见植物，有时可在海岸沙地前缘生长。在台湾屏东高屏溪口，山榄与黄槿、榄仁、海滨杞戟等组成高位珊瑚礁海岸林。在台湾台北富贵角，山榄和露兜树生长于海拔数米的强盐雾海岸砾石堆石缝，未见任何盐雾危害症状；但在海拔数十米的海岸迎风面山坡，盐雾危害明显。

**特点与用途**：喜光不耐阴、耐热、耐旱也耐湿、耐瘠、抗风、不耐阴；生性强健，病虫害少，树型优美，枝条斜向伸展，颇具层次感，生长速度较慢，病虫害少，是海岸地区行道树、庭院绿化及海岸防风林的优良树种。木材红褐色，质地坚重，可供建筑及制造器具。树皮可做染料，果实可供食用。

**繁殖**：播种与高压繁殖。种子不耐低温和干燥，不耐贮存，采后即播。

◎ 花

◎ 果

◎ 叶

| 山榄 | 耐盐 | B | 耐盐雾 | A- | 抗旱 | A- | 抗风 | A |

◎ 强盐雾海岸迎风面山坡山榄盐雾危害情况（台湾台北富贵角）

◎ 强盐雾海岸山榄和露兜树生长情况（台湾台北富贵角）

◎ 强盐雾海岸沙地山榄生长情况（台湾垦丁）

# 光叶柿

***Diospyros diversilimba*** Merr. et Chun.

别名：黑猪子、黑烈树、乌力果
英文名：Glabrousleaf Persimmon

柿树科落叶灌木或小乔木，高达 15 m，老树皮灰黑色，小枝纤细，黄褐色，被灰色短柔毛，干旱环境下的植株有发达的茎刺；单叶互生，长圆形或倒卵状长圆形，上面深绿色，下面浅绿色；雌花单生于当年生枝下部，腋生，芳香，花冠壶状，浅黄色，花柱3；果球形，光滑，熟时黑色；种子扁，近长圆形。花期4—5月，果期10月至翌年3月。

**分布**：中国特有种，广东湛江（周红等，2016）、广西合浦（谢彦军，2012）和海南。偶见。

**生境与耐盐能力**：海南岛海岸带沙地常见植物。在海南三亚至儋州海岸，光叶柿生长于干旱的海岸固定沙地，常与刺篱木、雀肾、露兜树、刺裸实等组成稀疏的海岸沙地刺灌丛。在海南昌江棋子湾，光叶柿、仙人掌等植物是强盐雾海岸沙地最前沿的灌木。而在海南乐东莺歌海、三亚青梅港等地，光叶柿常形成大型灌丛分布在稀疏的海岸沙地木麻黄防护林中。在广东湛江特呈岛，光叶柿生长于高潮线附近、风暴潮可淹及的红树林林缘。

**特点与用途**：喜光不耐阴、耐旱不耐水湿、耐瘠；对海岸干旱环境有很强的适应性，生长缓慢，可以作为我国南方海岸绿化植物和防护林植物（周红等，2016）。材质优良，用于制作高级家具。果有毒，不可食用。

**繁殖**：播种繁殖。

◎ 花

◎ 枝刺

◎ 果

| 光叶柿 | 耐盐 | B+ | 耐盐雾 | A- | 抗旱 | A | 抗风 | A |

◎ 海岸沙地厚藤群落中的光叶柿（海南三亚小东海）

◎ 光叶柿是海南岛西海岸沙地刺灌丛常见植物（海南东方昌化江口）

◎ 海岸沙地前沿的光叶柿（海南昌江棋子湾）

# 象牙树

***Diospyros ferrea*** (Willd.) Bakh.

别名：乌皮石苓、象牙柿、琉球黑檀
英文名：Ivorywood, Boxeaf Mama, Philippine Ebony Persimmon

柿树科常绿小乔木，树皮灰褐色或带黑色；单叶互生，厚革质，倒卵形，先端圆而凹，全缘，略反卷；花雌雄异株，雄花序有花1～3朵，密被伏柔毛，花冠钟形或壶形，白色或淡黄色；雌花无梗，花冠管状钟形；浆果椭圆形，具增大的宿存花萼，熟时黄红色终至黑红色。

**分布**：台湾恒春及兰屿。台湾常用于园林绿化，福建厦门、广东华南植物园和湛江有引种。偶见。

**生境与耐盐能力**：典型热带珊瑚礁海岸林植物（陈玉峰，1984），从珊瑚礁海岸林前缘到海拔数百米的高位珊瑚礁海岸均有分布，但不能像蔓榕、海岸桐等单独在干旱的珊瑚礁海岸生长。

**特点与用途**：喜光亦耐半阴、耐旱不耐水湿；性强健，病虫害少，树形整齐，枝叶浓密，叶色深绿，果实颜色多变；生长缓慢，易移植，为滨海地区庭院绿化的高级树种，也是优良的盆景植物。生长缓慢，心材深黑，质地坚重致密，为珍贵用材树种。

**繁殖**：以扦插为主，也可播种繁殖。

◎ 花

◎ 果

◎ 结果枝

| 象牙树 | 耐盐 | B | 耐盐雾 | B+ | 抗旱 | B+ | 抗风 | A |

◎ 植株

◎ 修剪成盆景状的象牙树

# 日本女贞

*Ligustrum japonicum* Thunb.

别名：女贞木、冬青木、冬女贞、大叶女贞
英文名：Japanese Privet, Wax Privet

木犀科常绿小乔木或灌木，高 3～5 m，枝无毛；单叶对生，椭圆形或卵状椭圆形，厚革质，全缘；圆锥花序顶生，金字塔形，花小，白色，有臭味，花冠管长约为花萼 2 倍，花梗不超过 3 mm；浆果状核果，长圆形，熟时紫黑色，外被白粉。花期 5—8 月，果期 10—11 月。栽培品种金森女贞 *Ligustrum japonicum* Thunb. cv. Howardii，春季新叶鲜黄色，秋冬季转为金黄色。

**分布**：浙江和台湾北部。作为园林绿化植物在我国温带和亚热带地区栽培广泛。杨小波主编的《海南植物图志》认为海南陵水有天然分布，需要进一步落实。

**生境与耐盐能力**：海岛特有树种。常见于海岸山坡常绿阔叶林中，也见于海边山坡崖壁、沟谷灌丛。盆栽实验发现，当土壤含盐量低于 4 mg/g 时，栽培品种金森女贞生长不受影响（戴文等，2017）。

**特点与用途**：喜光稍耐阴、耐寒；对土壤要求不严，适应性强，生长迅速，根系发达，耐修剪，萌芽力强，病虫害少；树形端正，枝叶细密对称，片厚而光亮，可作为庭荫树、风景林、防护林和绿篱种植。栽培种金森女贞嫩叶呈金黄色，叶厚且具革质，明亮光泽，尤其在秋季和早春枝条中上部叶片为金黄色，观赏性极佳，近年来在我国长江和黄河流域栽培广泛。种子可供泡茶饮用。叶药用，性味苦、微甘、凉，具清热和止泻功效，用于治疗头目晕眩、火眼、口疮、无名肿毒和水火烫伤。

**繁殖**：播种与扦插繁殖。

◎ 花

◎ 栽培种金森女贞叶

◎ 果

| 日本女贞 | 耐盐 | B | 耐盐雾 | A- | 抗旱 | A- | 抗风 | A- |

◎ 植株

◎ 强盐雾海岸日本女贞生长情况（台湾台北富贵角）

◎ 强盐雾海岸日本女贞生长情况（台湾台北富贵角）

# 弓果藤

**Toxocarpus wightianus** Hook. et Arn.
别名：圆叶弓果藤、威氏弓果藤、牛茶藤、牛角藤、小羊角拗、小羊角藤
英文名：Wight Toxocarpus

萝藦科常绿攀援藤本，小枝被毛；单叶对生，革质，椭圆形或椭圆状长圆形，顶端具锐尖头；两歧聚伞花序腋生，具短花梗，花淡黄色；蓇葖果狭披针形，叉开成180°角或更大，长约9 cm，直径1 cm，基部膨大，向上逐渐变小，外果皮被锈色绒毛；种毛白色绢质。花期6—8月，果期10月至翌年1月。

**分布**：广东、广西、海南和香港。偶见。

**生境与耐盐能力**：海岸灌丛常见攀援植物。从野外生长状况看，弓果藤有较强的耐盐与耐盐雾能力。在三亚、儋州等地，弓果藤作为海岸刺灌丛常见成分，常攀援于仙人掌、露兜树、刺篱木、雀肾等树冠上。在海南昌江棋子湾，弓果藤生长于强盐雾基岩海岸石缝，是最靠近海水的植物之一。在海南东方，弓果藤攀援于一线海岸的露兜树树冠。

**特点与用途**：喜光稍耐阴、耐旱不耐水湿、耐瘠；叶形雅致，果形奇特，栽培容易，病虫害少，是滨海地区构建低维护绿地很好的垂直绿化植物。目前关于弓果藤的研究非常少。民间作兽药，用于治疗牛食欲不振，宿草不转、跌打损伤和肿毒等。

**繁殖**：播种繁殖。

◎ 花

◎ 果

◎ 叶

| 弓果藤 | 耐盐 | B+ | 耐盐雾 | A− | 抗旱 | A | 抗风 | A |

◎ 攀援于海岸刺灌丛的弓果藤（海南昌化棋子湾）

◎ 攀援于露兜树上的弓果藤（海南东方墩头）

◎ 生长于强盐雾海岸礁石缝隙的弓果藤（海南昌化棋子湾）

## 海南杯冠藤

*Cynanchum insulanum*（Hance）Hemsl.
别名：海岛杯冠藤
英文名：Insular Swallow Wort

萝藦科纤细缠绕藤本，根状茎节有时形成球状的块茎；单叶对生，长圆状戟形至三角状披针形，顶端锐尖，基部近心形或截平；伞形花序腋生，短于叶，有花4～5朵，花冠绿白色；蓇葖果单生，披针形，种子长圆形。花期5—10月，果期10月至翌年春季。变种线叶杯冠藤（*C. insulanum* var. *lineare*（Tsiang et Zhang）Tsiang et Zhang），叶线状披针形，长1～4 cm，宽1～3 mm，常见于海岸刺灌丛。

◎ 花

**分布**：中国特有种，分布于广东、广西（涠洲岛）、海南和香港。偶见。

**生境与耐盐能力**：海岸带与海岛特有植物，对海岸环境有很强的适应性。在海南三亚、乐东、东方等地，海南杯冠藤常见于海岸林内或固定沙丘的灌丛中，攀援于露兜树、仙人掌等树冠上，也可以在郁闭度稍低的海岸沙地木麻黄林下生长。在海南文昌铜鼓岭，海南杯冠藤攀援于强盐雾基岩海岸草海桐树冠，未见任何盐雾危害症状。赵可夫等（2013）将其归为盐生植物。

**特点与用途**：喜光稍耐阴、耐旱不耐水湿、耐瘠；由于其野外资源少，植株矮小，目前尚未引起关注。鹅绒藤属植物大多数具有较高的药用价值，具有抗肿瘤、免疫调节以及抗氧化等功效（秦新生等，2010）。目前还没有海南杯冠藤药用的报道。

**繁殖**：播种繁殖。

◎ 果

| 海南杯冠藤 | 耐盐 | B | 耐盐雾 | A | 抗旱 | A | 抗风 | A |
|---|---|---|---|---|---|---|---|---|

南方滨海耐盐植物资源（二）

◎ 木麻黄林下的海南杯冠藤（海南三亚海棠湾）

◎ 强盐雾海岸攀援于草海桐上的海南杯冠藤（海南文昌月亮湾）

◎ 攀援于露兜树上的海南杯冠藤（海南东方墩头）

## 肉珊瑚

***Sarcostemma acidum*** (Roxb.) Oken

别名：铁珊、珊瑚、无叶藤

英文名：Soma, Leafless East-Indian Vi

萝藦科缠绕草质无叶藤本，枝下垂，具乳汁，绿色或草绿色，生花的节略粗壮；聚伞花序腋生或顶生，无总花梗，有花6～15朵；花冠白色或淡黄色，近辐状，花冠筒极短；副花冠双轮，内轮比外轮长；合蕊冠基部的副花冠杯状，具有10个圆齿，雄蕊上的副花冠5裂，裂片卵圆形，肉质；蓇葖果圆柱状披针形，外果皮薄而平滑；种子宽卵形，扁平，顶端具白色绢质种毛。花期全年，果期冬季至翌年春季。

◎ 花

**分布**：广东湛江、海南和广西南部。华南植物园有引种。偶见。

**生境与耐盐能力**：海岸带与海岛特有植物，常见于海岸沙地刺灌丛和红树林林缘。在海南儋州峨蔓，肉珊瑚攀援于刺裸实、刺篱木、打铁树、仙人掌等海岸刺灌丛。在儋州新英湾，红树林陆侧有一高出高潮线约1.5 m的小岛，肉珊瑚攀援于刺篱木上。

◎ 花

**特点与用途**：喜光稍耐阴、耐旱不耐水湿、耐瘠；肉珊瑚为肉质绿色无叶的藤本，形态独特，花期长，是滨海地区良好的观赏植物。全株药用，具收敛、止咳和催乳的功效，用于治疗气虚血弱、乳汁缺少等症。

**繁殖**：播种与扦插繁殖。

| 肉珊瑚 | 耐盐 | B+ | 耐盐雾 | A | 抗旱 | A | 抗风 | A |

◎ 攀援于海岸刺灌丛的肉珊瑚（海南儋州白鹭湾）

◎ 攀援于仙人掌上的肉珊瑚
（海南儋州白鹭湾）

## 墨苜蓿

*Richardia scabra* Linn.
别名：拟鸭舌癀、李察草、墨西哥三叶草
英文名：Rough Mexican Clover, Florida Pusley

茜草科一年生匍匐或近直立草本，茎近圆柱形，节上无不定根；叶厚纸质，卵形、椭圆形或披针形，两面粗糙，边上有缘毛；托叶鞘状，边缘有数条刚毛；聚伞花序密集成球状，顶生，基部具有1～2对阔卵形叶状总苞；花冠白色，漏斗状或高脚碟状，裂片6；分果瓣3～6，长圆形至倒卵形。花果期几乎全年。

◎ 花

**分布**：原产美洲，上世纪80年代传入我国，现福建、广东、广西、海南、香港和台湾常见。浙江南麂列岛有发现（潘媛媛等，2012）。

**生境与耐盐能力**：生境广泛，我国南方海岸带排水良好的沙质土壤如草地、路边、果园、农田都可以见到其踪迹。海岸沙荒地常见植物，从海岸沙地最前沿的稀疏草本植物区到远离海岸的沙荒地都有分布。在海南岛东海岸，墨苜蓿与匐枝栓果菊等组成海岸沙地最前沿的稀疏草丛。在广西北海银滩，墨苜蓿与铺地黍、粗根茎莎草等组成海岸沙地稀疏草丛。而在海南东方昌化江口极度干旱的半流动沙丘，墨苜蓿与蛇婆子、土丁桂、海滨木蓝等组成稀疏的海岸沙地草丛。

◎ 果枝

**特点与用途**：喜光稍耐阴、耐瘠、耐旱不耐水湿、耐沙埋；对海岸沙荒地环境有极强的适应性，水分供应良好时生长快，适应性强，繁殖力强，是海岸沙荒地防风固沙的优良植物。也正因为其强大的繁殖能力和适应能力，成为我国南方旱地危害严重的杂草，被列入中国最具入侵能力的142种入侵植物（万方浩等，2012）。根入药，有催吐功效。

**繁殖**：播种繁殖。

| 墨苜蓿 | 耐盐 | B | 耐盐雾 | A | 抗旱 | A- | 抗风 | A |

◎ 海岸流动沙地稀疏的墨苜蓿（海南文昌海南角）

◎ 墨苜蓿与匐枝栓果菊等是海南万宁大洲岛海岸沙地最前沿的植物

◎ 海岸沙地上的墨苜蓿居群（广西北海银滩）

# 糙叶丰花草

***Spermacoce hispida*** Linn.

别名：铺地毡草、鸭舌癀

英文名：Scabrous-leaved Spermacoce, Shaggy Button Weed, Landrina

茜草科多年生匍匐草本，全株被粗毛，茎四棱形；单叶对生，长圆形、倒卵形或匙形，最宽处在中部以上，边缘粗糙或具缘毛，革质，膜质托叶顶部有数条长于鞘的刺毛；花4～6朵聚生于托叶鞘内，无梗，花冠淡紫红色或白色；蒴果椭圆形，长2.2～5 mm，成熟后从顶部直裂至基部；种子近椭圆形，黑褐色。花果期4—10月。

**分布**：浙江、福建、广东、广西、海南、香港和台湾。常见。

**生境与耐盐能力**：海岸沙荒地常见植物，对沙质土壤有一种本能的依赖性，多分布于远离大潮高潮线的半流动沙地、木麻黄防护林空隙等地，但不能像海滨莎、白花马鞍藤等可以生长于海岸沙地最前沿。在福建石狮祥芝，糙叶丰花草与海滨月见草、匐枝栓果菊等生长于强盐雾海岸流动沙丘。

**特点与用途**：喜光稍耐阴、耐旱不耐水湿、耐瘠、耐沙埋；适应性强，水分供应良好时生长迅速，株形平卧，高度适中，具有一定的防风固沙功能。此外，糙叶丰花草与其他杂草共生具有较强的生长优势，是较为理想的果园生草栽培草种（龚家建等，2018）。枝叶富含类黄酮、单宁、皂苷、萜类、甾体、木质素和酚类等次生代谢产物，有多种药理活性，如抗糖尿病、抗高血压、抗氧化、镇痛、抗癌、保肝和抗真菌活性等，广泛用于糖尿病和心血管疾病的治疗（Vennila et al., 2018）。

**繁殖**：播种繁殖。

◎ 花

◎ 花

| 糙叶丰花草 | 耐盐 | B+ | 耐盐雾 | A | 抗旱 | A | 抗风 | A |

南方滨海耐盐植物资源（二）

◎ 生长于强盐雾海岸浪花飞溅区的糙叶丰花草（福建石狮祥芝）

◎ 生长于强盐雾海岸沙地的糙叶丰花草（福建石狮祥芝）

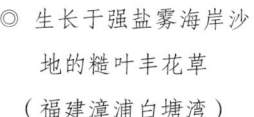

◎ 生长于强盐雾海岸沙地的糙叶丰花草（福建漳浦白塘湾）

## 马蹄金

**Dichondra micrantha** Urb.

**别名**：黄疸草、金钱草、铜钱草、玉馄饨、荷苞草、金锁匙
**英文名**：Creeping Dichondra Herb, Asia Ponysfoot, Silver Falls, Kidney Weed

旋花科多年生匍匐草本，茎细长，节上生根；单叶互生，肾形至圆形，先端宽圆形或微缺，基部阔心形，全缘，具长柄；花单生叶腋，花冠钟状，白色或淡黄色；蒴果近球形，有种子1～2颗；种子无毛，黄色至褐色。花期5—8月。

**分布**：江苏、浙江、福建、广东、广西、海南、香港和台湾常见，偶见栽培。

◎ 花与果

**生境与耐盐能力**：野外生境多样，而在福建台山列岛、崳山岛等地，马蹄金可以在浪花飞溅区上缘的海岸迎风面山坡正常生长，显示出较强的耐盐雾和耐旱能力。国内没有有关马蹄金耐盐的报道。美国地被植物专家Marie Harrison认为马蹄金具有强耐盐能力（Harrison, 2006），在佛罗里达海岸作为地被植物应用广泛（http://www.rockledgegardens.com/pdf/salt-tolerant-plants.pdf）。

**特点与用途**：喜光亦耐阴、耐旱亦耐湿；适应性广，生长迅速，管理方便，病虫害少，不需修剪，不耐践踏，叶形奇特，叶色翠绿，植株低矮整齐，绿期长，是滨海高档住宅或别墅区理想的地被植物，同时也是优良的护坡植物。马蹄金属$C_3$植物，但具有$C_4$植物的特性，光补偿点较低，$CO_2$的补偿点也低，这些生理生化特征是其他草坪植物难以比拟的。全草入药，具镇痛、抗炎、抗菌功效，用于治疗慢性肝炎、黄疸型肝炎、胆囊炎、肾炎、泌尿系统感染等。

**繁殖**：播种、扦插与分株繁殖。

◎ 海南文昌清澜港红树林林缘的马蹄金

| 马蹄金 | 耐盐 | B+ | 耐盐雾 | A- | 抗旱 | A- | 抗风 | - |
|---|---|---|---|---|---|---|---|---|

◎ 海岸迎风面山坡的马蹄金（福建霞浦嵛山岛）

◎ 基岩海岸迎风面山坡的马蹄金（福建福鼎西台山岛）

◎ 生长于强盐雾海岸迎风面山坡的马蹄金和滨当归（台湾台北富贵角）

# 小心叶薯

*Ipomoea obscura* (Linn.) Ker Gawl.
别名：小红薯、紫心牵牛、姬牵牛
英文名：Obscure Morning Glory, Small White Morning Glory

旋花科缠绕草本，茎纤细，圆柱形，有细棱，被柔毛或绵毛或有时近无毛；叶心状圆形或心状卵形，有时肾形，全缘或微波状；聚伞花序腋生，通常有1～3朵花；花冠漏斗状，白色或淡黄色，花冠管基部深紫色；蒴果圆锥状卵形或近于球形；种子黑褐色，密被灰褐色短茸毛。花果期6—12月。

**分布**：广东、广西、海南、香港和台湾。常见。

**生境与耐盐能力**：海岸带与海岛特有植物。常见于低海拔的旷野沙地、海边疏林或灌丛，攀援于海岸灌丛。叶片有盐腺，是泌盐盐生植物（周三等，2001），赵可夫等（2013）将其归为盐生植物。

**特点与用途**：喜光不耐阴、耐旱不耐水湿、耐瘠；对海岸带环境有很强的适应性，一旦种植成活，无需维护，花虽小，但花色美，可用于海岸带庭院垂直绿化。全草有小毒，种子毒性大。

**繁殖**：播种繁殖。

◎ 花

◎ 花

| 小心叶薯 | 耐盐 | A- | 耐盐雾 | A | 抗旱 | A- | 抗风 | - |

◎ 果

◎ 攀援于红树林林缘灌木的小心叶薯（海南海口东寨港）

## 披针叶小牵牛

*Jacquemontia paniculata* var. *lanceolata* S. H. Huang

别名：假牵牛

英文名：Beach Jacquemontia

旋花科细小缠绕或平卧藤本，幼枝、叶、花梗、萼片均被星状毛；叶互生，披针形，基部楔形，先端渐尖，纸质；花1～3朵组成伞状聚伞花序；萼片5裂，外侧萼片比内侧萼片稍长；花漏斗状，淡紫色或粉红色，偶见白色；花柱1，柱头2裂；蒴果球形，8瓣裂；种子淡褐色，有小疣点，具狭的薄翅。花果期几乎全年。

**分布**：海南（东方四更）。原变种小牵牛 *Jacquemontia paniculata* (Burf.) Hallier f. 在广东、广西、海南、台湾均有分布。少见。

**生境与耐盐能力**：海岸带与海岛特有植物，常见于海岸沙荒地。在海南东方，披针叶小牵牛生长于大潮线以上的海岸沙地，常与绢毛飘拂草、链荚豆、厚藤、蛇婆子等组成海岸沙地稀疏的草丛；也常攀援于仙人掌等海岸刺灌丛；偶见于木麻黄林下。

**特点与用途**：喜光稍耐阴、耐瘠、耐旱、耐沙埋；对海岸沙地环境具有极强的适应性，植株娇小。目前没有其应用方面的报道。

**繁殖**：播种繁殖。

◎ 花

◎ 果

| 披针叶小牵牛 | 耐盐 | B+ | 耐盐雾 | A | 抗旱 | A | 抗风 | A |

◎ 海岸沙地披针叶小牵牛草丛（海南东方四必湾）

◎ 木麻黄林缘的厚藤和披针叶小牵牛（海南东方四必湾）

◎ 攀援于仙人掌的披针叶小牵牛（海南东方四必湾）

◎ 攀援于基岩海岸草丛的小牵牛（海南昌江棋子湾）

# 橙花破布木

***Cordia subcordata* Lam.**

别名：橙花破布子、仙枝花、心叶破布木
英文名：Beach Cordia, Sea Trumpet

紫草科常绿或半落叶乔木，高达 10 m，树皮黄褐色；单叶互生，卵形或椭圆形，全缘或微波状，纸质，叶背侧脉明显突出；伞房状聚伞花序与叶对生，花喇叭状，橙红色，英文名 Sea Trumpet 由此得名；坚果卵圆形或倒卵形，中果皮木栓质，为宿存花萼全包，幼时绿色，成熟后褐色，质轻，可随洋流长距离传播。花期 6—9 月，果期 8—11 月。

**分布**：台湾东沙岛、海南西沙群岛和南沙群岛，为太平岛的主要原生植物。海南万宁加井岛和三亚小东海有少量天然分布。稀少。

**生境与耐盐能力**：海岸带与海岛特有树种，常见于热带海岸沙地疏林中，偶尔出现于红树林内缘。在海南三亚小东海，橙花破布木生长于强盐雾海岸珊瑚碎屑堆中，为该地最前沿的乔木，有明显的盐雾危害症状。在南海某岛屿，一橙花破布木幼株生长于大潮可淹及的珊瑚碎屑海岸，生长完全正常。而在西沙群岛，橙花破布木与抗风桐等组成热带珊瑚海岛林。

◎ 花

**特点与用途**：喜光不耐阴、耐盐、耐中度盐雾，抗风，不耐低温。生长速度快，根系发达，在沙地、黏土及岩石堆中均能够生长，在中性至碱性土壤上生长良好。树冠浓密，花大色艳，是热带海岸绿化的优良树种和防风固沙树种。种子可食，但味道一般。木材具有明暗交错的美丽年轮，质软，易加工，耐腐，耐白蚁蛀食，且对食物无干扰，常用于制作餐具和家具。

**繁殖**：播种与扦插繁殖，种子易发芽。

◎ 果

| 橙花破布木 | 耐盐 | A− | 耐盐雾 | B+ | 抗旱 | B+ | 抗风 | A− |

南方滨海耐盐植物资源（二）

◎ 叶

◎ 橙花破布木是热带珊瑚岛的先锋植物（南海某岛屿）

◎ 生长于高潮线上缘的橙花破布木（海南三亚小东海）

## 砂引草

***Tournefortia sibirica*** Linn.

**别名**：紫丹草、西伯利亚紫丹、羊担子
**英文名**：Shell Sand Herbs

紫草科多年生草本，高 10～30 cm，全株被白色长柔毛，具细长的根状茎；叶无柄或近无柄，狭矩圆形至条形；聚伞花序伞房状，近二叉状分枝，花冠白色，漏斗状；核果椭圆形或卵球形，有 4 钝棱，椭圆状球形，成熟时分裂为 2 个各含 2 粒种子的分核。花果期 5—8 月。

**分布**：我国北方海岸沙地常见植物。浙江有少量分布，天然分布南界是浙江舟山群岛。

◎ 花枝

**生境与耐盐能力**：盐碱土指示植物，既可以在内陆干旱沙地也可以在海岸盐渍化土壤生长。叶片具有盐腺，可以将多余的盐分排出体外（项秀丽等，2008）。沿海地区主要分布于海滨沙地和盐渍化草甸（解卫海等，2015；项秀丽等，2008）。砂引草被认为是海岸沙地最靠近海水的植物之一。在山东黄河三角洲的贝壳堤岛，砂引草从大潮可淹及的高潮带至完全不受海水影响的沙荒地都有分布（赵艳云等，2011）。在江苏海州湾，砂引草是砂质海岸的先锋植物，带状分布于大潮可淹及的砂质海内缘和沙堤基部裸地（刘昉勋等，1986）。在山东，砂引草可以在含盐量 6 mg/g～15 mg/g 滨海重盐碱地正常生长（谭海霞，2013；季洪亮等，2018）。土培条件下，砂引草可以在不超过 40% 人工海水浇灌下正常生长（宋阳阳等，2013），在含盐量 10 mg/g 的土壤中正常生长（宋协明等，2019）。赵可夫等（2013）将其归为盐生植物。

**特点与用途**：喜光不耐阴、耐旱亦耐水湿、耐沙埋；适应性强、栽培容易，根系发达，为优良的防风固沙、土壤改良植物，而且具有良好的观赏价值；花香气浓郁，可提取芳香油。

**繁殖**：根状茎无性繁殖，也可播种繁殖。

◎ 果

| 砂引草 | 耐盐 | A- | 耐盐雾 | A | 抗旱 | A | 抗风 | A |
|---|---|---|---|---|---|---|---|---|

◎ 海岸沙地砂引草和白茅群落（山东海阳）

◎ 海岸沙地前沿的砂引草（山东海阳）

# 洋金花

*Datura metel* Linn.

**别名**：白曼陀罗、白花曼陀罗、风茄花、喇叭花、金盘托荔枝、闹羊花、狗核桃
**英文名**：Hindu Datura

茄科一年生草本或半灌木，高 0.5～1.5 m；单叶互生，卵形至广卵形，基部不对称楔形，边缘不规则波状浅裂；花单生于枝叉间或叶腋，花萼筒部圆筒状，不具 5 棱角，果时宿存部分扩大成浅盘状；花冠漏斗状，长 14～20 cm，白色、黄色或浅紫色，花冠裂片顶端有小尖头；蒴果斜生至横向生，近球形或扁球形，疏生短刺，不规则 4 瓣裂；种子卵圆形，稍扁，淡褐色。花果期全年。

**分布**：浙江、福建、广东、广西、海南、香港和台湾。常见。

**生境与耐盐能力**：常见于海岸沙地、鱼塘堤岸、沟边等环境。多生长于海岸半固定沙丘和木麻黄林前草地，与厚藤、海刀豆、露兜树组成海岸灌草丛。

**特点与用途**：喜光不耐阴、耐旱不耐水湿、耐瘠、抗风；生性强健，病虫害少，花大，果实形态奇特，适合作为海岸沙地绿化植物。全株有毒，种子毒性最大。花为中药的"洋金花"，有镇定、镇静、镇痛、麻醉的功能。

**繁殖**：播种繁殖。

◎ 花

◎ 果

◎ 枝

◎ 果实开裂情况

| 洋金花 | 耐盐 | B+ | 耐盐雾 | A- | 抗旱 | A- | 抗风 | A |
|---|---|---|---|---|---|---|---|---|

南方滨海耐盐植物资源（二）

◎ 植株

◎ 生长于强盐雾海岸石缝的洋金花（台湾高雄旗津）

◎ 生长于海岸沙地前沿的洋金花（海南文昌东郊良梅）

297

## 苦蘵

***Physalis angulata*** Linn.

别名：灯笼泡、灯笼草、鬼灯笼、天泡草

英文名：Wild Goseberry, Cutleaf, Chinese Ground Cherry, Putokan

茄科一年生草本，高 30～50 cm，茎有棱；单叶互生，卵形至卵状椭圆形，全缘或具不规则的浅锯齿，基部楔形；花单生叶腋，花冠淡黄色，喉部常有紫色斑纹，花药蓝紫色或有时黄色；花萼裂片长，披针形；浆果球形，宿萼在结果时膨大如灯笼，成熟时淡绿色或浅麦秆色，基部稍凹入，完全包围果实；种子圆盘状。花果期 5—12 月。

**分布**：原产热带美洲，我国华东、华中、华南及西南常见。

**生境与耐盐能力**：生境多样，海岸鱼塘和盐田堤岸、木麻黄林隙、草地等均有分布。在西沙群岛的赵述岛，苦蘵生长于大潮线上缘珊瑚碎屑中。经过渗透势为 −1.2 MPa 的聚乙二醇（PEG 8000）35℃暗处理 10 天的种子，在 NaCl 含量达 134 mmol/L 的培养液中，种子萌发率达 72%（de Souza et al., 2016）。实验室条件下，苦蘵幼苗的生长存在明显的低盐促进现象，在 NaCl 含量 75 mmol/L 的培养液中枝条及根的生长优于对照（de Souza et al., 2016）。

**特点与用途**：喜光不耐阴、耐瘠、耐旱不耐水湿；适应性广，为常见的农田杂草。有研究发现其对重金属镉具有较强的富集能力，可作为治理土壤镉污染的植物。果、根或全草入药，性苦，味寒，具清热解毒和消肿利尿功效，用于治疗咽喉肿痛、腮腺炎、慢性气管炎、肺脓疡、痢疾、睾丸炎、小便不利等，外用治脓疱疮。

**繁殖**：播种繁殖。

◎ 花

◎ 果枝

◎ 果

| 苦蘵 | 耐盐 | B+ | 耐盐雾 | A− | 抗旱 | A− | 抗风 | B |

◎ 苦蘵是填海沙地先锋植物（南海某岛屿）

◎ 生长于高潮线上缘珊瑚礁碎屑的苦蘵（海南三亚小东海）

◎ 生长于盐田堤岸的苦蘵（海南三亚榆林港）

# 海南茄

*Solanum procumbens* Lour.

**别名**：小丁茄、细颠茄、金耳环、鸡公刺、衫纽藤、古雀、金纽头

**英文名**：Hainan Nightshade

茄科直立或平卧常绿灌木，高1～2 m，嫩枝、叶柄及花序柄均被星状短绒毛及小钩刺；单叶互生，卵形至长圆形，近全缘或作5个粗大的波状浅圆裂，中脉两面着生1～4枚小尖刺；蝎尾状花序顶生或腋生，花冠白色或淡紫色；浆果球形，光亮，宿存萼向外反折，成熟后红色；种子淡黄色，近肾形，扁平。花果期几乎全年。

**分布**：海南、广东和广西。偶见。

**生境与耐盐能力**：典型海岸沙地植物，常见于海岸木麻黄林下和灌丛，偶见于基岩海岸石缝，对盐雾有极强的适应能力。

**特点与用途**：喜光亦耐阴、耐旱不耐水湿。适应性广；根药用，性凉味苦，有凉血散瘀、消肿止痛之功，主治感冒、头痛、咽喉疼痛、关节肿痛、月经不调和跌打损伤等。

**繁殖**：播种与扦插繁殖。

◎ 花

◎ 果

◎ 刺

| 海南茄 | 耐盐 | B | 耐盐雾 | A | 抗旱 | A | 抗风 | A |

南方滨海耐盐植物资源（二）

◎ 生长于高潮线上缘珊瑚礁碎屑的海南茄（海南三亚小东海）

◎ 生长于强盐雾基岩海岸迎风面山坡石缝的海南茄（海南文昌铜鼓岭）

# 假马齿苋

*Bacopa monnieri* (Linn.) Wettst.

别名：白花猪母菜、蛇鳞菜、白线草、过长沙、小对叶
英文名：Water Hyssop

玄参科一年生肉质草本，全株无毛，茎下部铺散而节上生根；单叶对生，无柄，长圆状倒披针形或匙形；花单生叶腋，花冠白色或淡蓝色，有明显花梗，柱头头状；蒴果狭卵形，包藏于宿存花萼内；种子多数，椭圆形，黄褐色。花期4—10月，果期7—12月。

**分布**：福建、广东、广西、海南、香港和台湾。福建闽南地区作为蔬菜栽培。偶见。

**生境与耐盐能力**：常见于海岸湿地，也可以在海岸干燥的沙荒地生长。在海南海口东寨港、三亚青梅港等地，假马齿苋生长于有淡水输入的高潮带淤泥质滩涂，涨潮时水体盐度可达23 g/L。而在海南昌江棋子湾、文昌铜鼓岭等地，假马齿苋生长于有淡水渗出的强盐雾海岸迎风面山坡。

**特点与用途**：喜光亦耐阴、耐旱寒亦耐水湿、耐瘠；生长速度快，耐污能力强，叶色翠绿，是滨海地区良好的水景植物，也是建设浮岛的绝佳植物。嫩茎叶可食，色泽及口感俱佳，是一种值得开发的特色野生蔬菜；全草入药，性寒，具清热解毒、清肝明目的功效，主治痢疾、丹毒、痈疮肿毒、肝火上炎、目赤肿痛等。

**繁殖**：扦插繁殖。

◎ 花

◎ 花枝

◎ 枝

| 假马齿苋 | 耐盐 | B+ | 耐盐雾 | A- | 抗旱 | B+ | 抗风 | — |

# 南方滨海耐盐植物资源（二）

◎ 生长于高潮带沙质滩涂的假马齿苋（海南东方昌化江口）

◎ 生长于红树林内的假马齿苋（海南三亚青梅港）

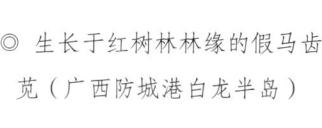

◎ 生长于红树林林缘的假马齿苋（广西防城港白龙半岛）

## 列当

**Orobanche coerulescens** Steph.
别名：兔子拐棍、独根草、鬼见愁、紫花列当
英文名：Skyblue Broomrape

列当科二年生或多年生寄生草本，茎直立，不分枝，高10～40 cm，具有明显的条纹，全株密被淡黄褐色长柔毛；叶鳞片状，卵状披针形，螺旋状着生；穗状花序顶生，花蓝紫色或灰蓝色，花冠上唇顶端2裂，小苞片无，花药无毛，花丝有毛；蒴果卵状长圆形或圆柱形，2～3瓣裂，种子细小，多数，干后黑色，形状不规则。花果期2—8月，果实成熟后植株即枯萎。

◎ 花

**分布**：浙江、福建和台湾。少见。

**生境与耐盐能力**：生境广泛多样，从海边到内陆、从海拔几米的海岸沙地到几千米的高山，均可以生长。生长于海边的列当常寄生于菊科植物茵陈蒿的根部，有茵陈蒿的地方，就有列当。在福建漳浦林进屿，列当生长于受强海风吹袭的海岸迎风面山坡风化火山岩中；而在福建平潭大屿岛，列当生长于强盐雾海岸迎风面山坡。

**特点与用途**：喜光稍耐阴、耐瘠、耐旱、抗风；全株药用，有补肾壮阳、强筋骨、润肠之功效，用于治疗阳痿、腰酸腿软、神经官能症及小儿腹泻等。

**繁殖**：播种繁殖。

◎ 列当与寄主茵陈蒿

| 列当 | 耐盐 | B+ | 耐盐雾 | A | 抗旱 | A− | 抗风 | A |

◎ 列当根与寄主茵陈蒿的根

# 离根香

*Goodenia pilosa* subsp. *chinensis*（Bentham）D. G. Howarth et D. Y. Hong

**别名**：火花离根香、肉桂草、美柱草、美花草、利根香、山茼蒿、根风藤

**英文名**：Hairy Fanflower, Chinese Goodenia

草海桐科一年生草本，高5～15 cm；单叶互生，基生叶多枚，线形或狭披针形，边缘疏生三角状锯齿，边缘及背面主脉上疏生长硬毛；上部茎生叶小，近基部两侧各有1个耳片；花小，单生叶腋，花冠黄色，有时侧生分枝短而多花，几成总状花序；花萼筒部密生长硬毛，裂片5，条状披针形；蒴果卵球形，有卵状种子5颗。花果期夏秋季。

◎ 果

**分布**：福建、广东、广西、海南、香港和台湾。少见。

**生境与耐盐能力**：多生长于低海拔的海岸山坡、草地、林地边缘。在强盐雾海岸福建晋江市金井圳石村，离根香生长于海拔10～30 m、植被盖度低于10%的砂砾质土壤，无任何盐害症状。在福建东山苏峰山，离根香与草海桐等生长于强盐雾海岸迎风面山坡沙荒地，草海桐贴地生长，离根香生长完全正常。

**特点与用途**：喜光不耐阴、耐旱不耐水湿、耐瘠；全草药用，性温味辛，晒干后会发出肉桂的香味，具有祛风散寒、行气活血和解蛇毒的功效，用于治疗风寒痹痛、胃痛、腹痛、跌打损伤和毒蛇咬伤等，也可作凉茶。潮汕民谚"叶似筒蒿味辛香，六月辟暑插笠沿，化痰止咳香长在，驱风止痛体自昌"将离根香的形态及功效总结得淋漓尽致。

◎ 植株

**繁殖**：播种与扦插繁殖。

| 离根香 | 耐盐 | B+ | 耐盐雾 | A | 抗旱 | A | 抗风 | A |

# 南方滨海耐盐植物资源（二）

◎ 生长于强盐雾海岸沙荒地的离根香（福建东山苏峰山，照片提供：王静）

◎ 生长于强盐雾海岸迎风面山皮沙荒地的离根香（红色箭头）和草海桐（黄色箭头）（福建东山苏峰山）

# 匙叶紫菀

**Aster spathulifolius** Maxim.
别名：海菊、达摩菊
英文名：Seashore Spatulate Aster

菊科多年生草本，高 30 cm，茎自基部分枝，密被柔毛；单叶互生，肥厚，匙形或长倒卵形，两面密被绒毛，茎生叶基部抱茎；头状花序，紫色；总苞半球形，直径20 mm，3层，外层总苞片背面密被柔毛。花期 7—12 月。

**分布**：主要分布于日本和韩国。我国仅浙江和台湾有分布。浙江仅分布于嵊泗县的花鸟岛、泗礁山岛、嵊山岛等地。少见。

**生境与耐盐能力**：海岛特有植物，常与假还阳参等生长于强盐雾基岩海岸浪花飞溅区上缘的岩石缝隙，偶尔与厚藤、单叶蔓荆等生长于高潮线上缘海岸沙地。在朝鲜半岛东南部 Janggi 半岛，匙叶紫菀不仅可以在临海悬崖缝隙生长，是基岩海岸最靠近海水的植物，更是露出海中的礁石上的唯一的植物，生长环境的土壤电导率高达160～200 us/cm（Jung et al., 2019）。实验室水培条件下，可以在 NaCl 含量达 120 mmol/L 的 Hoagland 培养液中正常生长，其耐盐能力与芙蓉菊相当，被认为是菊科植物中耐盐能力最高的物种（管志勇等，2010）。

**特点与用途**：喜光不耐阴、耐瘠、耐寒；生命力顽强，枝叶密集、花大色艳，肥厚的叶片本身看上去就像一朵花，日本、韩国等已将其作为观赏植物栽培，并成功应用于海岸沙地植被恢复。在日本和韩国，嫩叶可食，全草用于治疗糖尿病及膀胱炎等。

**繁殖**：播种与分株繁殖。

◎ 开花植株

◎ 植株

◎ 结果植株

| 匙叶紫菀 | 耐盐 | A | 耐盐雾 | A | 抗旱 | A | 抗风 | A |
| --- | --- | --- | --- | --- | --- | --- | --- | --- |

# 南方滨海耐盐植物资源（二）

◎ 匙叶紫菀与海桐、光叶蔷薇、滨海薹草等生长于基岩海岸石缝（浙江嵊泗岛）

◎ 基岩海岸石缝中的匙叶紫菀（浙江嵊泗岛）

## 鬼针草

***Bidens pilosa*** Linn.

**别名**：白花鬼针草、金杯银盏、金盏银盆、盲肠草、大花咸丰草

**英文名**：Blackjack, Bidens Alba

菊科一年生直立草本，高 30～100 cm；茎钝四棱形，无毛或上部被极稀的柔毛；茎下部叶较小，3 裂或不分裂，中部叶为三出羽状复叶，顶生小叶长椭圆形或卵状长圆形；头状花序直径 2.5～4.2 cm，排成顶生疏伞房状花序；舌状花 5～7 枚，白色；管状花 26～80 枚，黄色；瘦果黑色，条形，顶端有 2 条刺芒，偶为 3 枚，容易挂在动物的毛皮以及人的衣服上携带传播。花果期全年。

◎ 花

**分布**：原产美洲，无意引入我国，浙江、福建、广东、广西、香港和台湾广泛分布。

**生境与耐盐能力**：生境广泛，除潮间带和密林下不能生长外，几乎可以在海边任何环境见到其踪迹。在福建漳浦后蔡湾，鬼针草可以在强盐雾海岸半固定沙丘至固定沙丘生长。CAB International（2021）认为鬼针草具有很高的耐盐能力。种子萌发过程对 pH 和盐胁迫有很强的适应性，在 pH 4～10 培养液中种子发芽率在 78.4%～94.4% 之间；盐度 0～320 mmol/L 范围内种子发芽率在 5.8%～95.1%（杜浩等，2020）。

**特点与用途**：喜光稍耐阴、耐瘠、耐旱亦耐水湿；适应性强，生长速度快，加上其惊人的繁殖能力和传播速度，且能释放化感物质抑制其他植物生长，对农林业生产以及生物多样性带来极大危害，被环保部（现生态环境部）列入中国外来入侵物种名单（第三批）。在美国，鬼针草被认为是危害最严重的世界性杂草之一。对土壤和水体有害物质有较强的吸收能力，在污水处理方面有较大的应用前景。全草可入药，性平，味甘、微苦，具清热解毒、利湿退黄的功效，广东民间常用于煮凉茶。

**繁殖**：播种繁殖。

◎ 果

| 鬼针草 | 耐盐 | B+ | 耐盐雾 | A- | 抗旱 | A- | 抗风 | A- |

## 南方滨海耐盐植物资源（二）

◎ 海岸沙地前沿的鬼针草（广东深圳南澳西涌）

◎ 鬼针草用于河道绿化及污水处理（广东深圳田面）

◎ 海岸沙地前沿的鬼针草（福建厦门环岛路）

# 天人菊

*Gaillardia pulchella* Foug.

**别名**：虎皮菊、老虎皮菊
**英文名**：Indian Blanket, Ggaillardia, Rose-ring Gaillardia

菊科一年生草本，高 20～60 cm；茎上部多斜升分枝，密被短柔毛或锈色毛；单叶互生，基部叶匙形或倒披针形，边缘具粗齿或浅裂；上部叶长椭圆形、倒披针形或匙形，全缘或具粗齿或浅裂，基部无柄或心形半抱茎，两面被伏毛；头状花序顶生，舌状花基部与中部的管状花紫红色，舌状花先端为黄色，一些变种的花冠完全为红色，仅在舌状花花瓣先端有一抹黄色；瘦果基部被长柔毛。花果期全年。

**分布**：原产北美，我国中、南部地区广泛栽培，栽培品种众多。是台湾澎湖地区分布最广也是最引人注目的植物，被选为澎湖县的县花，澎湖由此被称为菊岛。

**生境与耐盐能力**：海岸沙荒地常见植物，对海岸干旱和盐渍环境有很好的适应性（CAB International., 2021）。在福建平潭龙凤头，天人菊与铺地黍、海边月见草等成为强盐雾海岸沙地最前沿的植物。台湾澎湖每年秋冬季强劲的东北季风携带大量盐分，海煞危害严重，但天人菊几乎不受影响，在海岸沙地、山坡、路边随处可见，显示出强大的耐盐雾能力。

**特点与用途**：喜光稍耐阴、耐旱不耐水湿、耐瘠，在酸性土壤中生长不良，在阳光充足、干燥炎热的气候下生长良好；适应性强，繁殖容易，栽培管理简单，花姿妖娆，花色艳丽，花期长，是优良的防风固沙和园林绿化植物。

**繁殖**：播种与扦插繁殖。

◎ 花

◎ 果

◎ 植株

| 天人菊 | 耐盐 | A | 耐盐雾 | A | 抗旱 | A | 抗风 | A |

◎ 强盐雾海岸沙地单叶蔓荆、天人菊、卤地菊等组成灌草丛（台湾台北富贵角）

◎ 强盐雾海岸沙地的天人菊（福建平潭龙凤头）

◎ 强盐雾海岸草地自然生长的天人菊（台湾澎湖山水）

## 勋章菊

*Gazania rigens* Linn.

别名：勋章花、非洲太阳花
英文名：Coastal Gazania, Treasure Flower

菊科属多年生宿根草本，高 15～40 cm，具根茎；叶丛生，披针形或倒卵状披针形，全缘或浅羽裂，叶背密被白毛；头状花序具长梗，舌状花白、黄、橙红等色，基部具有环状的深色眼斑，形似勋章，勋章菊由此得名。花期 4—5 月。

**分布**：原产南非和莫桑比克，现世界各地广为栽培，品种众多。

**生境与耐盐能力**：对海岸沙荒地有一种本能的适应性。在澳大利亚东海岸，勋章菊是海岸半固定沙丘和固定沙丘的常见植物，澳洲人干脆将其命名为"Coastal Gazania"。在南非南部海岸，勋章菊与海滩雏菊（*Arctotheca populifolia*）是半流动沙丘的优势种，可形成圆锥形或半球形灌丛沙堆。

**特点与用途**：喜光不耐阴、耐旱不耐水湿、喜肥亦耐瘠、耐高温；生性强健，病虫害少，耐粗放管理，株型奇特，花色艳丽，花瓣富有光泽，花期长，花朵迎着太阳开放，日落后闭合，非常有趣，种子有自播繁衍能力，不仅是很好的固沙植物，也是滨海沙荒地构建低维护花坛或草坪的极佳植物。也是一种很好的诱虫植物。

**繁殖**：播种、分株与扦插繁殖。

◎ 花

◎ 植株

| 勋章菊 | 耐盐 | B+ | 耐盐雾 | A | 抗旱 | A | 抗风 | A |

◎ 海岸沙地前沿的勋章菊（澳大利亚昆士兰州黄金海岸）

◎ 强盐雾海岸沙地自然生长的勋章菊（澳大利亚昆士兰州黄金海岸）

## 鹿角草

*Glossocardia bidens*（Retzius）Veldkamp

别名：风茹草、香茹、香菇草
英文名：Herb of Smallflower Beggarticks

菊科多年生草本，常伏生成簇，高15～30 cm，根纺锤状，茎自基部分枝，小枝平展或斜升；基生叶密集，羽状深裂；茎中部叶稀少，羽状深裂；上部叶细小，线形；头状花序单生枝端，有1线状长圆形苞叶，舌状花黄色，管状花棕红色；瘦果黑色，扁平，具多数条纹，上端有2个被倒刺毛的芒刺。花期6—7月，果期8—9月。

**分布**：浙江、福建、广东、广西、海南、香港和台湾。台湾澎湖有野生，也有人工种植。少见。

**生境与耐盐能力**：海岸带与海岛特有植物，多生长于海拔不超过50 m的海岸迎风面山坡稀疏的草丛、石缝及沙荒地等。在福建惠安崇武、石狮祥芝等地，鹿角草生长于强盐雾海岸稀疏草丛和石缝，部分个体可以与假还阳参、烟豆等生长于浪花飞溅区。而在台湾垦丁，鹿角草与卵叶灰毛豆等生长于珊瑚礁缝隙。

**特点与用途**：喜光不耐阴、耐旱不耐水湿、耐瘠、耐热；全草药用，有清热、解毒、消肿、活血化瘀之功效，用于治疗中暑、降肝火等，民间将其作为退热、解毒、抗发炎之用药，为澎湖最常见的青草茶，被评为澎湖最值得开发的六种药用植物之一，具有较高的经济价值。

**繁殖**：播种繁殖。

◎ 花

◎ 果

◎ 繁殖枝

| 鹿角草 | 耐盐 | A | 耐盐雾 | A | 抗旱 | A | 抗风 | A |

◎ 生长于强盐雾海岸高位珊瑚礁的鹿角草（台湾垦丁猫鼻头）

◎ 强盐雾海岸与台湾灰毛豆等生长于高位珊瑚礁上的鹿角草（台湾垦丁猫鼻头）

## 菊芋

**Helianthus tuberosus** Linn.
别名：洋姜、鬼子姜
英文名：Jerusalem Artichoke

菊科多年生宿根草本，高 2～3 m，茎具刚毛；地下根茎呈块状，肥厚，形如生姜，故俗称洋生姜；单叶对生，卵形或长卵形，叶面粗糙；头状花序，花黄色；瘦果楔形，有毛。花期 8—9 月。因其地上似菊，地下似芋，菊芋由此得名。

**分布**：原产北美，我国福建以北各省区普遍栽培。

**生境与耐盐能力**：虽然没有学者将菊芋归为盐生植物，但菊芋存在明显的低盐促进生长现象，茎具有贮存 $Na^+$ 和 $Cl^-$ 的能力（夏天翔等，2004），表现出一些盐生植物的特征。在水培条件下，盐度 3.3 g/L 对菊芋幼苗生长发育有一定的促进作用，盐度 8.3 g/L 培养液对菊芋的生长没有影响，在盐度 16.6 g/L 的海水中能够存活（隆小华等，2005，2006）。夏天翔等（2004）在山东莱州湾进行了利用海水灌溉菊芋的大田实验，发现 10% 的海水灌溉可提高菊芋产量，30% 海水灌溉地上部和块茎减产不明显。在黑龙江松嫩平原，选育的耐盐菊芋品种可以在重盐碱退化草地生长并结出块茎（阎秀峰等，2008）。在滨海半干旱的轻度盐渍化砂壤土上，盐度 8.3 g/L 的海水灌溉下仍能够获得高产，盐度 33.3 g/L 的海水灌溉下仍能够存活（刘兆普等，2003；赵耕毛等，2005）。

**特点与用途**：喜光不耐阴、耐瘠、耐寒；适应性强，无病虫害，栽培容易，非常适合非耕地粗放种植；块茎产量高，营养丰富，不仅可作蔬菜，又可作为医药、保健食品、生物能源材料，是滨海地区不可多得的生态经济型植物。筛选的一些耐盐品种已经在江苏、山东、辽宁等地的沿海滩涂种植，显示出良好的生态经济效益（薛志忠等，2014）。块茎菊粉含量高，是理想的功能性食品配料（韩丽等，2014）。茎叶和地下块茎是优良的家畜饲料。秸秆纤维含量高，是理想的造纸原料。

**繁殖**：地下块茎繁殖。

◎ 花

◎ 块茎

| 菊芋 | 耐盐 | B+ | 耐盐雾 | B | 抗旱 | B+ | 抗风 | B+ |

南方滨海耐盐植物资源（二）

◎ 花枝

◎ 植株

# 剪刀股

*Ixeris japonica*（Burm. f.）Nakai

别名：细叶剪刀股、低滩苦荬菜、沙滩苦荬菜、鸭舌草
英文名：Herb of Weak Ixeris

菊科多年生草本，高 10～30 cm，茎匍匐，节上长根；基生叶匙状倒披针形或舌形，全缘、浅锯齿或具羽状裂片；茎生叶少数，与基生叶同形或长椭圆形或长倒披针形，无柄或渐狭成短柄；头状花序排列成伞房状，有梗，花黄色，花冠舌状，先端 5 齿裂；瘦果熟后褐色，纺锤形，冠毛白色。热带亚热带地区花果期几乎全年。

**分布**：浙江、福建、广东、广西、香港和台湾等。偶见。

**生境与耐盐能力**：常生长于海岸低湿地、沙地或近海的砂质荒地。横走的匍匐茎长埋于沙地，常见于大潮可以淹及的低地，低滩苦荬菜由此得名。在河北，剪刀股被认为是碱化盐渍土的指示植物，可以在高 pH 中等含盐量的土壤上生长（吴尔生等，1982）。但在南方海岸，剪刀股表现出较高的耐盐能力。在福建漳浦火山地质公园和六鳌，剪刀股正常生长于强盐雾海岸高潮线上缘海岸沙地，也可以与厚藤等生长于浪花飞溅区迎风面山坡石缝；在福建连江粗芦岛，剪刀股生长于废弃的鱼塘堤上，部分植株被盐度 23 g/L 的海水长期浸泡，生长正常。而在福建台山列岛，从高潮线上缘到海拔几十米的强盐雾海岸迎风面山坡草地均有分布。

**特点与用途**：喜光不耐阴、耐旱亦耐水湿、耐瘠；全草入药，味苦、性寒，具有清热解毒、利尿消肿的功效，用于治疗肺热咳嗽、喉痛、口腔溃疡、急性结膜炎、阑尾炎、水肿和小便不利等。根及嫩茎叶可作为野菜食用。

**繁殖**：播种与分株繁殖。

◎ 花

◎ 果

◎ 与白花马鞍藤等生长于强盐雾海岸沙地的剪刀股
（台湾台北富贵角）

| 剪刀股 | 耐盐 | A- | 耐盐雾 | A | 抗旱 | A- | 抗风 | A |

◎ 生长于强盐雾海岸的剪刀股（福建福鼎西台山岛）

◎ 生长于强盐雾海岸礁石缝隙的剪刀股（福建漳浦六鳌）

# 光梗阔苞菊

**Pluchea pteropoda** Hemsl.
别名：翅烟茜
英文名：Winged Pluchea

菊科多年生草本或亚灌木，高 10～35 cm，茎多分枝，全株无毛；单叶互生，倒卵状长圆形或倒卵状匙形，边缘有锯齿，无叶柄；头状花序多数，在枝端排成伞房花序；总苞卵状球形或阔钟形，苞片 5～6 层；雌花多数，丝状；两性花少数，花冠管状；瘦果圆柱形，具 4 棱，冠毛白色，宿存，与花冠等长。花期 5—12 月。光梗阔苞菊与阔苞菊生境相同，形态类似，常被混淆，但本种植株矮小，全株无毛。

**分布**：福建、广东、广西、海南、香港和台湾。偶见。

**生境与耐盐能力**：典型海岸植物，常见于仅受大潮影响的红树林林缘、鱼塘堤岸、水沟两侧及海岸沙地等，有人称其为红树林伴生植物或半红树植物。在广西珍珠湾，光梗阔苞菊正常生长于大潮时潮水可淹及的泥沙质滩涂，实测水体盐度为 32 g/L。而在福建龙海的一些岛屿，光梗阔苞菊生长于浪花飞溅区的海岸石缝中。赵可夫等（2013）将其归为盐生植物。

**特点与用途**：喜光稍耐阴、耐旱又耐水湿、耐瘠；与阔苞菊形态相似，常被当做阔苞菊使用。就其本身而言，因植株矮小，目前尚未引起注意。

**繁殖**：播种繁殖。

◎ 花序

◎ 果

◎ 生长于鱼塘堤岸的光梗阔苞菊（海南儋州新英湾）

| 光梗阔苞菊 | 耐盐 | A- | 耐盐雾 | A | 抗旱 | A- | 抗风 | A |

◎ 生长于大潮可淹及红树林林缘的光梗阔苞菊（海南海口东寨港）

◎ 生长于盐田堤岸的光梗阔苞菊（海南三亚榆林河）

◎ 生长于强盐雾海岸石缝的光梗阔苞菊（海南昌江棋子湾）

# 羽芒菊

***Tridax procumbens*** Linn.

别名：长柄菊

英文名：Procumbent Tridax, Coat Buttons

菊科多年生铺地草本，茎纤细，平卧，节处常生多数不定根；基部叶略小，花期凋萎，中部叶有长达 1 cm 的柄，叶片披针形或卵状披针形，上部叶小，卵状披针形至狭披针形；头状花序少数，单生枝顶；两性花多数，花冠管状；瘦果陀螺形、倒圆锥形或稀圆柱状，干时黑色，密被疏毛，冠毛上部白色，下部黄褐色，羽毛状。花果期几乎全年。

**分布**：原产热带美洲，我国福建、广东、广西、海南、香港和台湾有分布。常见。

**生境与耐盐能力**：羽芒菊生境多样，在海岸沙荒地、鱼塘堤岸、路边、林缘、坡地以及路旁均可见其踪迹，也是最先侵入海岸植被破坏后形成的采伐迹地的植物。从羽芒菊海岸带分布及生长状况看，其对海岸沙地环境有较强的适应性。在海南岛西南部海岸沙地，羽芒菊从海岸流动沙丘、半流动沙丘到距离海岸很远的海岸沙荒地均有分布。一般认为，羽芒菊具有中度耐盐能力（Chauhan & Johnson，2008）。Zulkaliph et al.（2011）报道了利用高盐海水喷灌方式治理强耐盐植物海滨雀稗草坪杂草，发现羽芒菊对盐分较敏感，含盐量 24 dS/m 的盐溶液喷灌 2 周后植株受害明显。种子发芽试验结果表明，88.2 mmol/L NaCl 溶液使发芽率下降 50%，当培养液 NaCl 浓度超过 100 mmol/L 时，种子发芽率为 0%（Chanhan & Johnson，2008）。

**特点与用途**：喜光稍耐阴、耐旱不耐

◎ 花

◎ 果

水湿、耐瘠；适应性强，水分供应充足时生长迅速，无病虫害，覆盖性好。性寒，微甘苦，具有治疗肝炎、高血压、小便不利及痢疾之功效，叶和花有抗菌消炎的作用，常用于外伤止血。草质柔嫩多汁，是牛、羊、猪和兔的优良饲料。由于适应性强，繁殖迅速，在一些地方成为危害农作物的杂草。

**繁殖**：播种与分株繁殖。

| 羽芒菊 | 耐盐 | B | 耐盐雾 | A | 抗旱 | A | 抗风 | A |

◎ 植株

◎ 海堤上成片生长的羽芒菊（广东深圳新圳河口）

◎ 生长于强盐雾海岸高位珊瑚礁上的羽芒菊（台湾垦丁白沙湾）

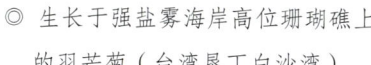

◎ 生长于海岸半流动沙地上的羽芒菊（海南东方昌化江口）

# 碱蓬

***Tripolium pannonicum*** (Jacquin) Dobroczajeva

别名：铁秆蒿、竹叶菊、金盏菜、灯笼花
英文名：Sea Aster, Seashore Aster

菊科一年生直立草本，高 20～50 cm，最高可达 1 m，茎有棱，基部带红色；叶互生，微肉质，长圆形或线形；头状花序放射状，于枝顶作伞房花序式排列；总苞片 2—3 列，边缘常带红色；舌状花 1 层，蓝紫色或浅红色；管状花多数，两性，花冠顶端有 5 个不等长的裂片；瘦果圆柱形，具厚边肋，两面各有 1 细肋；白色冠毛长约 15 mm。花果期 8—12 月。

**分布**：主要分布于浙江杭州湾以北海岸，近年来在宁波舟山、温州及福建福鼎均有发现。

**生境与耐盐能力**：真盐生植物，多见于低湿盐碱地，如高潮带滩涂、鱼塘堤岸、盐碱斑、盐碱湿地和碱湖边，是盐碱荒地的先锋植物，也是盐碱土指示植物。可以在土壤含盐量 6 mg/g～24 mg/g，pH 为 8.0 潮湿重盐碱地正常生长（谭海霞，2013）。在山东东营，碱蓬可以在含盐量高达 24.7 mg/g 的土壤上正常生长（孔令安等，2002）。实验室水培条件下，培养液 NaCl 含量 40～160 mmol/L 对其种子萌发没有影响（魏佳丽等，2010）。

**特点与用途**：喜光不耐阴、耐湿；繁殖容易，无需特殊管护即可生长良好，花多色艳，花期长，味香，株型整齐，是滨海地区良好的水土保持植物和盐碱地地被植物。

**繁殖**：播种繁殖。

◎ 花

◎ 果

◎ 幼株

| 碱蓬 | 耐盐 | A- | 耐盐雾 | A- | 抗旱 | B | 抗风 | B+ |
|---|---|---|---|---|---|---|---|---|

南方滨海耐盐植物资源（二）

◎ 淤泥质海岸填海区的碱蓬（江苏启东圆陀角）

◎ 淤泥质海岸高潮线上缘的碱蓬（浙江慈溪庵东）

◎ 海岸鱼塘边碱蓬冬季景观（浙江慈溪庵东）

## 川蔓藻

*Ruppia maritima* Linn.

别名：沟草、流苏菜
英文名：Wigeongrass, Duck Grass, Beaked Tasselweed

眼子菜科一年生或多年生沉水草本，茎多分枝，呈丛生状；叶纤细、窄线形，具明显中肋；穗状花序长有花2朵，花小，两性，花被缺，包藏于叶鞘内的短梗上，花后，梗伸出鞘外；果实呈略斜的广卵圆形，不开裂，4～6枚簇生于总果柄上；瘦果卵状，具短喙。花果期4—6月。

**分布**：广泛分布于全球温带、亚热带和热带海岸及盐湖。偶见。

◎ 生长于盐田的川蔓藻（海南东方墩头）

**生境与耐盐能力**：滨海地区水动力较差、透明度较高的咸水水体最早出现的盐生植物（赵大昌等，1996），永久或临时被水淹没的中等盐度到高盐的海岸水体如河口、小海湾、泻湖、鱼塘、虾池和废弃盐田都可以见其踪迹，也可以在内陆淡水、高盐沼泽和湖泊湿地中生长。川蔓藻是一个具有显著耐盐性的淡水植物种，被认为是对盐度适应性最强的沉水植物，比其他沉水被子植物具有更广泛的盐度容忍性，在盐度0～70 g/L范围内都能存活（Kantrud，1991）。在海南三亚榆亚盐场，川蔓藻正常生长于水体盐度达31 g/L的盐田中。

**特点与用途**：对水体盐度和碱度广泛的适应性以及在富营养化水体中的快速生长能力使川蔓藻成为滨海地区高盐水体沉水植物重建的先锋植物。研究表明，川蔓藻出现在pH值为6.0～10.4的自然水体中（邓培雁等，2011），对富营养化水体表现出强大的N、P富集能力（王卫红等，2008）。这些特性使得其在高含盐量污水处理中具有很好的应用前景。充足的光照、弱的水流、低的浑浊度以及淡水的补充有利于其生长。

◎ 海岸积水洼地的川蔓藻（海南三亚铁炉港）

**繁殖**：播种和分茎段繁殖。

| 川蔓藻 | 耐盐 | A | 耐盐雾 | — | 抗旱 | — | 抗风 | — |

◎ 生长于废弃鱼塘的川蔓藻（海南三亚榆林港）

◎ 生长于盐田的川蔓藻（海南三亚榆林港）

# 薤白

***Allium macrostemon*** Bunge

别名：小根蒜、密花小根蒜、胡葱、删蒜
英文名：Longstamen Onion Bulb

百合科多年生宿根草本，鳞茎近球状，基部常具小鳞茎；叶3～5枚，半圆柱状，或因背部纵棱发达而为三棱状半圆柱形，中空；伞形花序半球状至球状，具多数暗紫色珠芽；花淡紫色或淡红色，花丝稍长于花被；蒴果倒卵形，先端凹入。花果期5—7月。

**分布**：除青海和新疆外，全国各地常见，部分地区有人工栽培。

**生境与耐盐能力**：生境类型多样，常见于山坡草地。在海边多见于海岸山坡灌草丛，薤白是基岩海岸石缝中的常客。在浙江舟山岛南沙、平阳县南麂列岛等地，薤白生长于强盐雾基岩海岸石缝，一些植物可以在浪花飞溅区生长。

**特点与用途**：喜光稍耐阴、耐旱亦耐湿、耐瘠、耐低温；适应性强，对土壤要求不严，无病虫害，栽培容易，香气浓郁，地下鳞茎及嫩茎叶含有丰富的生物活性成分，类似蒜、葱，不仅可以作为野生蔬菜，还具有药用价值，是药食同源植物，我国有数千年的使用和栽培历史。地下鳞茎入药，性温，味苦、辛，具理气、宽胸、通阳、散结、导滞的功效，用于治疗胸痹、心痛彻背等。

**繁殖**：播种与分鳞茎繁殖，也可以用珠芽繁殖。

◎ 花序

◎ 珠芽

| 薤白 | 耐盐 | B+ | 耐盐雾 | A | 抗旱 | A | 抗风 | A |

◎ 生长于基岩海岸浪花飞溅区的薤白（浙江舟山南沙）

◎ 生长于强盐雾海岸迎风面山坡沙荒地的薤白（福建龙海白塘湾）

## 石刁柏

***Asparagus officinalis*** Linn.

别名：芦笋、龙须菜
英文名：Common Asparagus

百合科多年生宿根直立草本，高达 1 m，具肉质根；叶状枝 3～6 枚成簇，近圆柱形，稍压扁，纤细，叶鳞片状；雌雄异株，花 1～4 朵腋生，绿黄色；浆果球形，成熟时红色，内有 2～3 颗种子。因其嫩茎挺直，形似芦苇的嫩芽和竹笋，顶端鳞片紧包，形如石刁，枝叶展开酷似松柏针叶，芦笋和石刁柏由此得名。花期 5—6 月，果期 9—10 月。

**分布**：原产地中海沿岸，我国南北各地作为蔬菜广泛栽培。

**生境与耐盐能力**：一般品种在含盐量不超过 3 mg/g 的土壤上均可以正常生长。山东东营市农科所筛选出的芦笋耐盐品种在含盐量 8 mg/g～10 mg/g 的土壤中生长正常。谭巍巍等（2006）发现，芦笋幼苗在 NaCl 含量高达 300 mmol/L 的培养液中生长良好，显示出较强的耐盐能力。

**特点与用途**：适应性强，喜光不耐阴、耐瘠薄、耐旱不耐渍水，要求排水良好的沙质土壤。具有适应风沙化土地的生物学特征，具有很强的改良土壤作用，能有效利用和改良盐碱化土壤，是治理南方风沙化土地的理想作物。营养丰富，是世界上十大名菜之一，有"蔬菜之王"的美称，被认为是二十一世纪最具有发展潜力的高级保健蔬菜。

**繁殖**：播种繁殖，也可分株繁殖。

◎ 花蕾

◎ 花

| 石刁柏 | 耐盐 | B+ | 耐盐雾 | A- | 抗旱 | A- | 抗风 | A |
|---|---|---|---|---|---|---|---|---|

◎ 幼芽（商品芦笋）

◎ 变态枝

◎ 果

◎ 芦笋田

# 狭叶龙舌兰

***Agave angustifolia*** Haw.

别名：波罗麻、银边缝线麻（银边变种）
英文名：Narrow Leaf Century Plant, Caribbean Agave

龙舌兰科多年生大型草本多肉植物，全株呈半球形，较老植株有高不超过 0.5 m 的茎；叶莲座式排列，肉质，剑形，淡绿色，长 50～60 cm，宽 6～8 cm，边缘有小锯齿，顶有暗褐色尖刺；圆锥花序高 5～7 m，有少数分枝，分枝扩展，顶端再三歧分枝；花黄绿色；蒴果近球形，淡白绿色，熟后变黑，顶端有短喙。一般夏季开花，花后花茎上会形成大量珠芽。母株花后枯死。

**分布**：原产美洲，我国南方各省区引种栽培供制船缆、绳索、麻袋、造纸等的原料，广东、海南等地有逸为野生。变种银边狭叶龙舌兰（*Agave angustifolia* var. *marginata* Tre.）广泛应用于园林绿化。

**生境与耐盐能力**：普遍认为龙舌兰类植物具有较高的耐盐与耐盐雾能力。而狭叶龙舌兰则表现出对海岸环境非常好的适应能力。在广东深圳澳头西涌，狭叶龙舌兰生长于强海风吹袭的海岸沙地，是海岸沙地最前缘的植物之一；而在海南儋州峨蔓镇，狭叶龙舌兰与银毛树、仙人掌和露兜树等生长于大潮可以淹及的海岸沙地，显示出极强的耐盐与耐盐雾能力。而在福莆田湄洲岛，秋冬季时生长于强盐雾海岸迎风面山坡的台湾相思、车桑子等植物一片枯黄，只有银边狭叶龙舌兰生长正常。

**特点与用途**：喜光稍耐阴、耐瘠、不耐渍水，有一定的耐寒能力（可以耐 –4℃ 的短时间低温，一般栽培情况下冬季温度不能低于 5℃）。对土壤适应性广，尤其是对海岸沙地具有很强的适应性，病虫害少，栽植成功后几乎不需要任何维护，是海岸绿化的优良植物。叶片纤维是制作船缆、绳索、麻袋、造纸等的原料。

**繁殖**：珠芽繁殖为主，也可分株与播种繁殖。

◎ 果和珠芽

◎ 生长于高潮带上缘砾石滩的狭叶龙舌兰（海南儋州峨蔓）

| 狭叶龙舌兰 | 耐盐 | A | 耐盐雾 | A | 抗旱 | A | 抗风 | A |

## 南方滨海耐盐植物资源（二）

◎ 海岸沙地前沿的狭叶龙舌兰（广东深圳澳头西涌）

◎ 生长于海岸沙地刺灌丛狭叶龙舌兰（海南儋州峨蔓）

◎ 生长于强盐雾海岸迎风面山坡的银边狭叶龙舌兰（福建莆田湄洲岛）

◎ 生长于海岸沙地刺灌丛最前沿的狭叶龙舌兰（海南儋州峨蔓）

## 千手丝兰

**Yucca aloifolia** Linn.
别名：王兰、芦荟叶丝兰、千手兰、百叶丝兰
英文名：Aloe Yucca, Spanish Bayonet, Dagger Plant

龙舌兰科常绿灌木，有明显的茎，高 2～6 m；叶莲座状旋迭密生茎干至茎顶，挺直向上斜展，深绿色，剑形，质硬，顶端具硬刺，叶缘粗糙具不规则之细小锯齿，下部叶干枯常不脱落；大型圆锥花序直立，高近 1 m；花杯状，白色至青紫色，下垂，芳香；子房基部有短柄；蒴果卵状长圆形，成熟后不开裂；种子扁平，种皮黑色。常见开花，罕见结果。

千手丝兰和凤尾丝兰（*Y. gloriosa*）形态相近，但后者叶光滑，子房基部无短柄，可以区别。常见栽培种王兰（*Y. × vomerensis* Sprenger）是千手丝兰和凤尾丝兰的杂交种，形态介于这两个物种之间。

**分布**：原产墨西哥，我国福建、广东、广西、海南、香港和台湾有引种。少见。

**生境与耐盐能力**：典型海岸植物，常见于海岸沙丘和土堤等地。在澳大利亚昆士兰州南部的黄金海岸，千手丝兰生长于受强海风吹袭的基岩海岸浪花飞溅区，表现出极强的耐盐雾能力。

**特点与用途**：喜光稍耐阴、耐旱不耐水湿、耐瘠；适应性广、抗逆性强，栽培容易，管理粗放，花叶俱美，姿态奇特，在我国南北庭园中均有栽培，是滨海地区园林绿化的好材料。

**繁殖**：分株与埋茎繁殖。

◎ 果

◎ 植株

| 千手丝兰 | 耐盐 | A | 耐盐雾 | A+ | 抗旱 | A+ | 抗风 | A+ |

南方滨海耐盐植物资源（二）

◎ 生长于强盐雾海岸浪花飞溅区的千手丝兰（澳大利亚昆士兰州黄金海岸）

◎ 生长于强盐雾海岸浪花飞溅区的千手丝兰（澳大利亚昆士兰州黄金海岸）

# 水仙

***Narcissus tazetta* var. *chinensis* Roem.**

别名：中国水仙、水仙花、天葱、雅蒜、金盏银盘、凌波仙子

英文名：Chinensis Narcissus

石蒜科多年生草本球根花卉，鳞茎球状卵圆形，外被棕褐色皮膜；叶丛生鳞茎顶端，直立，扁平，带状，全缘；花茎几与叶等长，中空，扁平；总苞片佛焰状，膜质；伞形花序着生于茎顶，有花5～7朵；花白色，浓香，副花冠浅杯杯状，黄色；蒴果成熟时自动开裂，种子黑色（观赏水仙为3倍体，不结实）。花期春季。

**分布**：原产地中海沿岸，我国浙江和福建海岛上的"野生"水仙是古代海上丝绸之路过往外国商船的舶来品（陈心启和吴应样，1982）。浙江和福建的近百个岛屿有"野生"水仙分布，尤以舟山群岛居多。浙江平阳南麂岛北面的竹屿、大檑岛盛产水仙花，被称为水仙花岛。水仙是福建省的省花，福建漳州市和浙江舟山市的市花，福建平潭县的县花。福建漳州和上海崇明岛是我国水仙的主产地。

◎ 花

**生境与耐盐能力**：海岸带与海岛特有植物。我国浙江和福建海岛"野生"水仙常见于海岛迎风面山坡，从高潮线上缘至海拔50 m均有分布。光绪年间的《定海厅志》记载水仙成片生长在岛屿的滩涂上。在浙江平阳县南麂列岛的大檑山岛，水仙可生长于高潮线上缘的砾石堆中。而在福建平潭岛君山，水仙生长于强盐雾海岸迎风面山坡。室内水培试验发现，在盐度高达20 g/L培养液中，除根、叶和花葶稍短外，水仙能正常开花，且未见明显盐害症状（卞阿娜，个人资料）。250 mmol/L 的 NaCl 可以对水仙的一些栽培品种造成一定程度的伤害，但没有对光系统造成不可逆的破坏，叶片保持绿色（李全超等，2019）。300 mmol/L 的 NaCl 喷洒实验证明其有较强的耐盐雾能力（Bian & Pan, 2018）。

◎ 花

**特点与用途**：喜光稍耐阴、休眠期间非常耐旱，耐水湿；生命力顽强，易栽培，花朵秀丽，叶片青翠，芳香，适于盆栽，花期正值"元旦"、"春节"，是中国十大名花，已有一千多年的栽培历史，是滨海地区园林绿化的极佳植物。鳞茎有毒，误食可引起痉挛、腹泻、瞳孔放大等中毒症状。鳞茎含石蒜碱、多花水仙碱等生物碱，外科用作镇痛剂，捣烂敷治痈肿。

**繁殖**：常用分侧球繁殖，也有侧芽繁殖和双鳞片繁殖。

◎ 植株

| 水仙 | 耐盐 | A- | 耐盐雾 | A | 抗旱 | B | 抗风 | A- |
| --- | --- | --- | --- | --- | --- | --- | --- | --- |

◎ 野生水仙（浙江平阳南麂列岛大擂山岛）

◎ 野生水仙（浙江平阳南麂列岛大擂山岛）

## 射干

***Belamcanda chinensis*** (Linn.) Redouté

**别名**：寸干、乌扇、扁竹、鬼扇、紫良姜、铁扁担、野萱花、老君扇

**英文名**：Black-berry Lily, Leopard Flower, Leopard Lily

鸢尾科多年生宿根草本，根状茎鲜黄色，不规则结节状；茎直立，高50～150 cm；叶扁平，宽剑形，对折，互相嵌叠，排成2列，先端渐尖，基部抱茎；聚伞花序伞房状顶生，叉状分枝，枝端着花数朵；花橙红色，散生紫褐色的斑点；蒴果倒卵形或长椭圆形，具3纵棱；种子多数，近球形，黑紫色，有光泽，英文名 Black-berry Lily（黑莓百合）由此得名。花期6—8月，果期8—9月。

**分布**：浙江、福建、广东、广西、海南、香港和台湾。也有人工栽培供观赏或药用。常见。

**生境与耐盐能力**：常见于海岸带与海岛向阳山坡和沙质海岸固定沙丘。在山东等地，射干常被归为耐盐植物，但栽培实验发现，射干的耐盐能力低下，只能在中轻度盐渍化土壤生长（贾晓东等，2010）。种子不能在含盐量10 mg/g 的土壤中发芽，在含盐量2.5 mg/g 的土壤中发芽情况一般（刘会超，2005）。但是，在福建平潭、漳浦、东山等重盐雾海岸，射干可以在海岛迎风面山坡生长，表现出很强的耐盐雾能力。

**特点与用途**：喜光稍耐阴、耐旱不耐水湿、耐瘠；适应性强，对土壤要求不严，花形飘逸，有趣味性，适用于做花镜，也是滨海地区优良的地被植物，更是优良的诱蝶植物。根状茎药用，味苦、性寒、微毒，为传统大宗中草药，具清热解毒、散结消炎、消肿止痛和止咳化痰功效，用于治疗喉痹咽痛、瘰疬结核、妇女经闭和痈肿疮毒等。

**繁殖**：分株繁殖，也可播种繁殖。

◎ 花

◎ 果

◎ 成熟种子

| 射干 | 耐盐 | B- | 耐盐雾 | A- | 抗旱 | A- | 抗风 | A |
| --- | --- | --- | --- | --- | --- | --- | --- | --- |

南方滨海耐盐植物资源（二）

◎ 植株

◎ 生长于强盐雾海岸迎风面山坡灌木林下的射干（福建平潭潭南湾）

◎ 生长于强盐雾基岩海岸浪花飞溅区上缘的射干（福建东山苏峰山）

## 牛轭草

***Murdannia loriformis***（Hassk.）R. S. Rao et Kammathy

**别名**：鸡嘴草、水竹草、狭叶水竹草、地蓝花
**英文名**：Simplex Murdannia, Narrow-leaved Melodinus

鸭跖草科多年生匍匐草本，主茎不发育，多条可育茎从叶丛中发出；基生叶莲座状，互生，禾叶状或剑形，稍肉质，叶面铜绿色，叶背淡紫红色；茎生叶较小；蝎尾状聚伞花序近于头状，顶生，花梗短；花密集排列，蓝色，花瓣卵形，与花萼近等长，上午开花，午前即谢；苞片卵形，疏离而不成覆瓦状，早落；蒴果卵形，有棱，每室有2颗种子；种子具辐射状条纹，棕色至棕褐色。花期4—10月，果期7—11月。

**分布**：浙江、福建、广东、广西、海南、香港和台湾。偶见

**生境与耐盐能力**：海岸带与海岛常见植物，常见于海岸沙地、草地及沙荒地。一般认为牛轭草耐旱能力稍差（汤聪等，2014）。但是，野外调查发现，牛轭草常见于极度干旱的海岸环境。在福建南安大百岛，牛轭草生长于海岸迎风面结缕草草丛，部分植株可以分布到浪花飞溅区，表现出很强的耐盐、耐旱与耐盐雾能力。而在福建石狮祥芝，牛轭草生长于海岸木麻黄林林隙沙地。

**特点与用途**：喜光稍耐阴、耐瘠、耐旱不耐水湿、耐热；分蘖繁殖能力较强，耐粗放管理，叶色异雅，是滨海地区有推广前景的地被植物。此外，研究显示，牛轭草在屋顶绿化方面具有较好的应用前景（汤聪等，2013，2014）。全草药用，具有清热止咳、解毒、利尿之功效，常用于小儿高热、肺热咳嗽、赤肿痛、热痢、疮痈肿毒、热淋、小便不利等。在泰国，牛轭草是传统药材，药品牛轭草胶囊对乳腺增生具有较好功效，常被中国游客购买。

**繁殖**：播种与分株繁殖。

◎ 花

◎ 果

◎ 植株

| 牛轭草 | 耐盐 | B+ | 耐盐雾 | A | 抗旱 | A | 抗风 | A |
| --- | --- | --- | --- | --- | --- | --- | --- | --- |

◎ 海岸沙地的牛轭草

◎ 强盐雾海岸结缕草草丛中的牛轭草（福建南安大百岛）

# 紫竹梅

*Tradescantia pallida*（Rose）D. R. Hunt

别名：紫鸭跖草、紫锦草

英文名：Purple Heart, Purple Queen, Wandering Jew, Walking Jew

鸭跖草科多年生半蔓性草本，稍肉质，高达 30 cm，茎多分枝，紫红色，上部近直立，下部匍匐，节上生根；叶互生，紫红色，无柄，披针形，卷曲状，全缘，基部抱茎成鞘，被细绒毛；花密生在二叉状花序柄上，花色桃红，花瓣 3，广卵形；种子未见。花期全年。

**分布**：原产墨西哥东海岸，我国南北各地广泛栽培，浙江温州以南地区可以露地栽培。

◎ 花

**生境与耐盐能力**：美国夏威夷大学 Bezona 等（2009）将其归为具有中等耐盐能力和中等耐盐雾能力的地被植物，在一线海岸种植必须有遮挡。美国弗吉尼亚州 WateReuse Foundation 将其归为具有高耐盐雾能力和中等耐盐能力的地被植物。而 Wu & Dodge（2005）将其归为有很强（highly tolerant）耐盐雾能力的植物，当高含盐量灌溉水（$Na^+$ 含量 600 mmol/L 和 $Cl^-$ 含量 900 mmol/L）喷淋植物时没有任何盐害症状。它也有较强的耐盐能力，可以在含盐量 4～6 dS/m 的土壤中正常生长（Wu & Dodge, 2005）。2018 年 4 月，我们在福建厦门土屿（3～4 级盐雾区）发现人工栽培的紫竹梅，生长于贫瘠的海岸石缝，与其生长在一起的三角梅、小叶榕表现出较严重的盐雾危害症状，而紫竹梅没有表现出任何盐雾危害症状。

**特点与用途**：喜光亦耐阴、耐旱又耐水湿、耐瘠；对环境有广泛的适应能力，管理粗放，无病虫害，生长速度快，种植后无需维护；花色桃红，花期长，植株全年呈紫红色，特色鲜明，是滨海地区优良的地被植物。提取的天然色素水溶性好、颜色鲜艳自然、性质稳定，可用于饮料及化妆品等。全草药用，具有清热解毒、活血化瘀、健脾利尿的功效，用于治疗痈疽肿毒、蛇泡疮、瘰疬结核、淋病，外用捣敷或煎汤洗。

◎ 枝

**繁殖**：分株与扦插繁殖。

| 紫竹梅 | 耐盐 | A- | 耐盐雾 | A- | 抗旱 | A- | 抗风 | A |
|---|---|---|---|---|---|---|---|---|

◎ 无居民海岛人工种植后无管养的紫竹梅（福建厦门土屿）

◎ 强盐雾海岸人工种植的紫竹梅（福建厦门土屿）

# 台湾芦竹

***Arundo formosana*** Hack.
别名：荻芦竹
英文名：Taiwan Giantreed, Pendent Reed

禾本科多年生草本，具发达根状茎，植株矮小，秆高 0.3～1.0 m，常向下悬垂；叶鞘长于节间，平滑无毛；叶披针形，顶端渐尖，基部具长毛，边缘粗糙；顶生圆锥花序长 20～30 cm，较疏松；小穗含花 3～5 朵，长 6～7 mm；颖披针形，厚纸质；外稃背部具长约 3 mm 之丝状柔毛；颖果长 1.5～3 mm。花果期 6—12 月。

◎ 植株

**分布**：台湾特有植物，台湾北部海岸常见。

**生境与耐盐能力**：在台湾北部富贵角、野柳等强盐雾海岸，台湾芦竹常见于基岩海岸陡峭的崖壁，岩缝有一点积土处便有台湾芦竹的生长。它们多紧贴崖壁或地表生长，叶片灰绿色，表面常附有大量海风刮来的沙粒，在强盐雾环境下未表现出任何盐雾危害症状。部分植株可以在浪花飞溅区石缝正常生长。

**特点与用途**：喜光不耐阴、耐旱、耐瘠。对于基岩海岸环境有很强的适应性，是基岩海岸的先锋植物和水土保持植物。1999 年台湾 921 大地震（7.3 级）重灾区九九峰自然保护区因泥石流导致植被遭受毁灭性破坏，台湾芦竹是震后陡峭坡地最先恢复、生长最好的植物种类（Tsai & Feng, 2014），显示其在基岩海岸植被恢复中的潜在应用价值。由于其个体矮小，分布范围小，相关研究很少，目前还不清楚它是否与芦竹（*Arundo donax*）一样可以在湿地环境生长。

◎ 生长于强盐雾海岸迎风面山坡的台湾芦竹（台湾基隆野柳公园）

**繁殖**：埋根茎繁殖。

| 台湾芦竹 | 耐盐 | A | 耐盐雾 | A | 抗旱 | A | 抗风 | A |
| --- | --- | --- | --- | --- | --- | --- | --- | --- |

南方滨海耐盐植物资源（二）

◎ 生长于海岸迎风面山坡的台湾芦竹（台湾台北富贵角）

◎ 生长于强盐雾海岸迎风面山坡的台湾芦竹（台湾台北富贵角）

347

# 蒺藜草

**Cenchrus echinatus** Linn.

别名：刺壳草、鬼见愁
英文名：Spiny Burrgrass, Burrgrass, Burrweed, Southern Sandbur

禾本科一年生草本，高约0.5 m，茎中空，连接处膨大为节；叶长线形，叶鞘具龙骨，叶舌由一圈白茸毛构成；单一总状花序，小穗3至6个，花黄绿色；颖果，外有刺状外壳包裹，有软毛及刚硬刺毛；果实很像蒺藜科的蒺藜，蒺藜草由此得名。花果期夏季。

**分布**：原产美洲的热带和亚热带地区，我国浙江、福建、广东、广西、海南、香港和台湾均有分布。偶见。

**生境与耐盐能力**：典型海岸沙生植物，常与龙爪茅、绢毛飘拂草、单叶蔓荆和厚藤等组成滨海沙地最前沿的植物群落。

**特点与用途**：喜光不耐阴、耐旱、耐瘠、耐沙埋；适应性强，生长繁殖速度快，耐修剪，是滨海地区防风固沙的优良植物。抽穗前期质地柔软，营养丰富，牛羊喜食；但抽穗后因花序具刺苞，牛羊不再采食，其他动物也难于利用。其刺苞可刺伤人和动物的皮肤，成为农田、果园和热带牧场危害严重的杂草。2010年环境保护部将蒺藜草列入中国第二批外来入侵物种名单，也是海关检疫对象。

**繁殖**：播种繁殖。

◎ 花序

◎ 植株

◎ 蒺藜草与蒺藜是海岸沙地常见植物
（海南乐东莺歌海）

| 蒺藜草 | 耐盐 | A− | 耐盐雾 | A | 抗旱 | A | 抗风 | A |

南方滨海耐盐植物资源（二）

◎ 蒺藜草与厚藤组成海岸沙地最前沿的稀疏草丛（广西北海银滩）

◎ 厚藤群落中的蒺藜草（福建厦门环岛路）

# 蜈蚣草

*Eremochloa ciliaris* (Linn.) Merr.

**别名**：百足草、镰刀草、小牛鞭草
**英文名**：Fringed Centipede Grass, Ciliate Centipede Grass

禾本科多年生直立或匍匐草本，秆密集丛生，高 40～60 cm（生长于海岸沙荒地者高 10～20 cm）。叶鞘压扁，互相跨生，鞘口具纤毛；叶舌膜质，短而截平；叶片直立，顶端钝；总状花序单生，常弓曲，紫色，长 2～4 cm；无柄小穗卵形，覆瓦状排列于总状花序轴一侧；第一颖厚纸质，顶端尖，无翅，背面密生柔毛或微柔毛；第二颖厚膜质，脊之下部有窄翅；颖果长圆形；有柄小穗完全退化，仅存有长尖的小穗柄。花果期夏秋季。蜈蚣草与假俭草叶形相似，生长环境相似，易混淆，但前者无长匍匐茎，第一颖先端两侧无翅，后者有长匍匐茎，第一颖先端两侧具阔翅，易于区别。

◎ 花序

**分布**：福建、广东、广西、海南、香港和台湾。常见。

**生境与耐盐能力**：常见于低海拔的海岸沙荒地，为海南岛滨海台地常见植物。在福建晋江深沪湾，蜈蚣草组成直径 5～15 cm、高 10 cm 左右的小草丛，稀疏分布于海拔 10～30 m 强盐雾海岸的风化花岗岩石缝或砾石堆，表现出极强的耐盐雾、耐旱和耐瘠能力。在海南文昌铜鼓岭，蜈蚣草常与土丁桂、绢毛飘拂草等组成海岸沙地稀疏的草丛。而在海南昌江棋子湾，蜈蚣草生长于基岩海岸石缝。

◎ 生长于强盐雾海岸迎风面山坡石缝的蜈蚣草（福建漳浦古雷头）

**特点与用途**：强阳性植物，耐旱、耐热、耐瘠，对海岸恶劣环境有极强的适应性，为海岸沙荒地的先锋植物。由于植株矮小，除偶见山羊啃食外，未见明显的利用价值。根据其生长环境与植株形态，可以作为草坪植物和水土保持植物。同属的假俭草（*Eremochloa ophiuroides*）作为草坪植物广泛种植。

**繁殖**：分株与播种繁殖。

| 蜈蚣草 | 耐盐 | A− | 耐盐雾 | A | 抗旱 | A | 抗风 | A |

南方滨海耐盐植物资源（二）

◎ 生长于强盐雾海岸石缝的蜈蚣草（海南昌化棋子湾）

◎ 生长于强盐雾海岸迎风面山坡砾石堆的蜈蚣草（福建漳浦古雷头）

## 假俭草

**Eremochloa ophiuroides** (Munro) Hack.
别名：蜈蚣草
英文名：Common Centipede Grass

禾本科多年生匍匐草本，茎节节生根，看上去像爬行的蜈蚣，蜈蚣草由此得名；秆斜生，高10～15 cm；叶鞘压扁，集生于秆基；叶线形，顶端钝；总状花序顶生，稍弯曲，扁平而纤细，具长柄；无柄小穗长圆形，覆瓦状排列于小穗一侧；第一颖硬纸质，顶端具宽翅；第二颖舟形，厚膜质；有柄小穗退化或仅存小穗柄。花果期夏秋季，种子入冬前成熟。

**分布**：江苏、浙江、福建、广东、广西、海南、香港和台湾。作为草坪植物栽培较多。

**生境与耐盐能力**：通常认为，假俭草不耐盐，是世界9大草坪草中耐盐能力最差的物种（孙吉雄，1995；刘一明等，2009）。77 mmol/L NaCl胁迫可导致地上生物量减少50%（Marcum, 1994）。来自四川的野生品种在2.1 mg/g以下的盐浓度范围内可以正常生长，在2.1 mg/g～4.3 mg/g的盐浓度范围内可以存活，盐浓度达到4.3 mg/g以上时植株死亡（高桂娟，2003）。周兴元（2004）认为假俭草的适宜栽植的土壤盐分含量不超过4 mg/g。但是，陈平等（2006）对采自广东惠东县海岸的野生假俭草的沙培结果表明，野生假俭草存在明显的低盐促进生长的现象，含盐量10.0 mg/g时叶生长量最大，为对照的2.0倍；而常规绿化品种对盐胁迫敏感，叶生长随培养介质含盐量的提高迅速下降。我们在福建平潭岛、南安大佰岛和龙海白塘湾等地，发现假俭草生长于强盐雾海岸迎风面山坡和海岸沙地。在福建平潭流水镇大澳村，假俭草与老鼠芳、厚藤、海边月见草等组成了木麻黄林前缘沙地草丛，表现出极强的耐盐雾能力。

◎ 花序

◎ 营养枝局部

**特点与用途**：喜光稍耐阴、耐旱不耐水湿、耐瘠；对土壤适应性强，株体低矮、茎叶密集、成坪后平整美观，无须修剪，绿期长，耐践踏，耐粗放管理，病虫害少，对水、肥要求不高，是滨海地区构建低维护生态草坪的理想植物和水土保持植物。秆叶柔嫩，适口性好，牛羊喜食，是优良的牧草。

**繁殖**：分株与播种繁殖。

| 假剑草 | 耐盐 | B+ | 耐盐雾 | A | 抗旱 | A | 抗风 | A |
| --- | --- | --- | --- | --- | --- | --- | --- | --- |

南方滨海耐盐植物资源（二）

◎ 生长于强盐雾海岸沙荒地的假俭草（福建平潭流水镇大澳村）

◎ 生长于强盐雾海岸沙地上的假俭草（福建平潭大屿岛）

◎ 生长于强盐雾海岸迎风面山坡风化花岗岩的假俭草（福建南安大百岛）

# 细穗草

*Lepturus repens*（G. Forst.）R. Br.
英文名：Lepturus Grass, Pacific Island thintail

禾本科多年生粗糙草本，高20~40 cm，秆丛生，坚硬，具分枝，基部各节常生根或有时呈匍匐状；叶鞘无毛，因其内具分枝而松弛；叶舌纸质，上端截形且具纤毛；叶片线形，质硬，通常内卷，先端呈锥状。穗状花序单生主轴，直立，顶生；小穗显著长于轴穗节间，先端成芒状，含2小花。颖果长椭圆形，胚长为颖果的1/2。花果期4—10月。

**分布**：海南和台湾。《中国植物志》记载仅分布于台湾，2010年出版的《海南禾草志》记载在海口和文昌有分布。2011年以来，我们在海南文昌、万宁、儋州和西沙群岛均有发现。偶见。

**生境与耐盐能力**：海岸与海岛特有植物，多生长于珊瑚礁、粗颗粒沙地和基岩海岸岩石缝隙。在海南文昌铜鼓岭，细穗草生长于强盐雾海岸浪花飞溅区岩石缝隙，显示出强大的耐盐和耐盐雾能力。在海南万宁石梅湾，细穗草与厚藤等组成海岸沙地最前缘的稀疏草丛。在海南文昌某岛屿，细穗草与苦郎树、水芫花等生长于高潮线上缘砾石堆中。而在西沙群岛的七连屿，细穗草稀疏生长于大潮可以淹及的由大块珊瑚碎屑组成的前滩，是最靠近海水的植物，也是热带珊瑚礁海岛植被演替的先锋植物。赵可夫等（2013）将其归为盐生植物。

**特点与用途**：喜光不耐阴、耐瘠、耐高温，为$C_4$植物；根系发达，耐沙埋，有较强的地表覆盖能力，可用于海岸沙地防风固沙。

**繁殖**：播种与分株繁殖。

◎ 花序

◎ 植株

◎ 生长于强盐雾基岩海岸石缝的细穗草
（海南文昌石头公园）

| 细穗草 | 耐盐 | A | 耐盐雾 | A | 抗旱 | A | 抗风 | A |
| --- | --- | --- | --- | --- | --- | --- | --- | --- |

南方滨海耐盐植物资源（二）

◎ 热带珊瑚礁海岛的细穗草群落（西沙七连屿）

◎ 细穗草是热带珊瑚礁海岛的先锋植物（西沙七连屿）

◎ 热带珊瑚礁海岛的细穗草和草海桐（西沙七连屿）

## 假牛鞭草

*Parapholis incurva*（Linn.）C. E. Hubb.
英文名：Curved Sicklegrass, Sickle Grass, Coast Barbgrass

禾本科一年生铺散草本，高 15～40 cm，秆自基部第二节分枝，节部常膝曲；叶鞘短于节间，光滑；叶舌膜质；叶片线形，扁平或折叠；穗状花序顶生（有时因分枝缩短，常呈 3～5 枚簇生于叶鞘内），圆柱形而稍压扁，呈镰刀状弯曲，穗轴肥厚，小穗嵌生于每一节的凹槽中；成熟花的外稃具 1 明显中脉；颖果长圆柱形，黄褐色。花果期 5—6 月。

**分布**：浙江和福建。少见。

**生境与耐盐能力**：海岸带与海岛特有植物，常见于海岸沙地风暴潮线以上沙地、淤泥质海岸高潮线附近草地、鱼塘堤岸等地。在浙江杭州湾，假牛鞭草常见于大潮可以淹及的海岸低湿地。在浙江舟山群岛，假牛鞭草常与肾叶打碗花、筛草、沙苦荬菜、珊瑚菜和绢毛飘拂草等组成海岸沙地的先锋植物群落。而在浙江嵊泗列岛，假牛鞭草可以在基岩海岸浪花飞溅区石缝中生长。赵可夫等（2013）将其归为盐生植物。

**特点与用途**：喜光不耐阴、耐瘠；典型的短命植物，开花至种子成熟持续时间很短，且种子萌发和生长发育过程及持续时间受降水导致的盐度变化的影响很大。是海滨沙质沿岸的先锋植物，能耐干旱瘠薄，抗海风海雾，还能适应海雾中夹杂的盐分胁迫和短期海潮造成的海浸，是重要的海滨牧草植物和防风固沙植物。

**繁殖**：切茎段繁殖与播种繁殖。

◎ 花序

◎ 植株

◎ 生长于海岸沙荒地的细穗草（浙江慈溪庵东）

| 假牛鞭草 | 耐盐 | A- | 耐盐雾 | A | 抗旱 | A | 抗风 | A |

◎ 强盐雾海岸沙地的假牛鞭草（福建平潭龙凤头。照片提供：张琳婷）

◎ 基岩海岸浪花飞溅区细穗草枯死情况（浙江嵊泗枸杞岛）

# 茅根

*Perotis indica*（Linn.）Kuntze
别名：印度彗星草
英文名：Indian Comet Grass, Indian Perotis

禾本科一年生或多年生细弱草本，秆丛生，基部通常倾斜或卧伏，高 20～40 cm；叶卵状或长卵状披针形，基部心形，抱茎；叶鞘无毛，叶舌膜质；穗形总状花序单一而直立，小穗含 1 两性小花，脱落后柄宿存于主轴上；颖线形，膜质，背部各具 1 脉，自顶端延伸为细弱的长芒；内外稃均透明膜质，内稃较外稃稍狭而短；颖果棕褐色，圆柱形。花果期 6—11 月。我国有茅根、麦穗茅根 *Perotis hordeiformis* Nees 和大花茅根 *Perotis rara* R. Brown 3 个种。这 3 个物种的主要区别在于小穗长度、基盘明显与否、颖片背部毛的形态、叶片宽度等，而这些特征常受水分供应的影响。本书将这三者合并。

**分布**：福建、广东、广西、海南、香港和台湾。偶见。

**生境与耐盐能力**：海岸流动和半流动沙丘的代表性植物，也是海南岛西海岸稀疏沙生刺灌丛的代表性草本植物。地下茎细长，旱季地上部分枯死，靠从根蔸萌蘖和天然下种更新。在广西，茅根与绢毛飘拂草、厚藤等组成稀疏海岸沙生植被（李信贤，2005）。

**特点与用途**：喜光不耐阴、耐旱不耐水湿、耐瘠；对海岸沙地环境有很好的适应性，具有较好的防风固沙功能。因植物体矮小，生长稀疏，尚未引起注意。具有凉血止血、清热解毒的功效，广东有人用其制作凉茶（舒夏竺等，2018）。

**繁殖**：播种繁殖。

◎ 花序

◎ 植株

| 茅根 | 耐盐 | B+ | 耐盐雾 | A | 抗旱 | A | 抗风 | A |

◎ 茅根局部占优势的海岸沙地稀疏草丛（海南东方昌化江口）

◎ 茅根、蛇婆子、羽芒菊等组成的海岸半流动沙地稀疏草丛（海南东方昌化江口）

# 束尾草

**Phacelurus latifolius**（Steud.）Ohwi
别名：芦秋、乌秋、兰苇
英文名：Broadleaf Phacelurus

禾本科多年生草本，根茎粗壮发达，秆直立，高 1～2 m，节上常被白粉；叶鞘无毛；叶舌厚膜质，长约 3 mm，两侧有纤毛；叶线状披针形，宽 15～30 cm；总状花序 4～10 枚，指状排列于秆顶；小穗成对生于各节，有柄小穗较小且两侧压扁，无柄小穗嵌生于穗轴节间与小穗柄之间。颖果披针形，无腹沟。花果期夏秋季。有 2 变种，狭叶束尾草 *P. latifolius* var. *angustifolia*（Debeaux）Ki-tag.，叶片宽 2～8 mm，总状花序 2～4 枚；单穗束尾草 *P. latifolius* var. *monostachys* Keng，总状花序一枚。

**分布**：浙江和福建。浙江海岸常见，福建少见。

**生境与耐盐能力**：海岸带与海岛特有植物，滨海盐碱地指示植物，常见于高潮带淤泥质滩涂、淤泥质海岸围垦区鱼塘边堤岸或海岸排水沟两侧，生长潮位稍高于互花米草和海三棱藨草。在上海九段沙，束尾草与互花米草混生。而在浙江鳌江口，束尾草生长于秋茄人工林内缘，也有部分束尾草与互花米草生长在一起。赵可夫等（2013）将其归为盐生植物。

**特点与用途**：喜光不耐阴、耐水湿；根茎发达，节上极易生根，生长速度快，枝叶密集，是极佳的护坡植物。秆叶可供饲料用，也可以用于生产纸浆和纤维。

**繁殖**：播种与分株繁殖。

◎ 花序

◎ 植株

◎ 红树林人工林陆缘的束尾草（浙江温州鳌江口）

| 束尾草 | 耐盐 | A- | 耐盐雾 | B+ | 抗旱 | C | 抗风 | A |
|---|---|---|---|---|---|---|---|---|

◎ 红树林、互花米草、束尾草等生长在一起（浙江温州七都岛）

◎ 束尾草分布区的滩涂高程比互花米草稍高（浙江平阳西湾）

◎ 鱼塘堤岸边的束尾草（浙江乐清翁洋）

# 甜根子草

**Saccharum spontaneum** Linn.
别名：甘蔗萱、甜根子草、割手密、滨芒、猴蔗、黑猴蔗、野蔗
英文名：Wild Sugarcane, Tigergrass, Kans Grass

禾本科多年生直立草本，具横走的根状茎，秆高 1～2 m，直径 4～8 mm，中空；节具短毛，节下有白色蜡粉；叶线形，长 30～70 cm，宽 4～8 mm，灰白色，中脉发达，边缘锯齿状；圆锥花序顶生，长 20～40 cm，主轴密生丝状柔毛，小穗成对着生，稠密；花银白色至黄色；颖果褐色带白色，成熟时带白毛传播。花果期 7—8 月，果熟期 8—11 月。

**分布**：浙江、福建、广东、广西、海南、香港和台湾。常见。

◎ 花序

**生境与耐盐能力**：常见于近水源的河漫滩、溪湖塘库堤岸以及田埂，也是海岸沙荒地的常客。在福建平潭和长乐等地，甜根子草生长于强盐雾海岸半流动沙地，是海岸沙地最前沿的植物；而在海南东方、乐东等地，甜根子草生长于极度干旱的海岸沙荒地。在福建长乐强盐雾海岸风口流动沙地，截秆雨天扦插的甜根子草第一年生长不佳，成活率低，大部分被风掏蚀或沙埋，第二年长势茂盛，高达 0.6～1.2 m（林为涂和刘明文，2012）。

**特点与用途**：喜光不耐阴、耐瘠、耐旱亦耐水淹，淹水数月还可存活（姚洁等，2015）；对环境有极强的适应能力，根状茎发达，分蘖多，生长快，病虫害少，栽培简单，耐粗放管理，固土力强，不仅是优良的大型湿地生态恢复植物，在巩固堤岸、防风固沙方面具有重要作用，成片种植可营造独特的芦荡式风光；也是湿地尤其是消落带生态恢复的优良植物。秆供造纸，嫩枝叶是牲畜的饲料。根茎及秆药用，性凉，味甘，具有清热、止咳、利尿通淋的功效，用于治疗感冒发热、口干、咳嗽、热淋、小便不利等。甜根子草是甘蔗的重要原始亲本之一，具有抗病、抗风、耐旱、耐瘠、适应力强和宿根性好等优良性状，在甘蔗育种方面具有重要价值（吴凯朝等，2017）。

**繁殖**：扦插、埋根茎与分株繁殖。

◎ 甜根子草是福建连江梅花海岸沙地最前沿的植物

| 甜根子草 | 耐盐 | B+ | 耐盐雾 | A | 抗旱 | A | 抗风 | A |

# 南方滨海耐盐植物资源（二）

◎ 生长于强盐雾海岸沙质坡地的甜根子草（福建平潭大屿岛）

◎ 强盐雾海岸最前沿的甜根子草（福建长乐。照片提供：张琳婷）

◎ 海岸半流动沙地上的甜根子草（海南东方黑树港）

## 互花米草

***Spartina alterniflora* Lois.**

别名：大米草
英文名：Cordgrass

禾本科多年生草本，秆直立，丛生，直径 1 cm，高 1～2 m，最高可达 3 m；根状茎发达；叶互生，长披针形，长达 90 cm，宽 1.5～2 cm；圆锥花序顶生，长 20～45 cm，具 10～20 个穗形总状花序，有 16～24 个小穗，小穗侧扁，长约 1 cm；两性花；子房平滑，两柱头很长，呈白色羽毛状；雄蕊 3 个，花药成熟时纵向开裂，花粉黄色；穗状花序长 5～20 cm，多枚组成总状花序；颖果。花果期 8—12 月。

**分布**：原产美国东海岸，20 世纪 70 年代末引入我国。现北起辽河口，南至广东徐闻，西至广西防城港均有分布。2015 年至今，我们在海南儋州新英港、海口发现其踪迹。

**生境与耐盐能力**：海岸带与海岛特有植物，多生长于海岸潮间带淤泥质或泥砂质滩涂，也可以在海岸咸水鱼塘边缘或尚未完全脱盐的填海区出现。在福建以南地区，常见于红树林外缘滩涂。对水体盐度有广泛的适应能力，在福建云霄漳江口，互花米草可上溯至潮水影响上界，与短叶茳芏等生长在一起，也可以在盐度高达 30 mg/g 的高盐区域正常生长。

**特点与用途**：互花米草对气候、环境的适应性和耐受能力很强，从亚热带到温带均有广泛分布，对基质条件也无特殊要求，在黏土、壤土和粉砂土中都能生长，生长速度快，具有很强的耐污能力和净化能力，在海岸防护方面具有非常突出的作用，也是构建人工湿地处理高盐污水的最佳植物之一（陶磊等，2015）。因其强大的适应能力、快速生长与扩散能力，互花米草 2003 年被国家环保总局列入中国第一批外来入侵物种名单。它也被列入世界最危险的 100 种入侵种名单。

**繁殖**：播种与埋根状茎繁殖。

◎ 花

◎ 花序

| 互花米草 | 耐盐 | A | 耐盐雾 | A | 抗旱 | C | 抗风 | A |

# 南方滨海耐盐植物资源（二）

◎ 叶片盐腺泌盐

◎ 春季幼芽生长情况

◎ 福建福清湾冬季互花米草景观

◎ 互花米草与人工红树林
　（福建泉州湾）

◎ 红树林外缘滩涂的互花米草
　（海南儋州新英湾）

## 沟叶结缕草

*Zoysia matrella* (Linn.) Merr.

别名：马尼拉草
英文名：Manila Grass

禾本科多年生草本，具横走的地下茎，杆直立，每节具一至数个分枝；叶鞘长于节间，鞘口具长柔毛；叶舌短而不明显，顶端撕裂为短柔毛；叶片质硬，内卷，上面具沟，无毛，顶端尖锐；总状花序细柱形，小穗卵状披针形，黄褐色或略带紫色；颖果卵形，细小，棕褐色。花果期7—10月。

**分布**：浙江、福建、广东、广西、海南、香港和台湾。浙江少见。常见。

**生境与耐盐能力**：生态幅很广，从高潮带淤泥质滩涂到海堤、从高潮线附近的海岸沙地到干旱的流动和半固定沙丘，均可见其踪迹，也常见于红树林内缘和林中空隙。在海南，沟叶结缕草常与老鼠艻、厚藤、匍枝栓果菊等组成海岸沙地最前沿的植被。在广西东兴北仑河口，人工种植的沟叶结缕草在高潮时水体盐度3～25 g/L的潮间带滩涂旺盛生长（何斌源等，2013）。水培实验发现，沟叶结缕草能长期耐受29 g/L的NaCl培养液（王加真等，2007）。土培条件下，NaCl含量高达20 g/L的培养液连续浇灌8周，仅有少部分（12%）叶片枯黄，总生物量约为对照的80%（陈静波等，2012）。部分品种在含盐量高达51 g/L的培养液中只有少部分叶片枯黄（陈静波等，2009），被认为是最抗盐的草坪植物之一。赵可夫等（2013）将其归为盐生植物。

◎ 花序

**特点与用途**：喜光亦耐阴、耐热、耐寒、耐水湿、耐瘠；适应性强，植株低矮，茎叶密集，根系发达，抗病性强，管理粗放，耐践踏，是滨海地区优良的防风固沙植物和水土保持植物，更是我国南方城市绿化的主要草种（安渊等，2005）。

**繁殖**：无性繁殖为主，也可播种繁殖，但种子出苗率低。

◎ 植株

| 沟叶结缕草 | 耐盐 | A+ | 耐盐雾 | A+ | 抗旱 | A+ | 抗风 | A+ |

◎ 克隆生长的沟叶结缕草

◎ 强盐雾海岸半流动沙地上沟叶结缕草和绢毛飘拂草（福建龙海白塘湾）

◎ 海岸沙地沟叶结缕草和厚藤（广西北海银滩）

◎ 强盐雾海岸沙地沟叶结缕草群落（福建龙海火山口）

# 三角椰子

*Dypsis decaryi*（Jum.）Beentje & J. Dransf.

别名：三角槟榔
英文名：Triangle Palm

棕榈科常绿乔木，高达 8 m，干单生，圆柱形；叶柄棕褐色，叶鞘扩展，上下排成三列，垂直迭附于茎上，形成独特的三角形。羽状叶顶生，上举，上端稍下弯，羽片55～60对，灰绿色，最下一对延长成带状悬垂，很坚韧，初期环绕和扎缚着所有羽片的顶部；肉穗花序腋生，花单性，黄绿色，雌雄同株；果卵圆形，熟时黄绿色；种子椭圆形。

**分布**：原产马达加斯加海岸，我国华南地区广泛栽培。

**生境与耐盐能力**：可以在受强海风吹袭的迎风面山坡种植，表现出较强的耐盐雾能力。在水分供应充足的情况下，小苗表现出较强的耐盐能力，可以在盐度低于 7.2 mg/g 的土壤上正常生长，盐度高于 10.8 mg/g 则严重受害（廖启炓，2010）。

**特点与用途**：喜光稍耐阴、稍耐寒、耐旱不耐水湿；适应性广，栽培容易，其三角形排列的叶鞘使株形非常奇异，是最具观赏价值的羽状叶棕榈植物之一，也是滨海地区常用的绿化树种之一。

**繁殖**：播种繁殖。

◎ 果

◎ 植株

◎ 三角椰子用于强盐雾海岸绿化（福建漳浦火山岛地质公园）

| 三角椰子 | 耐盐 | B | 耐盐雾 | A- | 抗旱 | A- | 抗风 | A |

◎ 强盐雾海岸三角椰子、椰子和绒毛槐生长对比(台湾高雄旗津公园)

◎ 三角椰子和丝葵(福建厦门环岛路)

# 棍棒椰子

*Hyophorbe verschaffeltii* H. Wendl.
别名：修柏瓶椰
英文名：Spindle Palm

棕榈科常绿乔木，高达9 m，干基部略小，中部略膨大，光滑，形似棍棒，棍棒椰子由此得名；羽状复叶丛生干顶，小叶50～70对，长50～70 cm，小叶基部黄色，隆肿；肉穗花序生于最外侧的叶鞘上，小花螺旋状排列于小梗上，花橙黄色，雄花退化而雌花长圆锥形；浆果长椭圆形，熟时黑色。

**分布**：原产印度洋毛里斯岛及马达加斯加，我国福建、广东、广西、海南、香港和台湾有引种。偶见。

**生境与耐盐能力**：在美国佛罗里达，棍棒椰子被认为是具有强耐盐能力的树种，可以经受强海风吹袭。其耐盐能力与酒瓶椰子相当，对盐雾有较强的抵抗能力。在水分供应良好的情况下，低盐能够促进幼苗生长，土壤盐度8.1 mg/g时生长正常，当土壤盐度9.5 mg/g时开始出现受害症状，土壤盐度10.7 mg/g时还能存活（廖启炌，2010）。

**特点与用途**：喜光不耐阴、中度耐旱、抗风，但不耐积水；对土壤要求不高，生长慢，寿命长，树形奇特端庄，为著名的滨海绿化树种，被认为是最适合热带地区滨海绿化的植物之一。

**繁殖**：播种繁殖。

◎ 花序

◎ 花序

◎ 植株

| 棍棒椰子 | 耐盐 | B | 耐盐雾 | A- | 抗旱 | B | 抗风 | A+ |

南方滨海耐盐植物资源（二）

◎ 棍棒椰子用于海岸绿化（福建厦门环岛路）

◎ 群植的棍棒椰子

# 海枣

**Phoenix dactylifera** Linn.
别名：枣椰子、伊拉克密枣
英文名：Date Palm

棕榈科常绿乔木，高可达30 m，基部常根蘖丛生；叶聚生枝顶，羽状深裂，裂片长披针形，叶面苍白色，基部裂片退化成刺状，略红黄色，叶柄基部扩大，具网状叶鞘纤维；雌雄异株，雄株圆锥花序，雌株肉穗花序腋生，花黄绿色；核果圆筒形，成熟时棕红色或棕黄色，后变赤褐色；种子扁而尖。花期3—4月，果期9—10月。

◎ 果

**分布**：原产伊拉克、沙特阿拉伯一带和非洲北部干旱地区，我国福建、广东、广西、海南、香港和台湾有引种，多作观赏树。偶见。

**生境与耐盐能力**：是一种适应性很强的盐生植物，能在其他植物几乎不能生存的环境中旺盛生长，含盐土壤对生长有益。含盐量多达3.3 g/L时，生长几乎不减少，含盐量为12 mg/g时，生长下降60%，耐盐能力在6 mg/g～15 mg/g之间（Pasternak, 1986）。3级盐雾区可以在海岸最前缘正常生长。在台湾高雄旗津公园，三角椰子和椰子等种植于4级盐雾区最前沿海岸，盐雾危害症状与椰子相当，被列入巴基斯坦盐生植物名录（Khan & Qaiser, 2006）。

**特点与用途**：喜光不耐阴、耐旱、抗风；对土壤适应性强，树干挺拔，姿态优美，可作行道树、庭院观赏树种，可以作为滨海绿化的第一线树种。核果形似枣子，味甘美，可鲜食或作蜜饯，是热带地区著名果品。

**繁殖**：多用根蘖繁殖，也可播种繁殖。

◎ 树冠

| 海枣 | 耐盐 | B+ | 耐盐雾 | A- | 抗旱 | A- | 抗风 | A |
|---|---|---|---|---|---|---|---|---|

南方滨海耐盐植物资源（二）

◎ 植株

◎ 强盐雾海岸迎风面山坡的海枣（福建平潭君山）

# 国王椰子

*Ravenea rivularis* Jum. et H. Perrier
别名：溪棕、密节竹、河岸雷文葵
英文名：Majestry Palm

棕榈科乔木，单干，粗壮，高 9～12 m；树干表面光滑，基部膨大，向上渐渐变细，密布环状叶痕；叶聚生于茎端，初时直立，后稍弯，羽状全裂，小叶线型，排列整齐；肉穗花序，雌雄异株；核果近球形，熟时红褐色。

**分布**：原产马达加斯加中部，我国福建、广东、广西、海南、香港和台湾有引种。偶见。

◎ 树冠

**生境与耐盐能力**：具有较高的耐盐能力，在水分供应良好的情况下，其幼苗能够在含盐量不超过 6.2 mg/g 的土壤中正常生长，即使在盐度高达 12.1 mg/g 的土壤中还可以保持生长（廖启炓，2010）。耐盐雾能力稍差。

**特点与用途**：喜光亦耐阴、较耐寒；树形优美，树干粗壮，羽叶密而伸展，排列整齐，飘逸而轻盈，生长缓慢，为优美的热带风光树，在有建筑物或防风林遮挡条件下，是滨海地区良好的行道树或庭园绿化树。

**繁殖**：播种繁殖。

◎ 植株

| 国王椰子 | 耐盐 | B+ | 耐盐雾 | B+ | 抗旱 | B | 抗风 | A+ |
|---|---|---|---|---|---|---|---|---|

南方滨海耐盐植物资源（二）

◎ 植株

◎ 国王椰子用于海岸绿化（福建厦门环岛路）

375

# 丝葵

***Washingtonia filifera*** (Lind. ex André) H. Wendl.

**别名**：华盛顿棕、加州蒲葵、老人葵、裙棕
**英文名**：California Washington Palm

棕榈科常绿大乔木，单干直立，近基部略膨大，高达 25 m；叶簇生茎顶，掌状中裂，裂片边缘具有多数白色丝状纤维；叶柄基部到中央部分生有锐刺；叶干后不脱落，下垂而成裙状，望之如白发苍苍的老人，故有"老人葵"之称；腋生花序轴细长而下垂，3～4分枝，比叶长而突出于叶丛外；果椭圆形，黑而有光泽。

**分布**：原产美国加利福尼亚、亚利桑那及墨西哥北部等地，我国浙江、福建、广东、广西、海南、香港和台湾有引种。

**生境与耐盐能力**：原产沙漠地区，种

◎ 花序

植到海边后表现出很好的适应性，常用于海岸绿化。有很强的耐盐雾能力，可以在受强海风吹袭的滨海地区种植。而在美国，丝葵被认为是耐盐植物，可以在土壤含盐量 4～6 dS/m 的土壤上生长（CIWMB，2007）。

**特点与用途**：喜光不耐阴、耐寒、耐旱亦耐水湿、耐瘠；对土壤要求不严，生长迅速，树冠优美，叶大如扇，四季常青，是美丽壮观的海滨特色风景绿化树种，也适宜用作海岸防护林树种。

**繁殖**：播种繁殖。

◎ 果

| 丝葵 | 耐盐 | B | 耐盐雾 | A- | 抗旱 | A | 抗风 | A |

# 南方滨海耐盐植物资源（二）

◎ 裂片边缘的丝状纤维

◎ 丝葵用于强盐雾海岸绿化（福建东山风动石）

◎ 海岸绿化（福建厦门环岛路）

# 扇叶露兜树

***Pandanus utilis* Borg.**

**别名**：红刺林投、红章鱼树、红刺露兜树、有用露兜、流星果
**英文名**：Screw Pine, Red-edged Pandanus, Stilt Palm

露兜树科常绿灌木或小乔木，树高达 5 m（原产地高达 20 m），具粗壮而直的气根和支柱根；叶带形，长 50～80 cm，革质，由下到上螺旋状着生茎顶，边缘和背面中脉有红色锐刺；雌雄异株，肉穗状花序初为佛焰苞包围，花单性，无花被，芳香；聚花果圆球形或长圆形，下垂，状如菠萝，熟后橙色。花果期全年。

**分布**：原产非洲马达加斯加岛和毛里求斯岛，我国福建、广东、广西、海南、香港和台湾常作为观赏植物栽培。

**生境与耐盐能力**：海岸原生树种，多见于海岸沙地最前沿灌木林缘，也可以在受强海风吹袭的基岩海岸浪花飞溅区上缘生长。在美国，扇叶露兜树被认为是具有强耐盐能力和耐盐雾能力的绿化树种，可以在受强风吹袭的海岸沙地内缘生长（Bezona et al., 2001; Haynes et al., 2001）。

**特点与用途**：喜光亦耐阴、耐旱亦耐湿、耐瘠；生性强健，根系发达，种植成活后不需要维护；坚挺而具红边的叶片螺旋形排列扶摇直上茎顶，使其有"时来运转"美名，再加上章鱼脚般的支柱根、奇特的果实，使其成为滨海旅游区海岸沙地及高档住宅区优良的庭院美化树种，也可用于大型盆栽。叶部纤维坚韧，是很好的制帽、编篮材料。果实可以用于制作工艺品。

**繁殖**：播种与扦插繁殖。

◎ 聚花果

◎ 果实成熟后脱落情况

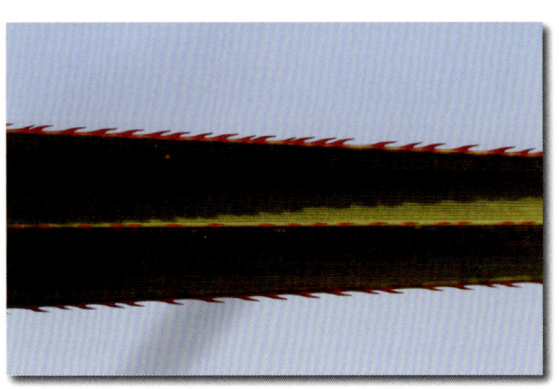
◎ 叶缘红刺

| 扇叶露兜树 | 耐盐 | B+ | 耐盐雾 | A | 抗旱 | A− | 抗风 | A |

◎ 扇叶露兜树用于强盐雾海岸绿化（台湾澎湖山水）

◎ 扇叶露兜树用于海岸沙地绿化（广西北海银滩）

# 水烛

***Typha angustifolia*** Linn.

别名：水蜡烛、狭叶香蒲、蒲草
英文名：Narrowleaf Cattail

香蒲科多年生宿根性沼泽草本，高1.4～2 m；根状茎白色，长而横生，节部生许多须根。茎圆柱形，直立，质硬而中实；叶扁平带状，基部呈长鞘抱茎；肉穗状花序顶生圆柱状似蜡烛，雄花序生于上部，雌花序生于下部，两者间隔2.5～7 cm；花小，无花被，有毛；果序圆柱状，褐色；坚果细小，具多数白毛，内含细小种子，椭圆形。花期6—7月，果期7—8月。

**分布**：我国南北各地均有分布，常见。

**生境与耐盐能力**：生于池塘、河滩、渠旁、废晒的盐田、潮湿多水处，常成丛、成片生长。常在红树林内缘生长。在河口海岸区，水烛往往与芦苇形成盐生水草海岸。可以在水体含盐量达5.5 g/L的生境正常生长。

**特点与用途**：生长速度快，可以快速形成景观。对土壤要求不严，以含丰富有机质的塘泥最好，较耐寒。对污水有很强的净化能力。水烛叶绿穗奇常用于点缀园林水池、湖畔，构筑水景。蒲棒常用于切花材料。车生泉和可燕（1997）发现水烛是上海地区的42种水生观赏高等植物综合利用价值最高的水生植物。全株是造纸的好原料。叶称蒲草可用于编织，花粉是止血和活血化瘀的良药，称蒲黄。蒲棒蘸油或不蘸油用以照明，雌花序上的毛称蒲绒，常可作枕絮。嫩芽称蒲菜，其味鲜美，是有名的水生蔬菜。

**繁殖**：播种与分株繁殖，一般用分株繁殖。

◎ 花序

◎ 成熟果

| 水烛 | 耐盐 | B+ | 耐盐雾 | — | 抗旱 | C | 抗风 | — |

南方滨海耐盐植物资源（二）

◎ 花序

◎ 海岸鱼塘边的水烛（福建龙海九龙江口）

# 海三棱藨草

×*Bolboschoenoplectus mariqueter*（Tang et F. T.Wang）Tatanov

别名：海三棱、三棱草、三棱藨草、海三藨草

莎草科多年生草本，杂交种，秆高25～40 cm，三棱形，散生；具匍匐根状茎；叶2枚，短于秆，宽2～3 mm；苞片2枚，其中1为秆的延长，长于小穗，另1片小，等长于小穗，扁平；小穗单个，假侧生，卵形或宽卵形，花多数；鳞片卵形，棕色或红棕色，先端急尖；小坚果倒卵形，成熟时黑褐色，表面具细网纹。花果期6—10月。

**分布**：中国特有种，原先认为仅分布于河北（现已消失）、江苏、上海和浙江，长江口和杭州湾是其主要分布地。近年来，在福建闽江口、木兰溪口、九龙江口、广东雷州半岛及广西北海的南流江口和廉州湾均有发现。

**生境与耐盐能力**：海岸带特有植物，常见于有淡水补充的淤泥质或粉沙含量高的沙泥质海湾河口滩涂。在上海崇明岛和杭州湾，海三棱藨草为中、低潮带滩涂最先出现的物种（施文彧等，2007）。低潮带生长者呈稀疏的互不相连的圆形斑块，中潮带是其最繁茂区，常形成大面积单优草滩，而在中高潮带滩涂常与芦苇等混生（张利权和雍学葵，1992）。在浙江温州、福建莆田等地，海三棱藨草常在互花米草带外缘形成一狭窄的低矮草带。在杭州湾南岸，海三棱藨草也常成片出现于刚被围的鱼塘堤岸。在江苏启东圆陀角围垦区内，海三棱藨草与盐地碱蓬、柽柳等混生，土壤间隙水含盐量高达40 g/L。实验室水培条件下，海三棱藨草的生长存在低盐促进现象，最适生长盐度在10 g/L（胡茜靥等，2020）。

**特点与用途**：为北亚热带及暖温带海岸固沙促淤造陆的优良植物。营养丰富，是良好的牧草，球茎、根状茎和种子是长江口越冬鸟类的主要饵料；植物体富含纤维，可以用于造纸，还可以用于编制草席和绳索。

**繁殖**：地下球茎繁殖，也可播种繁殖。

◎ 花

◎ 果

◎ 地下球茎

| 海三棱藨草 | 耐盐 | A- | 耐盐雾 | — | 抗旱 | — | 抗风 | — |

◎ 冬季潮间带海三棱藨草盐沼景观（浙江慈溪庵东）

◎ 夏季潮间带海三棱藨草盐沼景观（浙江慈溪庵东）

◎ 红树植物和互花米草侵入海三棱藨草盐沼（广东雷州府城）

## 球柱草

***Bulbostylis barbata*** (Rottb.) C. B. Clarke

别名：旗茅、龙爪草、畎莎、秧草、油麻草
英文名：Barbed Bulbostylis

莎草科一年生草本，高5～25 cm，秆丛生；叶纸质，线形，长2～10 cm，宽0.4～0.8 mm，背面叶脉间疏生微柔毛；叶鞘边缘具长柔毛状白缘毛；苞片2～3，细线形；长侧枝聚伞花序头状，有密聚的无柄小穗3至数个；小穗披针形或卵状披针形；鳞片膜质，近宽卵形；小坚果倒卵状三棱形，白色或淡黄色，表面有方形网纹，先端截形或微凹。花果期4—11月。

**分布**：浙江、福建、广东、广西、海南、香港和台湾。偶见。

**生境与耐盐能力**：海岸沙荒地常见植物。在海南东方四必湾，从大潮高潮线上缘的流动沙地到海岸灌丛林隙，都有球柱草的分布。在浙江舟山桃花岛，球柱草与筛草、肾叶打碗花、绢毛飘拂草等生长于海岸半流动沙丘，组成滨海沙地最前沿的稀疏草丛（李根有等，1989）。张凤娟等（2005）认为球柱草是盐生植物。

**特点与用途**：喜光不耐阴、耐旱不耐水湿、耐瘠、耐沙埋。全草药用，中药名牛毛草，具有凉血止血的功效，用于治疗呕血、咯血、衄血、尿血、便血等。

**繁殖**：播种繁殖。

◎ 果序

◎ 植株

| 球柱草 | 耐盐 | A- | 耐盐雾 | A | 抗旱 | A | 抗风 | A |

南方滨海耐盐植物资源（二）

◎ 海岸流动沙地上的球柱草（海南昌江棋子湾）

◎ 生长于强盐雾海岸沙地的球柱草（福建石狮祥芝）

# 滨海薹草

***Carex bodinieri* Franch.**

别名：锈点薹草、疏穗苔草

莎草科多年生丛生草本，根状茎短，无地下匍匐茎；秆三棱形，丛生或疏丛生，高 35～100 cm；叶多数为基生叶，少秆生叶，线形，质硬，浓绿而光亮，向四周呈弓形自然下垂；小穗 3～6 个，圆柱形，花密生，具梗，苞片叶状，具长鞘；花后结大量种子，果囊斜展，稍革质，倒卵圆形；小坚果椭圆形，淡黄色，紧包于果囊中。花果期 3—10 月。

**分布**：浙江、福建、广东、香港和台湾。偶见。

**生境与耐盐能力**：海岸带与海岛特有植物，常见于低海拔的基岩海岸迎风面山坡。在浙江平阳南麂岛，滨海薹草可以在受强海风吹袭的基岩海岸浪花飞溅区石缝中生长。

**特点与用途**：喜光稍耐阴、耐寒、耐热、耐瘠；适应性强，无病虫害，管理粗放，生长快，根系发达，分蘖能力强、耐践踏，草丛低矮，春季鲜绿，夏季黄绿，秋冬墨绿，色调多变，尤其在阳光的照耀下群体效果极好，成片种植具有独特的韵律美和动感美，是亚热带地区优良的海岸草坪植物，也是优良的防风固沙植物。

**繁殖**：分株繁殖为主，播种繁殖为辅。

◎ 花序

◎ 基岩海岸浪花飞溅区的滨海薹草
（浙江舟山南沙）

| 滨海薹草 | 耐盐 | B+ | 耐盐雾 | A | 抗旱 | A | 抗风 | A |

南方滨海耐盐植物资源（二）

◎ 生长于基岩海岸石缝的滨海薹草（浙江平阳南麂岛）

◎ 强盐雾海岸石缝中生长的滨海薹草（福建霞浦嵛山岛）

## 筛草

*Carex kobomugi* Ohwi

别名：砂钻薹草
英文名：Asiatic Sand Sedge

莎草科多年生草本，根状茎粗壮，秆高10～20 cm，钝三棱形，坚硬，基部具黑褐色旧叶鞘；叶基生，革质，叶缘具细齿；雌雄异株，小穗多数，顶生；雄花序穗状长圆形，长1.5～3 cm，宽约2 cm；雌穗状花序长圆形，长4～6 cm，宽约2～4 cm；花后结大量种子，小坚果倒卵状长圆形。花果期5—8月。

**分布**：浙江以北海岸沙地常见，浙江和台湾偶见。

**生境与耐盐能力**：典型海岸沙生植物，从大潮可淹及的高潮线上缘海岸沙地到远离海岸的沙荒地均有分布。极端情况下，可以忍受短时间大潮海水的浸泡。在山东、江苏等地，筛草是海岸沙地的先锋植物。在连云港东西连岛的苏马湾，风暴潮线上缘无乔木和灌木覆盖的沙地上，筛草伴珊瑚菜生长成为独特的筛草+珊瑚菜群落（刘昉勋等，1986）。而在山东胶东海岸，筛草与肾叶打碗花组成海岸沙地最前沿的稀疏草丛（张淑萍等，2005）。

**特点与用途**：喜光不耐阴、耐旱又耐水湿、耐瘠、耐寒、耐沙埋；适应性强，萌生力强，生长快，繁殖快，这些特征赋予其强竞争能力和快速蔓延能力，可作为海滨沙地、风口地段固沙造林的先锋植物（闫茂华和陆长梅，2009）。此外，筛草还具有地下根茎发达、耐践踏性强、返青早、色泽好和生长持续时间长等特点，是海岸沙地优良的草坪植物。种子营养丰富，可磨粉食用或酿酒，有较大的开发为保健品的前途（闫茂华和陆长梅，2009）。

**繁殖**：播种、分株与根蘖繁殖。

◎ 果序

◎ 植株

| 筛草 | 耐盐 | A- | 耐盐雾 | A | 抗旱 | A | 抗风 | A |

◎ 生长于海岸沙地的筛草与矮生薹草（叶片较狭窄者）（浙江舟山桃花岛）

◎ 海岸固定沙地筛草群落（浙江舟山桃花岛）

# 矮生薹草

**Carex pumila** Thunb.

别名：小海米、短叶薹草
英文名：Dwarf Sedge

莎草科多年生低矮草本，具细长而发达的地下匍匐茎；秆疏丛生，高10～30 cm，三棱形，几乎全为叶鞘所包裹；基部叶鞘紫褐色，裂成网状或纤维状；叶基生，长于秆，革质，线形；小穗3～5个，上部2～3个雄性，下部1～2个雌性；雄花鳞片倒披针形，雌花鳞片宽卵形；果囊卵状披针形，长于鳞片，具多条明显的脉；小坚果倒卵形或近椭圆形，有三棱，包于果囊中。花果期4—6月。

**分布**：浙江、福建、广东、香港和台湾。偶见。

**生境与耐盐能力**：典型海岸沙生植物，湿润盐性沙土指示植物，真盐生植物（Wang et al., 2020）。与一般的海岸沙生植物不同，矮生薹草的耐旱能力有限，一般生长于高潮线和大潮高潮线之间的海岸沙地，在一些水分条件稍好的地区可以生长在大潮高潮线以上区域。在山东半岛，矮生薹草常与珊瑚菜、肾叶打碗花、筛草和砂引草等组成海岸沙滩最前沿的稀疏草丛（杨洪晓等，2011）。水培条件下，可以在含盐量20 g/L的培养液中长期生长（Sykes & Wilson, 1989）。

**特点与用途**：喜光不耐阴、耐盐、耐盐雾、耐沙埋；根系发达，是滨海地区优良的防风固沙植物。由于植株矮小，目前对其应用方面的研究很少。

**繁殖**：播种与分株繁殖。

◎ 花

◎ 幼果

| 矮生薹草 | 耐盐 | A | 耐盐雾 | A | 抗旱 | B | 抗风 | A |

◎ 矮生薹草与海边月见草
（福建连江梅花镇）

◎ 矮生薹草群落
（福建连江梅花镇）

◎ 海岸沙地前沿的矮生薹草（澳大利亚昆士兰州黄金海岸）

# 克拉莎

*Cladium jamaicence* subsp. *chinense*（Nees）T. Koyama

别名：华克拉莎、一本莎、一本芒
英文名：Chinese Cladium

莎草科多年生草本，秆粗壮，单一，丛生，圆柱形，高 1～2.5 m，有多数秆生叶，匍匐根状茎短；茎有时高大而全部具叶或仅基部具叶，有时灯心草状而叶退化为鞘状的鳞片；叶扁平，剑形，革质，顶端渐狭呈三棱形，边缘及背面中肋具细齿；苞片叶状，具鞘，下部较长，上部渐短；圆锥花序由 5～8 个互相远离的、侧生的伞房花序组成；小穗卵披针形，成熟后近宽卵形，暗褐色，鳞片宽卵形；小坚果矩圆卵形，光亮。

**分布**：浙江、福建、广东、广西、海南、香港和台湾。偶见。

**生境与耐盐能力**：典型海岸湿地植物，从高潮带海岸湿地、大潮可淹及的海岸沙地至海岸山坡均有分布。在广西珍珠湾，克拉莎为红树林伴生植物，与老鼠簕、木榄（苗）、海漆、许树和黄槿等生长于红树林内缘高潮线附近泥沙质滩涂，高潮时平均盐度 27 g/L 的海水可淹及根部。在浙江象山松兰山，克拉莎生长于高潮线上缘海岸沙地。此两地均地处有淡水输入的海岸山坡底部。此外，在浙江平阳南麂岛，克拉莎生长于海拔近 30 m 的海岸山坡。

**特点与用途**：生物量大，生长速度快，对高浓度污水有较好的适应能力，在高盐养殖废水处理方面具有较大的应用价值。克拉莎也是造纸或编织的原材料。被认为是世界上最高大的莎草科植物。

**繁殖**：播种繁殖。

◎ 果

◎ 生长于红树林中的克拉莎
（广西防城港珍珠湾）

| 克拉莎 | 耐盐 | A- | 耐盐雾 | A- | 抗旱 | B+ | 抗风 | A- |
|---|---|---|---|---|---|---|---|---|

◎ 生长于海岸沙地的克拉莎（浙江象山松兰山）

◎ 红树林林缘的克拉莎（广西防城港白龙半岛）

# 粗根茎莎草

*Cyperus stoloniferus* Retz.

别名：咸水香附、假香附子、海滨莎草
英文名：Stolon-bearing Galingale

莎草科多年生草本，根状茎长而粗，顶端具膨大球茎；秆散生，高8～20 cm，横截面略呈三角形；叶基生，短于秆，折合；长侧枝聚伞花序具3～4个短辐射枝，每个辐射枝具3～8个小穗；小穗长圆状披针形或披针形，紧密排列于辐射枝上端；小坚果倒卵形或椭圆形，黑褐色。花果期5—12月。

**分布**：福建、广东、广西、海南、香港和台湾。常见。

**生境与耐盐能力**：海岸沙地最前沿植物，常稀疏生长于高潮线附近的海岸沙地，偶见于盐渍淤泥地。在广西北海，粗根茎莎草从潮水可以淹及的沙地、流动沙丘、半固定沙丘到海岸林中均有分布，而分布于高潮线附近的植株涨潮时被盐度高达30 g/L的海水淹没，未见任何受害症状，显示出极强的耐盐能力和耐盐雾能力。赵可夫等（2013）将其归为盐生植物。

**特点与用途**：喜光不耐阴、耐旱亦耐水湿、耐瘠；对海岸环境有很强的适应性，可用于海岸防风固沙和水土保持。球茎被用作香附子的替代品。

**繁殖**：球茎繁殖。

◎ 花序

◎ 与厚藤生长于海岸半流动沙地的粗根茎莎草（广东汕头陪隆）

| 粗根茎莎草 | 耐盐 | A | 耐盐雾 | A+ | 抗旱 | A+ | 抗风 | A+ |

## 南方滨海耐盐植物资源（二）

◎ 大潮时被海水淹没的粗根茎莎草（海南三亚铁炉港）

◎ 退潮后高潮带沙质滩涂生长的粗根茎莎草（海南东昌化江口）

◎ 海岸沙地前沿的粗根茎莎草（海南东方）

◎ 海岸沙地前沿稀疏生长的粗根茎莎草（广西北海银滩）

# 黑籽莎荸荠

*Eleocharis geniculata* (Linn.) Roem. ex Schult.

别名：弯形蔺、珍珠兰、弯形兰、大牛毛毡

英文名：Knoblike Spikesedge，Bent Spike-rush

莎草科一年生草本，无匍匐根状茎，秆密集丛生，高10～30 cm；叶缺失，只在秆的基部有2个叶鞘；小穗球形或卵形，顶端钝，淡锈色，密生多数花；小穗基部只有3～4片鳞片中空无花，其余鳞片全有花，宽椭圆形，顶端圆；下位刚毛6～8条，稍短于小坚果，锈色，不向外展开，有倒刺，刺稀而短；柱头2；小坚果宽倒卵形或圆卵形，紫黑色，平滑有光泽。花果期1—4月。

**分布**：福建、广东、广西、海南、香港和台湾。偶见。

**生境与耐盐能力**：海岸带与海岛特有植物，不仅可以在淡水鱼塘或水沟边生长，也可以在砂质海岸高潮带滩涂、海岸废弃鱼塘出现，偶见于红树林内。在海南三亚铁炉港，黑籽莎荸荠生长于高潮带砂泥质滩涂，涨潮时可以被盐度超过28 g/L的海水淹没，生长正常。此外，黑籽莎荸荠与假马齿苋也可以在铁炉港的废弃鱼塘四周旺盛生长。在海南三亚青梅港，生长于高潮带红树林空隙的黑籽莎荸荠高30 cm左右，而生长于大潮高潮线附近的黑籽莎荸荠秆密集丛生，高度只有5 cm。

**特点与用途**：喜光不耐阴、耐旱又耐水湿，耐盐能力强。由于目前对其研究甚少，应用情况不明。但根据其形态及野外生长情况看，黑籽莎荸荠有望在滨海地区人工湿地构建及养殖污水处理方面发挥作用。

**繁殖**：播种与分株繁殖。

◎ 花序

◎ 生长于强盐雾基岩海岸石缝的黑仔莎荸荠（海南文昌石头公园）

| 黑籽莎荸荠 | 耐盐 | A | 耐盐雾 | A | 抗旱 | B+ | 抗风 | — |
|---|---|---|---|---|---|---|---|---|

◎ 生长于高潮带沙泥质滩涂的黑籽荸荠（海南三亚铁炉港）

◎ 海岸废弃鱼塘中的黑籽荸荠（海南三亚铁炉港）

# 水葱

***Schoenoplectus tabernaemontani*** (C. C. Gmelin) Palla

**别名**：翠管草、冲天草、南水葱
**英文名**：Softstem Bulrush

莎草科多年生宿根挺水草本，茎高1～2 m，圆柱形，中空，绿色，表皮光滑，很像大葱，水葱由此得名；茎基部有3～4个膜质管状叶鞘，最上面的叶鞘具细线形叶片；茎顶端有一枚杆延长所形成的苞片，短于花序；圆锥状花序假侧生，具4～15个或更多辐射枝，每枝有3～5个卵形或淡黄褐色椭圆形小穗；小坚果倒卵形。花果期6—9月。

**分布**：浙江、福建、广东、广西、海南和台湾。常见。

◎ 花序

**生境与耐盐能力**：常见于滨海河道两岸、鱼塘边水沟、排水渠及红树林林缘。在海南东寨港，水葱生长于含盐量达18 g/L的鱼塘排水沟中，未见任何盐害症状；在海南文昌，水葱与海莲、红树和海桑等红树植物生长在一起，涨潮时海水盐度达11.1 g/L。在广西东兴北仑河口，人工种植的水葱在高潮时水体盐度3～25 g/L的潮间带滩涂种植后长势不佳（何斌源等，2013）。

◎ 海岸鱼塘排水沟边生长的水葱（海南海口东寨港）

**特点与用途**：喜光不耐阴、耐水湿；适应性强，病虫害少，植株挺立，生长葱郁，色泽淡雅洁净，可栽植于池隅、岸边，耐污能力强，是优良的滨海湿地公园的水景植物，同时在构建人工湿地处理高盐污水中具有重要的引用价值。秆可用于造纸及编席子。

**繁殖**：分株与播种繁殖。

| 水葱 | 耐盐 | B+ | 耐盐雾 | – | 抗旱 | C | 抗风 | B |

南方滨海耐盐植物资源（二）

◎ 海岸废弃鱼塘中的水葱群落（海南文昌文教溪头）

◎ 生长于红树林中的水葱（海南文昌头苑）

## 艳山姜

*Alpinia zerumbet*（Pers.）Burtt. et Smith

**别名**：月桃、玉桃、良姜、草荳蔻

**英文名**：Shell Ginger, Beautiful Galangal, Shell-flower

姜科多年生常绿草本，高 1.5～3 m，具横走的粗壮地下茎；单叶互生，矩圆状披针形，顶端渐尖而有一旋卷的小尖头，革质，两面无毛；圆锥花序呈总状花序式，顶生，下垂，花序轴紫红色，密被绒毛；花白色，唇瓣大型而带黄色，并具有红点及条斑；蒴果球形，具有多数纵棱，顶端有宿存花萼，熟时朱红色；种子蓝灰色，具有白色膜质的假种皮。花期4—6月，果期7—10月。栽培种花叶艳山姜（*A. zerumbet* cv. Variegata）华南地区作为观赏植物广泛栽培。

**分布**：浙江、福建、广东、广西、海南、香港和台湾。常见。

**生境与耐盐能力**：艳山姜对海岸环境的适应能力尚未引起关注。我们在浙江、福建和台湾的调查发现，艳山姜对海岸带与海岛环境有很强的适应能力。郑俊鸣等（2017）将其列为中国海岛植被修复适生植物。在台湾垦丁风吹沙、福建霞浦崳山岛等地，艳山姜生长于海拔数十米的强盐雾海岸迎风面山坡，夏季枝叶正常，秋冬季枯萎严重。而在福建诏安城洲岛，艳山姜与马樱丹、车桑子生长于海岸迎风面山坡石缝，秋冬季生长基本正常。

**特点与用途**：喜光亦耐阴、耐旱亦耐水湿、耐瘠；病虫害少，耐粗放管理，株型美观，枝叶繁茂，叶色苍翠，花序大而艳丽，是滨海地区固土护坡和园林绿化的优良植物，也是优良的诱蝶植物。叶鞘晒干后编制成草席或做绳索，叶可用于包粽子；种子（月桃子）药用，具燥热祛寒、除痰截疟和健脾暖胃的功效，用于治疗心腹冷痛、胸腹胀满、痰湿积滞、呕吐腹泻。

**繁殖**：分株繁殖。

◎ 花

◎ 果

| 艳山姜 | 耐盐 | B | 耐盐雾 | A- | 抗旱 | A- | 抗风 | A- |

南方滨海耐盐植物资源（二）

◎ 生长于强盐雾基岩海岸石缝的艳山姜（福建诏安城洲岛）

◎ 强盐雾海岸迎风面山坡的艳山姜（台湾垦丁风吹沙）

# 参考文献

1. AMIRUL A M, SHUKOR J A, AZIZAH AH, et al. 2014. Screening of Purslane (*Portulaca oleracea* L.) accessions for high salt tolerance[J]. The Scientific World Journal, 2014: 1-12.

2. AMIT L, KUMAR C A, VIKAS G, et al. 2010. Phytochemistry and pharmacological activities of *Capparis zeylanica*: an overview[J]. International Journal of Research in Ayurveda and Pharmacy, 1(2): 384-389.

3. ARONSON J A. 1989. Haloph: A data base of salt tolerant plants of the world[J]. Turson, Arizona: The University of Arizona. 77p. https://agris.fao.org/agris-search/search.do?recordID=XF2015023968

4. ARULMOZHI P, VIJAYAKUMAR S, PRASEETHA P K, et al. 2019. Extraction methods and computational approaches for evaluation of antimicrobial compounds from *Capparis zeylanica* L[J]. Analytical Biochemistry, 572: 33-44.

5. BASHA SKM, REDDY PSK, PAUL M J. 2015. Phytodiversity conservation of Sriharikota Island, Nellore (Dt.), Andhra Pradesh. In: New Horizons in Biotechnology[M]. (Eds. Viswanath B and Indravathi G), Paramount Publishing House, India, pp. 188-192.

6. BAUMGARTNER B, ERDELMEIER CAJ, Wright A D, et al. 1990. An antimicrobial alkaloid from *Ficus septica*[J]. Phytochemistry, 29(10): 3327-3330.

7. BEZONA N, HENSLEY D, YOGI J, et al. 2009. Salt and wind tolerance of landscape plants for Hawaii[J]. 9p. http: //www.hawaii.gov/dlnr/occl/files/Shoreline/salt-tolerance.pdf.

8. BIAN A, PAN D. 2018. Effects of salt stress on growth and inorganic ion distribution in *Narcissus tazetta* L. var. *chinensis* Roem[J]. Seedlings. HortScience, 53(8): 1152-1156.

9. BLACK RJ. 2003. Salt-tolerant plants for florida[J]. 10p. http: //edis.ifas.ufl.edu/pdffiles/ep/ep01200.pdf.

10. BOWN D. 1995. Encyclopaedia of Herbs and their Uses[M]. London: Dorling Kindersley.

11. CAB INTERNATIONAL. 2021. Invasive species compendium[J]. https://www.cabi.org/isc/datasheet/110272#fe53e38b-85c0-49a2-8046-fb99501d2c92

12. CHAUHAN B S, ABUGHO S B, AMAS J C, et al. 2017. Effect of salinity on growth of barnyardgrass (*Echinochloa crus-galli*), horse purslane (*Trianthema portulacastrum*, junglerice (*Echinochloa colona*), and rice[J]. Weed Science, 61(2): 244-248.

13. CHAUHAN B S, JOHNSON D E. 2008. Germination ecology of goose grass (*Eleusine indica*): an important grass weed of rain fed rice[J]. Weed Science, 56: 699-706.

14. CHOU F S, LIU H Y, SHEUE C R. 2004. *Boerhavia erecta* L. (Nyctaginaceae), a new

adventive plant in Taiwan[J]. Taiwania, 49(1): 39-43.

15. COYKENDALL K E, HOUSEMAN G R. 2014. *Lespedeza cuneata* invasion alters soils facilitating its own growth[J]. Biological Invasions, 16: 1735-1742.

16. DUKE J A. 1981. Handbook of Legumes of World Economic Importance[M]. Plenum Press, New York, USA, 358p.

17. FAO, 2017. Rome, Italy: Food and Agricultural Organization of the UN[J]. http://ecocrop.fao.org/ecocrop/srv/en/cropSearchForm

18. FERRITER A. 2011. Plant substitution guide for the florida keys. South Florida Water Management District[J]. http://www.keysgreenthumb.net/AlterNatives_Plant_Guide.pdf.

19. GIESEN W, WULFFRAAT S, ZIEREN M, et al. 2006. Mangroves Guidebook for Southeast Asia[J]. Forest Resources Officer, FAO Regional Office for Asia and the Pacific. https://www.academia.edu/38114366/MANGROVE_GUIDEBOOK_FOR_SOUTHEAST_ASIA

20. GILMAN E F. 1999. *Euphorbia milii*. Fact Sheet FPS-205. Gainesville, Florida, USA: Institute of Food and Agricultural Sciences, University of Florida, pp. 3.

21. HARRISON M. 2006. Groundcovers for the South[M]. Pineapple Press, Sarasota, Florida, USA, pp. 69.

22. HAYES W E. 2000. Competitive abilities and ecological impacts of *Tamarix aphylla* in southern Nevada[J]. University of Las Vegas, Retrospective Theses and Dissertations. 2114.

23. HUANG T C, OHASHI H. 1993. *Leguminosae*. In: Huang TC (Ed.), Flora of Taiwan, vol. III. Editorial Committee of the Flora of Taiwan. Taipei, pp. 160-396.

24. IWASHINA T, KOKUBUGATA G. 2012. Flavone and flavonol glycosides from the leaves of *Triumfetta procumbens* in Ryukyu Islands[J]. Bulletin of the National Museum of Nature and Science, 38 (2): 63-67.

25. JANG J Y, LE DANG Q, CHOI Y H, et al. 2014. Nematicidal activities of 4-quinolone alkaloids isolated from the aerial part of *Triumfetta grandidens* against *Meloidogyne incognita*[J]. Journal of Agriculture and Food Chemistry, 63(1): 68-74.

26. JUNG S H, KIM A R, LIM B S, et al. 2019. Spatial distribution of vegetation along the environmental gradient on the coastal cliff and plateau of Janggi peninsula (Homigot), southeastern Korea[J]. Journal of Ecology and Environment, 43(14): 1-12.

27. KANTRUD H A. 1991. Wigeongrass (*Ruppia maritima* L.): A literature Review. US Fish and Wildlife Service, Fish and Wildlife Research, 10: 58p. http://www.npwrc.usgs.gov>/resource/literatr/ruppia/ruppia.htm

28. KAO W Y, TSAI T T, TSAI H C, et al. 2006. Response of three Glycine species to salt stress[J]. Experimental and Environmental Botany, 56(1): 120-125.

29. KHAN M A, QAISER M. 2006. Halophytes of Pakistan: characteristics, distribution and potential economic usages[J]. Sabkha Ecosystems, 42: 129-153.

30. LAKSHMINARAYANA G, RAJU AJS. 2017. Reproductive ecology of Birdville Indigo

(*Indifofera linnaei* Ali. Fabaceae)[J]. Journal of Institute of Science and Technology, 22(1): 84-93.

31. LOKHANDE V H, SUPRASANNA P. 2012. Prospects of halophytes in understanding and managing abiotic stress tolerance[J]. In: P. Ahmad and M. N. V. Prasad (Eds.), Environmental Adaptations and Stress Tolerance of Plants in the Era of Climate Change. Springer, New York, NY, pp. 29-56.

32. MAAS E V, GRATTAN S R. 1999. Crop yields as affected by salinity[J]. In Agricultural Drainage, Skaggs RW, van Schilfgaarde J, Eds. ASA-CSSA-SSSA: Madison, WI, USA, pp. 55-108.

33. MADAGASCAR C. 2020. Catalogue of the plants of Madagascar. St Louis & Antananarivo, USA & Madagascar: Missouri Botanical Garden, 32p.

34. MARCUM K B. 1994. Salinity tolerance mechanisms of six $C_4$ turfgrasses[J]. American Society for Horticultural Science, 119(4): 779-784.

35. MENZEL U, LIETH H. 2003. Halophyte Database Vers. 2.0 update. https://www.sussex.ac.uk/affiliates/halophytes/

36. NAIDOO G, WILLERT D J. 1995. Diurnal gas exchange characteristics and water use efficiency of three salt-secreting mangroves at low and high salinities[J]. Hydrobiologia, 295: 13-22.

37. NUGROHO A E, HERMAWAN A, PUTRI DDP, et al. 2012. Synergistic effects of ethyl acetate fraction of *Ficus septica* Burm. f. and doxorubicin chemotherapy on T47D human breast cancer cell line[J]. Journal of Chinese Integrative Medicine, 10(10): 1162-1170.

38. PARROTTA J A. 2010. *Albizia lebbeck* (species description). In: Tropical Tree Seed Manual [ed. by Vozzo JA]. United States Department of Agriculture, Beltsville, USA, pp. 274-275.

39. PASTERNAK D, ARONSON A J, BEN-DOV J, et al. 1986. Development of new aarid zone crops for the negev desert of Israel[J]. Journal of Arid Environments, 11(1): 37-59.

40. QURESHI R H, BARRETT-LENNARD E G. 1998. Saline Agriculture for Irrigated Land in Pakistan: A Handbook. Canberra, Australian Centre for International Agricultural Research (ACIAR), Australia, 142p.

41. SÁNCHEZ SRP, KANTÚN S P, TAPIA LWT. 2005. Screening of native plants from Yucatan for anti-Giardia lamblia activity[J]. Pharmaceutical Biology, 43(7): 594-598.

42. SINGH K. 1994. Site suitability and tolerance limits of trees, shrubs and grasses on sodic soils of Ganga-Yamuna Doab[J]. Indian Forester, 120(3): 225-235.

43. SOUZA M O, PELACANI C R, WILLEMS LAJ, et al. 2016. Effect of osmopriming on germination and initial growth of *Physalis angulata* L. under salt stress and on expression of associated genes[J]. Annals of the Brazilian Academy of Sciences, 88(1): 503-516.

44. SUZUKI K, SAENGER P. 1996. A phytosociological study of mangrove vegetation in

Australia with a latitudinal comparison of East Asia[J]. Mangrove Science, 1: 9-27.

45. SYKES M, WILSON J. 1989. The effect of salinity on the growth of some New Zealand sand dune species[J]. Acta Botanica Neerlandica, 38: 173-182.

46. TANVEER A, MUMTAZ K, JAVAID M M, et al. 2013. Effect of ecological factors on germination of horse purslane (*Trianthema portulacastrum*) [J]. Planta Daninha, 31(3): 587-597.

47. TOMASO JMD. 1998. Impact, biology, and ecology of saltcedar *Tamarix* ssp. in the Southwestern United States[J]. Weed Technology, 12(2): 326-336.

48. TSAI J I, FENG F L. 2014. Integrating the aerial photos and DTM to estimate the area and niche of *Arundo formosana* in Jiou-Jiou Peaks Natural Reserve of Taiwan. Designing Low Carbon Societies in Landscapes[M]. Ecological Research Monographs. Springer, Tokyo, pp. 313-326.

49. VENNILA K, CHITRA L, BALAGURUNATHAN R, et al. 2018. Comparison of biological activities of selenium and silver nanoparticles attached with bioactive phytoconstituents: green synthesized using *Spermacoce hispida* extract[J]. Advances in Natural Sciences: Nanoscience and Nanotechnology, 9(1): 015005.

50. VERHEIJ EWM. 1991. Plant resources of South-East Asia No. 2: Edible fruits and nuts Pudoc, Plant Resources of South East Asia, Wageningen, Netherlands, pp. 223-225.

51. WANG S W, XU F F, GUO L J, et al. 2020. Different responses of the halophyte *Carex pumila* to salt stress[J]. Biologia Plantarum, 64: 519-528.

52. WILLIAMS D A, OVERHOLT W A, CUDA J P, et al. 2005. Chloroplast and microsatellite DNA diversities reveal the introduction history of Brazilian peppertree (*Schinus terebinthifolius*) in Florida[J]. Molecular Ecology, 14: 3643-3656.

53. WU L, DODGE L. 2005. Landscape plant salt tolerance selection guide for recycled water irrigation[J]. Endowment Fund, 40:1-40.

54. SNADAKER S C, SNADAKER J G. 1994. 红树林生态系统研究方法[M]. 郑德璋, 郑松发, 廖宝文 译. 广东: 广东科技出版社.

55. 安渊, 陈丽君, 孟慧琳, 等. 2005. 不同践踏强度对沟叶结缕草坪用性状的影响[J]. 草地学报, 13(4): 299-303.

56. 曾国强. 2007. 沙质海岸相思类树种生产力和生态效应的研究[J]. 安徽农学通报, 13(1): 142-143.

57. 陈国军, 刘维刚, 徐迎春, 等. 2018. 9种滨海植物盐雾的耐性评价[J]. 福建林学院学报, 38(3): 341-347.

58. 陈海平, 杨秀云, 朱烨, 等. 2012. NaCl胁迫对五彩石竹和常夏石竹种子萌发的影响[J]. 山西农业大学学报, 32(3): 245-250.

59. 陈杰, 韩维栋, 莫定鸣, 等. 2012. 野生土坛树资源的利用研究[J]. 广东林业科技, 28(6): 77-80.

60. 陈静波, 褚晓晴, 李珊, 等. 2012. 盐水灌溉对7属11种暖季型草坪草生长的影响及

抗盐性差异 [J]. 草业科学, 29(8): 1185-1192.

61. 陈静波, 阎君, 姜燕琴, 等. 2009. 暖季型草坪草优良选系和品种抗盐性的初步评价 [J]. 草业学报, 18(5): 107-114.

62. 陈明林, 张云华, 严密, 等. 2007. 盐胁迫下外来种铜锤草和本地种酢浆草的生理指标比较研究 [J]. 上海交通大学学报（农业科学版）, 25(3): 282-288.

63. 陈平, 席嘉宾, 张建国, 等. 2006. 海滨型野生假俭草的盐胁迫效应研究 [J]. 中山大学学报（自然科学版）, 45(5): 85-88.

64. 陈莎莎, 姚世响, 袁军文, 等. 2010. 新疆荒漠地区盐生植物灰绿藜种子的萌发特性及其对生境的适应性 [J]. 植物生理学通讯, 46(1): 75-79.

65. 陈莎莎, 姚世响, 袁军文, 等. 2010. 盐生植物灰绿藜对 NaCl 和 $NaHCO_3$ 胁迫的生理响应 [J]. 新疆农业科学, 47(5): 882-887.

66. 陈桐庵. 1987. 昌黎黄金海岸植被概述 [J]. 河北农业技术师范学院学报, 1(1): 63-74.

67. 陈香波, 许小连. 2012. 四种胡枝子属植物抗逆性比较研究 [J]. 中国观赏园艺研究进展, 5: 425-431.

68. 陈心启, 吴应样. 1982. 中国水仙考 [J]. 中国科学院大学学报, 20(3): 371-379.

69. 陈玉峰. 1984. 植物与植被生态丛书 (I) 鹅銮鼻公园植物与植被 [M]. "内政部营建署" 垦丁国家公园管理处.

70. 陈征海, 孙孟军. 2014. 浙江省常见树种彩色图谱 [M]. 杭州: 浙江大学出版社.

71. 陈征海, 唐正良, 王国明, 等. 1995.《浙江植物志》拾遗 [J]. 浙江林学院学报, 123(2): 189-209.

72. 陈征海, 谢文远, 李修鹏. 2017. 宁波滨海植物 [M]. 北京: 科学出版社.

73. 戴文, 邱国金, 史云光, 等. 2017. 盐胁迫对金森女贞的生长与生理特性的影响 [J]. 山西农业大学学报（自然科学版）, 37(3): 183-188.

74. 邓培雁, 雷远达, 曾宝强. 2011. 川蔓藻的重要生态服务功能评述 [J]. 生态经济, 9: 171-173.

75. 丁君毅. 1994. 无花果的开发前景和种植技术 [J]. 杭州科技, 1: 16-18.

76. 杜浩, 李宗锴, 只佳增, 等. 2020. 白花鬼针草种子萌发对不同湿度、pH、盐度和渗透势的响应 [J]. 热带农业科学, 40(5): 27-33.

77. 段德玉, 刘小京, 冯凤莲, 等. 2003. 不同盐分胁迫对盐地碱蓬种子萌发的效应 [J]. 土壤肥料科学, 19(6): 168-172.

78. 段德玉, 刘小京, 冯凤莲, 等. 2004. 盐分和水分胁迫对盐生植物灰绿藜种子萌发的影响 [J]. 植物资源与环境学报, 13(1): 7-11.

79. 福建植物志编辑委员会. 1980-1995. 福建植物志（Ⅰ - Ⅵ卷）[M]. 福州: 福建科学技术出版社.

80. 高桂娟. 2003. 野生假俭草耐盐性研究 [D]. 四川农业大学硕士学位论文.

81. 高霞, 钱吉, 马玉虹, 等. 2002. 我国 2 种多年生野生大豆的染色体研究 [J]. 复旦学报（自然科学版）, 41(6): 717-719.

82. 高秀梅，韩维栋，黄剑坚. 2009. 湛江市珍稀天然樟树群落调查与分析 [J]. 广东林业科技, 25(3): 35-37.

83. 龚家建, 杨小锋, 杨雨祚. 2018. 糙叶丰花草种子发芽特性研究 [J]. 广东农业科学, 45(4): 57-62.

84. 顾海蓉, 李媛, 沈根祥, 等. 2009. 沿海地区5种常见植物对土壤盐渍化程度的指示作用研究 [J]. 农业环境科学学报, 28(8): 1590-1596.

85. 管志勇, 陈发棣, 滕年军, 等. 2010a. 5种菊花近缘种属植物的耐盐性比较 [J]. 中国农业科学, 43(4): 787-794.

86. 广西植物志编辑委员会. 1991-2005. 广西植物志（Ⅰ-Ⅱ卷）[M]. 南宁: 广西科学技术出版社.

87. 韩宝芹, 陈登勤. 1995. 海边香豌豆资源开发基础研究 [J]. 青岛海洋大学学报, 25(2): 193-198.

88. 韩丽, 张金梅, 卢新雄, 等. 2014. 菊芋耐性胁迫及种质保存研究进展 [J]. 植物遗传资源学报, 15(5): 999-1005.

89. 韩瑞宏, 李志丹, 高桂娟, 等. 2014. NaCl胁迫对热研2号柱花草种子萌发的影响 [J]. 草原与草坪, 34(5): 16-20.

90. 贺位忠, 李玉芬, 高大海. 2008. 舟山海岛困难地造林树种选择与配套技术研究 [J]. 浙江林业科技, 28(4): 39-42.

91. 胡茜魇, 赵志森, 兰燕月, 等. 2020. 盐度和水淹对海三棱藨草种子萌发及幼苗生长的影响 [J]. 上海海洋大学学报, 29(1): 55-63.

92. 胡月楠, 张松涛, 刘畅, 等. 2012. 曹妃甸新区道路绿化植物调查 [J]. 中国水土保持, 8: 15-17.

93. 简曙光, 任海. 2017. 热带珊瑚岛礁植被恢复工具种图谱 [M]. 北京: 中国林业出版社.

94. 江蕙敏. 2017. 5种野生蔬菜的复制技术和耐盐性研究 [D]. 仲恺农业工程学院硕士学位论文.

95. 解卫海, 周瑞莲, 梁慧敏, 等. 2015. 海岸和陆沙地砂引草对自然环境和沙埋处理适应的生理差异 [J]. 中国沙漠, 35(6): 1538-1548.

96. 景春梅, 刘慧, 席琳乔, 等. 2014. 几种草木樨发芽期的耐盐性研究 [J]. 新疆农业科学, 51(4): 701-707.

97. 君影. 2004. 台湾海岸植物 [D]. 台北: 人人出版股份有限公司.

98. 孔令安, 宋国菌, 卢丽萍, 等. 2002. 不同生境中碱蓬形态结构的比较解剖研究 [J]. 山东农业大学学报(自然科学版), 33(3): 331-337.

99. 李勃, 高鸿永, 万馨, 等. 2014. 八宝景天和五彩石竹耐盐性分析 [J]. 绿色科技, 1: 108-110.

100. 李存桢, 刘小京, 杨艳敏, 等. 2005. 盐胁迫对盐地碱蓬种子萌发及幼苗生长的影响 [J]. 中国农学通报, 21(5): 209-212.

101. 李根有, 周世良, 张若蕙, 等. 1989. 浙江舟山桃花岛的天然植被类型 [J]. 浙江林学院学报, 6(3): 243-254.

102. 李全超, 刘洋, 肖瑶宇, 等. 2019. 盐胁迫对多花水仙部分生理特性和叶绿素荧光参数的影响 [J]. 福建农林大学学报(自然科学版), 48(2): 161-167.

103. 李信贤. 2005. 广西海岸沙生植被的类型及其分布和演潜 [J]. 广西科学院学报, 21(1): 27-36.

104. 李影丽, 汪奎宏, 杜国坚, 等. 2008. NaCl 胁迫对普陀樟叶绿素荧光参数的影响 [J]. 安徽农业科学, 36(22): 9377-9379.

105. 李圆圆, 郭建荣, 杨明峰, 等. 2003. KCl 和 NaCl 处理对盐生植物碱蓬幼苗生长和水分代谢的影响 [J]. 植物生理与分子生物学学报, 29(6): 576-580.

106. 李媛. 2009. 农田盐渍化土壤敏感指示植物筛选及其指示研究 [D]. 东华大学硕士学位论文.

107. 李云, 郑德璋, 廖宝文, 等. 1995. 无瓣海桑引种育苗试验 [J]. 林业科技通讯, 5: 21-22.

108. 李中光. 1962. 草木樨的栽培利用和改土效果 [J]. 新疆农业科学, 5: 177-179.

109. 廖宝文, 郑松发, 陈玉军, 等. 2006. 海南东寨港几种国外红树植物引种初报 [J]. 中南林学院学报, 26(3): 63-67.

110. 廖启炌. 2010. 8 种棕榈植物幼苗耐盐性的比较分析 [J]. 中国农学通报, 26(16): 362-369.

111. 林武星, 张水松, 叶功富, 等. 2001. 厚荚相思在沿海沙质海岸更新造林中的应用 [J]. 北华大学学报(自然科学版), 2(4): 339-344.

112. 林武星. 2005. 闽南沿海沙地引种树种的评价 [J]. 中南林学院学报, 25(1): 42-45.

113. 刘昉勋, 黄致远, 蔡守坤. 1986. 江苏海岸沙生植被的研究 [J]. 植物生态学与植物学报, 10(2): 115-123.

114. 刘会超, 姚连芳, 孙振元, 等. 2005. 华北地区 7 种野生宿根花卉植物耐盐性研究 [J]. 林业科学研究, 18(2): 187-190.

115. 刘淑贤. 2002. 几种露地花卉种子萌发期耐盐性研究 [J]. 内蒙古民族大学学报(自然科学版), 17(3): 228-230.

116. 刘一明, 程凤枝, 王齐, 等. 2009. 四种暖季型草坪植物的盐胁迫反应及其耐盐阈值 [J]. 草业学报, 18(3): 192-199.

117. 刘兆普, 刘玲, 陈铭达, 等. 2003. 利用海水资源直接农业灌溉的研究 [J]. 自然资源学报, 18(4): 423-429.

118. 隆小华, 刘兆普, 徐文君. 2006. 海水处理下菊芋幼苗生理生化特性及磷效应的研究 [J]. 植物生态学报, 30(2): 307-313.

119. 隆小华, 刘兆普, 郑青松, 等. 2005. 不同浓度海水对菊芋幼苗生长及生理生化特性的影响 [J]. 生态学报, 25(8): 1881-1889.

120. 罗斌, 周士威. 1991. 水培胡杨抗盐特性的研究 [J]. 林业科学研究, 4(5): 486-491.

121. 马春, 李洪远, 王英, 等. 2008. 天津滨海地区的盐生植物与盐生植被景观 [J]. 现代园林, 11: 1-5.

122. 马惠海, 罗胜军, 土哲, 等. 2006. 相思子毒素研究进展 [J]. 动物医学进展, 27(9): 50-54.

123. 毛得奖, 朱亚玲, 庞海强, 等. 2013. 垂序商陆浆果红色素提取及总皂苷含量测定研究 [J]. 中国调味品, 37(12): 99-102.

124. 南京中医药大学. 1997. 中药大辞典 [M]. 上海: 上海科技出版社.

125. 潘媛媛, 陆厉芳, 范倩莹, 等. 2014. 温州地区茜草科植物的分类研究 [J]. 温州大学学报(自然科学版), 35(2): 32-43.

126. 彭红丽, 赵美微, 王颖, 等. 2012. 秦皇岛滨海野生观赏盐生植物资源与绿化应用. 南方农业学报, 43(5): 671-674

127. 秦新生, 邢福武, 李秉滔. 2010. 广东及香港、澳门鹅绒藤属药用植物资源 [J]. 中国野生植物资源, 29(4): 8-12.

128. 邱凤英, 廖宝文, 蒋燚. 2010. 半红树植物海檬果幼苗耐盐性研究 [J]. 防护林科技, 5: 5-9.

129. 邱凤英, 廖宝文, 肖复明. 2011. 半红树植物杨叶肖槿幼苗耐盐性研究 [J]. 林业科学研究, 24(1): 51-55.

130. 任建武, 田翠杰, 胡青, 等. 2012. 天津滨海新区湿地野生植物资源调查与分析 [J]. 林业资源管理, 2: 90-95.

131. 山东师范大学. 2017. 中国盐生植物种质资源库. http://www.grhc.sdnu.edu.cn/wzdt.htm

132. 施文彧, 葛振鸣, 王天厚, 等. 2007. 九段沙湿地植被群落演替与格局变化趋势 [J]. 生态学杂志, 26(2): 165-170.

133. 史功伟, 宋杰, 高奔, 等. 2009. 不同生境盐地碱蓬出苗及幼苗抗盐性比较 [J]. 生态学报, 29(1): 138-143.

134. 舒夏竺, 周建芬, 张艳艳, 等. 2018. 惠州代茶植物资源调查 [J]. 惠州学院学报(自然科学版), 38(6): 43-50.

135. 宋协明, 周潇蕾, 徐艳. 2019. 威海市滨海地区 7 种野生植物耐盐性研究 [J]. 现代农业科技, 21: 150-151.

136. 宋阳阳, 王奎玲, 刘庆超, 等. 2013. 盐胁迫对砂引草生长及生理指标的影响 [J]. 青岛农业大学学报, 30(2): 128-131.

137. 孙广玉. 2005. 盐碱土上马蔺的渗透调节和光合适应性研究 [D]. 中国农业大学硕士学位论文.

138. 孙吉雄. 1995. 草坪学 [M]. 北京: 农业出版社.

139. 谭海霞. 2013. 中国北部滨海野生盐生植物资源调查及绿化应用 [J]. 中国园林, 5: 101-103.

140. 汤聪, 郭微, 刘念, 等. 2013. 几种广州地区屋顶绿化植物耐热性的测定 [J]. 北方园艺, 11: 62-65.

141. 汤聪, 刘念, 郭微, 等. 2014. 广州地区 8 种草坪式屋顶绿化植物的抗旱性 [J]. 草业科学, 31(10): 1867-1876.

142. 陶磊, 赵文喜, 吴思璇, 等. 2015. 人工湿地耐盐挺水植物筛选研究 [J]. 四川环境, 34(4): 105-109.

143. 天津滨海新区管理委员会. 2007. 天津滨海盐生植物 [M]. 北京: 中国林业出版社.

144. 万方浩, 刘全儒, 谢明, 等. 2012. 生物入侵: 中国外来入侵植物图鉴 [M]. 北京: 科学出版社.

145. 汪立梅, 桂丕, 李化山, 等. 2018. 改良剂与微生物菌剂联合施用对盐碱地土壤和耐盐植物的影响 [J]. 江苏农业科学, 46(17): 264-269.

146. 王刚, 田耕, 郭伟, 等. 2012. 滨海盐渍土区高速公路跨线桥边坡绿化效果调查 [J]. 河北林业科技, 12: 46-47.

147. 王国明, 徐斌芬, 王美琴, 等. 2007. 舟山群岛野生木本观赏植物资源及分布 [J]. 浙江林学院学报, 24(1): 55-59.

148. 王加真, 夏更寿, 李建龙, 等. 2007. 高盐胁迫对沟叶结缕草叶片光合色素含量的影响 [J]. 上海交通大学学报(农业科学版), 25(6): 583-586.

149. 王敏, 朱怀梅, 苏琳婧, 等. 2005. 野生大豆耐盐性材料初步筛选 [J]. 河南农业科学, 7: 31-34.

150. 王卫红, 季民. 2008. 滨海再生水河道中川蔓藻的季节生长变化 [J]. 天津大学学报, 41(4): 488-493.

151. 王慰, 黄胜利, 丁国剑, 等. 2007. 盐胁迫下舟山新木姜子 1 年生苗形态变化及生理反应 [J]. 浙江林学院学报, 24(2): 168-172.

152. 王文卿, 王瑁. 2007. 中国红树林 [M]. 北京: 科学出版社.

153. 王文卿, 闫中正, 黄伟滨, 等. 2003. 适生植物种类选择, 厦门马銮湾湿地及其生态重构示范区生态背景调查报告 [M]. 厦门: 厦门大学出版社.

154. 王彦龙, 施建军, 盛丽, 等. 2019. 柴达木盆地盐碱地黄花草木樨引种适应性评价 [J]. 青海畜牧兽医杂志, 49(1): 19-21.

155. 王业遴, 马凯, 姜卫兵. 1989. 江苏省海涂地区创建无花果生产基地初探 [J]. 海洋开发与管理, 2: 44-47.

156. 王玉林, 韦美玉, 赵洪. 2008. 外来植物落葵薯生物特征及其控制 [J]. 安徽农业科学, 36(13).5524-5526.

157. 王玉珍, 刘永信. 2009. 山东省东营市耐盐植物资源及开发利用 [J]. 安徽农业科学, 37(20): 9543-9546.

158. 王志洁, 叶功富, 谭芳林, 等. 2006. 相思树种在沿海沙地不同立地环境中的应用效果 [J]. 防护林科技, 6: 6-8.

159. 王志勇, 刘松虎, 黄泽. 2019. 5 种野生胡枝子种子的耐盐萌发响应 [J]. 种子, 38(4): 92-96.

160. 韦美玉, 王玉柑, 刘丽萍. 2012. 外来入侵植物粉花月见草生态学特征 [J]. 黔南民族师范学院学报, 6: 89-92.

161. 魏佳丽, 崔继哲, 赵鹤翔, 等. 2010. 盐碱与干旱胁迫对碱蓬种子萌发和 TvNHX1 表达的影响 [J]. 应用生态学报, 21(6): 1389-1394.

162. 吴德邻. 1994. 海南及广东沿海岛屿植物名录 [M]. 北京: 科学出版社.

163. 吴尔生, 林恩涌, 穆华. 1982. 河北省平原盐渍土区几种指示植物与土壤盐分关系的初步探讨 [J]. 河北农业大学学报, 5(1): 122-131.

164. 吴凯朝, 邓智年, 魏源文, 等. 2017. 我国甘蔗属割手密种质资源收集与研究概况 [J]. 中国糖料, 39(5): 45-50.

165. 郗金标, 张福锁, 田长彦. 2006. 新疆盐生植物 [M]. 北京: 科学出版社.

166. 夏高达, 贺位忠, 俞群娣, 等. 2008. 舟山市海滨盐碱地绿化造林技术初探 [J]. 牡丹江教育学院学报, 2: 157-158.

167. 夏天翔, 刘兆普, 綦长海, 等. 2004. 莱州湾利用海水资源灌溉菊芋研究 [J]. 干旱地区农业研究, 22(3): 60-63.

168. 项秀丽, 初庆刚, 刘振乾. 2008. 砂引草泌盐腺的结构与泌盐的关系 [J]. 暨南大学学报 (自然科学版), 29: 305-310.

169. 肖鑫辉, 李向华, 刘洋, 等. 2009. 野生大豆耐高盐碱土壤种质的鉴定与评价 [J]. 植物遗传资源学报, 10(3): 392-398.

170. 谢清华. 2013. 优良野生观赏植物密花树育苗技术 [J]. 中国林副特产, 5: 59-60.

171. 谢彦军. 2012. 广西北部湾海岸带维管植物区系地理与植物资源研究 [D]. 广西大学学位论文.

172. 辛华, 张秀芬, 初庆刚. 1998. 山东滨海盐生植物叶结构的比较研究 [J]. 西北植物学报, 18(4): 584-589.

173. 刑福武, 邓双文, 陈红锋, 等. 2019. 中国南海诸岛植物志 [M]. 北京: 中国林业出版社.

174. 刑福武, 余明恩. 2000. 深圳野生植物 [M]. 北京: 中国林业出版社.

175. 徐海根, 强胜. 2018. 中国外来入侵生物 (修订版) [M]. 北京: 科学出版社.

176. 徐恒刚. 2004. 中国盐生植被及盐渍化生态治理 [M]. 北京: 中国农业科学技术出版社.

177. 许桂芳, 刘明久, 黄小玲. 2007. 盐分胁迫对 4 种花卉种子萌发的影响 [J]. 种子, 26(8): 39-41.

178. 薛志忠, 杨雅华, 李可晔, 等. 2014. 菊芋耐盐碱性研究进展 [J]. 北方园艺, 9: 196-199.

179. 郇树乾, 刘国道, 杨厚方. 2004. 盐分浓度对 7 种热带牧草种子萌发的影响 [J]. 热带农业科学, 3: 24-27.

180. 闫茂华, 陆长梅. 2009. 资源植物——筛草开发利用的研究进展 [J]. 连云港师范高等专科学校学报, 2: 106-108.

181. 严琳玲, 张瑜, 王文强, 等. 2020. 18 份银合欢种质萌发期耐盐性综合评价 [J]. 种子, 39(2): 69-73.

182. 阎秀峰, 李一蒙, 王洋. 2008. 改良松嫩盐碱草地的优良植物——菊芋 [J]. 黑龙江大学（自然科学学报）, 25(6): 812-816.

183. 杨洪晓, 褚建民, 张金屯. 2011. 山东半岛滨海沙滩前缘的野生植物 [J]. 植物学报, 46(1): 50–58.

184. 杨小波. 2016. 海南植物图志 [M]. 北京: 科学出版社.

185. 姚洁, 曾波, 杜珲, 等. 2015. 三峡水库长期水淹条件下耐淹植物甜根子草的资源分配特征 [J]. 生态学报, 35(22): 7347-7354.

186. 袁丽丽, 樊波, 邹佩, 等. 2018. 岭南乡土植物链荚豆、丁葵草、酢浆草的坪用价值 [J]. 草业科学, 35(8): 1890-1898.

187. 袁亚芳, 陈明贤, 陈清西, 余志雄, 郑梦娇. 2013. 不同品种火龙果耐盐差异性研究 [J]. 热带作物学报, 34(1): 092-097.

188. 张嘉灵, 郑建忠, 魏凯, 等. 2019. 平潭野生乡土地被植物资源调查与园林应用评价 [J]. 草业科学, 36(2): 368-381.

189. 张利权, 雍学葵. 1992. 海三棱藨草种群的物候与分布格局研究 [J]. 植物生态学与地植物学学报, 16(1): 43-51.

190. 张玲菊, 黄胜利, 周纪明, 等. 2008. 常见绿化造林树种盐胁迫下形态变化及耐盐树种筛选 [J]. 江西农业大学学报, 30(5): 833-836.

191. 张娆挺, 顾莉. 1991. 厦门及其邻近区海岸高等植物的分布 [J]. 台湾海峡, 10(4): 386-391.

192. 张淑萍, 王仁卿, 杨继红, 等. 2005. 胶东海岸野生玫瑰的濒危现状与保护策略 [J]. 山东大学学报(理学版), 40(1): 112-118.

193. 张万钧. 1999. 盐渍土绿化 [M]. 北京: 中国环境科学出版社.

194. 张晓华, 应松康, 刘雪康, 等. 1997. 浙江海岛砂生植被研究（Ⅱ）: 天然植被类型及开发利用 [J]. 浙江林学院学报, 14(1): 50-57.

195. 张学杰, 樊守金, 李法曾. 2003. 中国碱蓬资源的开发利用研究状况 [J]. 中国野生植物资源, 22(2): 1-3.

196. 张幼法, 李修鹏, 陈征海, 等. 2015. 中国大陆山茶科一新记录种——日本厚皮香 [J]. 亚热带植物科学, 44(3): 241-243.

197. 赵大昌, 刘昉勋, 陈树培. 1996. 中国海岸带植被 [M]. 北京: 海洋出版社.

198. 赵耕毛, 刘兆普, 夏天翔, 等. 2005. 滨海半干旱地区海水灌溉对土和作物产量的影响 [J]. 生态学报, 25(9): 2446-2449.

199. 赵可夫, 李法曾, 樊守金, 等. 1999. 中国的盐生植物 [J]. 植物学通报, 16(3): 201-207.

200. 赵可夫, 李法曾, 张福锁. 2013. 中国盐生植物（第二版）[M]. 北京: 科学出版社.

201. 赵可夫, 宋杰, 范海. 2004. 植物耐盐生理 [M]. 北京: 科学出版社.

202. 赵可夫, 张万钧, 范海, 等. 2001. 改良和开发利用盐渍化土壤的生物学措施 [J]. 土壤通报, 32(6): 115-119.

203. 赵艳云, 胡相明, 刘京涛, 等. 2011. 黄河三角洲贝壳堤岛植被特征分析 [J]. 水土保持通报, 31(2): 177-181.

204. 赵颖, 王国明, 叶波, 等. 2016. 盐雾胁迫对舟山海岛 7 个造林树种存活和生长的影响 [J]. 植物资源与环境学报, 25(3): 36-44.

205. 浙江海岛资源综合调查领导小组. 1995. 浙江海岛资源综合调查与研究 [M]. 杭州: 浙江科学技术出版社.

206. 浙江省红树林资源保护与发展技术研究课题组. 2001. 浙江省红树林资源保护与发展技术研究报告, 97-110.

207. 浙江植物志编辑委员会. 1989-1993. 浙江植物志 (Ⅰ-Ⅶ卷) [M]. 杭州: 浙江科学技术出版社.

208. 郑朝宗. 1995. 南麂列岛自然保护区综合考察文集 [M]. 北京: 中国环境出版社.

209. 郑慧坚, 庞振才, 林家丽. 2008. 食药赏兼用的西印度樱桃及其栽培 [J]. 广西热带农业, 2: 22-23.

210. 郑万钧. 1997. 中国树木志 (第三卷) [M]. 北京: 中国林业出版社.

211. 郑元春. 1951. 台湾的海滨植物 [M]. 台北: 渡假出版社.

212. 中国科学院华南植物研究所. 1964. 海南植物志 (Ⅰ-Ⅳ卷) [M]. 北京: 科学出版社.

213. 中国科学院华南植物研究所. 1987. 广东植物志 (Ⅰ-Ⅸ卷) [M]. 广州: 广东科技出版社.

214. 中国科学院中国植物志编辑委员会. 1959. 中国植物志 [M]. 北京: 科学出版社.

215. "中华民国" 国家公园学会. 1991. 国民旅游丛书: 澎湖植物简介 [M]. 台北: "交通部" 观光局.

216. 周红, 韩维栋, 蓝梓文. 2016. 湛江新记录树种光叶柿及其人工育苗研究 [J]. 热带农业科学, 26(9): 17-21.

217. 周三, 韩军丽, 赵可夫. 2001. 泌盐盐生植物研究进展 [J]. 应用与环境生物学报, 7(5): 496-501.

218. 周三, 周明, 张硕, 等. 2007. 盐生野大豆的异黄酮积累及其生态学意义 [J]. 植物生态学报, 31(5): 930-936.

219. 周兴元. 2004. 几种暖季型草坪草耐盐及耐荫性研究 [D]. 南京林业大学学位论文.

# 索 引

## 园林绿化植物

| | | | | | |
|---|---|---|---|---|---|
| 阿吉木 | 264 | 红瓜 | 232 | 牛轭草 | 342 |
| 澳洲大叶榕 | 20 | 红楠 | 90 | 牛筋果 | 192 |
| 澳洲鸭脚木 | 252 | 厚皮树 | 226 | 牛眼睛 | 104 |
| 巴西胡椒木 | 204 | 厚叶崖爬藤 | 210 | 女娄菜 | 60 |
| 白花黄细心 | 36 | 黄杨叶箣柊 | 226 | 匍匐斜叶榕 | 28 |
| 白树 | 182 | 积雪草 | 256 | 普陀樟 | 84 |
| 滨当归 | 254 | 蒺藜 | 166 | 桤果木 | 242 |
| 滨海核果木 | 170 | 假俭草 | 352 | 千手丝兰 | 336 |
| 滨海薹草 | 386 | 假马齿苋 | 302 | 千头木麻黄 | 12 |
| 箣柊 | 228 | 碱蓬 | 66 | 青皮刺 | 102 |
| 橙花破布木 | 292 | 碱菀 | 326 | 全缘冬青 | 206 |
| 垂序商陆 | 34 | 金钱榕 | 22 | 日本厚皮香 | 100 |
| 大狼毒 | 172 | 九叶木蓝 | 138 | 日本女贞 | 274 |
| 单刺仙人掌 | 80 | 阔荚合欢 | 116 | 肉珊瑚 | 280 |
| 倒卵叶润楠 | 88 | 兰屿罗汉松 | 10 | 三角椰子 | 368 |
| 丁癸草 | 162 | 簕欓花椒 | 186 | 三星果 | 198 |
| 多枝紫金牛 | 258 | 棱果榕 | 26 | 砂引草 | 294 |
| 凤瓜 | 234 | 链荚豆 | 118 | 筛草 | 388 |
| 弓果藤 | 276 | 两面针 | 190 | 山茶 | 98 |
| 沟叶结缕草 | 366 | 量天尺 | 78 | 山榄 | 268 |
| 光叶金虎尾 | 196 | 裂叶月见草 | 246 | 扇叶露兜树 | 378 |
| 光叶柿 | 270 | 琉璃繁缕 | 262 | 蛇藤 | 208 |
| 棍棒椰子 | 370 | 琉球花椒 | 188 | 射干 | 340 |
| 国王椰子 | 374 | 瘤蕨 | 6 | 肾蕨 | 4 |
| 海岸斑克木 | 30 | 落葵薯 | 54 | 石竹 | 56 |
| 海南留萼木 | 168 | 马蹄金 | 286 | 匙叶紫菀 | 308 |
| 海人树 | 194 | 蔓榕 | 24 | 蜀葵 | 216 |
| 海檀木 | 32 | 茅莓 | 108 | 束蕊花 | 96 |
| 海枣 | 372 | 美丽月见草 | 248 | 水葱 | 398 |
| | | 密花树 | 260 | 水仙 | 338 |
| | | 莫邪菊 | 44 | 水烛 | 380 |
| | | 木防己 | 94 | 丝葵 | 376 |

# 索 引

| | | | | | |
|---|---|---|---|---|---|
| 台湾白树 | 180 | 酢浆草 | 164 | 厚荚相思 | 114 |
| 台湾胶木 | 266 | | | 厚皮树 | 202 |
| 台湾相思 | 112 | **生态修复植物** | | 厚叶崖爬藤 | 210 |
| 桃金娘 | 236 | | | 互花米草 | 364 |
| 天人菊 | 312 | 矮灰毛豆 | 160 | 黄杨叶箣柊 | 226 |
| 甜根子草 | 362 | 矮生薹草 | 390 | 灰绿藜 | 64 |
| 铁海棠 | 174 | 巴西胡椒木 | 204 | 积雪草 | 256 |
| 土坛树 | 250 | 白花黄细心 | 36 | 蒺藜 | 166 |
| 弯枝黄檀 | 128 | 白树 | 182 | 蒺藜草 | 348 |
| 文定果 | 212 | 滨当归 | 254 | 假海马齿 | 48 |
| 无花果 | 16 | 滨海木蓝 | 140 | 假俭草 | 352 |
| 无茎粟米草 | 46 | 滨海薹草 | 386 | 假马齿苋 | 302 |
| 无叶柽柳 | 230 | 糙叶丰花草 | 284 | 假牛鞭草 | 356 |
| 蜈蚣草 | 350 | 草木樨 | 150 | 碱蓬 | 66 |
| 狭叶龙舌兰 | 334 | 箣柊 | 228 | 碱蒿 | 326 |
| 腺果藤 | 40 | 橙花破布木 | 292 | 截叶铁扫帚 | 144 |
| 相思子 | 110 | 川蔓藻 | 328 | 九叶木蓝 | 138 |
| 象牙树 | 272 | 垂序商陆 | 34 | 菊芋 | 318 |
| 小刀豆 | 122 | 粗根茎莎草 | 394 | 克拉莎 | 392 |
| 小鹿藿 | 152 | 丁葵草 | 162 | 苦蘵 | 298 |
| 小心叶薯 | 288 | 短绒野大豆 | 136 | 阔荚合欢 | 116 |
| 小叶九里香 | 184 | 多枝紫金牛 | 258 | 拉氏红树 | 240 |
| 勋章菊 | 314 | 凤瓜 | 234 | 簕欓花椒 | 186 |
| 盐地碱蓬 | 68 | 沟叶结缕草 | 366 | 棱果榕 | 26 |
| 艳山姜 | 400 | 光梗阔苞菊 | 322 | 链荚豆 | 118 |
| 洋金花 | 296 | 光叶金虎尾 | 196 | 两面针 | 190 |
| 洋蒲桃 | 238 | 光叶柿 | 270 | 裂叶月见草 | 246 |
| 腰果 | 200 | 圭亚那笔花豆 | 154 | 马蹄金 | 286 |
| 印度榕 | 18 | 鬼针草 | 310 | 蔓草虫豆 | 120 |
| 余甘子 | 178 | 海滨山黧豆 | 142 | 茅根 | 358 |
| 圆柏 | 8 | 海南留萼木 | 168 | 茅莓 | 108 |
| 圆叶豺皮樟 | 86 | 海人树 | 194 | 美丽月见草 | 248 |
| 长梗肖槿 | 218 | 海三棱藨草 | 382 | 密花树 | 260 |
| 针叶苋 | 76 | 海檀木 | 32 | 墨苜蓿 | 282 |
| 舟山新木姜子 | 92 | 黑籽荸荠 | 396 | 牛筋果 | 192 |
| 紫花大翼豆 | 148 | 红瓜 | 232 | 牛眼睛 | 104 |
| 紫竹梅 | 344 | 红楠 | 90 | 普陀樟 | 84 |

415

| | | | | | | |
|---|---|---|---|---|---|---|
| 铺地刺蒴麻 | 222 | 细穗草 | 354 | 橙花破布木 | 292 |
| 桤果木 | 242 | 狭叶龙舌兰 | 334 | 粗齿刺蒴麻 | 220 |
| 千手丝兰 | 336 | 腺果藤 | 40 | 粗根茎莎草 | 394 |
| 千头木麻黄 | 12 | 相思子 | 110 | 单刺仙人掌 | 80 |
| 青皮刺 | 102 | 小刀豆 | 122 | 地杨桃 | 176 |
| 球柱草 | 384 | 小鹿藿 | 152 | 丁癸草 | 162 |
| 全缘冬青 | 206 | 小叶九里香 | 184 | 短绒野大豆 | 136 |
| 日本女贞 | 274 | 勋章菊 | 341 | 凤瓜 | 234 |
| 三星果 | 198 | 烟豆 | 134 | 沟叶结缕草 | 366 |
| 砂引草 | 294 | 盐地碱蓬 | 68 | 光叶柿 | 270 |
| 筛草 | 388 | 艳山姜 | 400 | 圭亚那笔花豆 | 154 |
| 山黄麻 | 14 | 洋金花 | 296 | 鬼针草 | 340 |
| 山榄 | 268 | 腰果 | 200 | 海岸斑克木 | 30 |
| 扇叶露兜树 | 378 | 野大豆 | 132 | 海南杯冠藤 | 278 |
| 蛇婆子 | 224 | 银合欢 | 146 | 海人树 | 194 |
| 蛇藤 | 208 | 印度榕 | 18 | 海檀木 | 32 |
| 射干 | 340 | 余甘子 | 178 | 红瓜 | 232 |
| 肾蕨 | 4 | 圆柏 | 8 | 厚荚相思 | 114 |
| 石刁柏 | 332 | 圆叶豺皮樟 | 86 | 厚皮树 | 202 |
| 匙叶紫菀 | 308 | 圆叶黄花稔 | 214 | 厚叶崖爬藤 | 210 |
| 束尾草 | 360 | 长梗肖槿 | 218 | 黄杨叶箣柊 | 226 |
| 水葱 | 398 | 舟山新木姜子 | 92 | 蒺藜 | 166 |
| 水烛 | 380 | 紫花大翼豆 | 148 | 蒺藜草 | 348 |
| 丝葵 | 376 | 紫竹梅 | 344 | 假海马齿 | 48 |
| 台湾白树 | 180 | 酢浆草 | 164 | 假牛鞭草 | 356 |
| 台湾胶木 | 266 | | | 剪刀股 | 320 |
| 台湾芦竹 | 346 | **沙生植物** | | 截叶铁扫帚 | 144 |
| 台湾相思 | 112 | | | 九叶木蓝 | 138 |
| 桃金娘 | 236 | 矮灰毛豆 | 160 | 克拉莎 | 392 |
| 天人菊 | 312 | 矮生薹草 | 390 | 链荚豆 | 118 |
| 甜根子草 | 362 | 巴西胡椒木 | 204 | 裂叶月见草 | 246 |
| 土坛树 | 250 | 白鼓钉 | 58 | 琉璃繁缕 | 262 |
| 弯枝黄檀 | 128 | 白花黄细心 | 36 | 卵叶灰毛豆 | 158 |
| 文定果 | 212 | 白树 | 182 | 马齿苋 | 50 |
| 无花果 | 16 | 滨当归 | 254 | 蔓草虫豆 | 120 |
| 无叶柽柳 | 230 | 滨海木蓝 | 140 | 茅根 | 358 |
| 蜈蚣草 | 350 | 糙叶丰花草 | 284 | 美丽月见草 | 248 |

| | | | | | |
|---|---|---|---|---|---|
| 莫邪菊 | 46 | 勋章菊 | 314 | 匙叶紫菀 | 308 |
| 墨苜蓿 | 282 | 烟豆 | 134 | 蜀葵 | 216 |
| 牛轭草 | 342 | 洋金花 | 296 | 水烛 | 380 |
| 牛筋果 | 192 | 洋蒲桃 | 238 | 薤白 | 330 |
| 牛眼睛 | 104 | 腰果 | 200 | 盐地碱蓬 | 68 |
| 女娄菜 | 60 | 银合欢 | 146 | | |
| 披针叶小牵牛 | 290 | 余甘子 | 178 | **水景植物** | |
| 匍匐滨藜 | 62 | 羽芒菊 | 324 | | |
| 铺地刺蒴麻 | 222 | 圆柏 | 8 | 阿吉木 | 264 |
| 千头木麻黄 | 12 | 圆叶黄花稔 | 214 | 川蔓藻 | 328 |
| 青皮刺 | 102 | 针晶粟草 | 44 | 粗根茎莎草 | 394 |
| 球柱草 | 384 | 针叶苋 | 76 | 光梗阔苞菊 | 322 |
| 乳豆 | 130 | 直立黄细心 | 38 | 海三棱藨草 | 382 |
| 沙生马齿苋 | 52 | 紫花大翼豆 | 148 | 黑籽荸荠 | 396 |
| 砂苋 | 70 | 座地猪屎豆 | 124 | 灰绿藜 | 64 |
| 砂引草 | 294 | | | 碱蓬 | 66 |
| 筛草 | 388 | **生物能源植物** | | 碱菀 | 326 |
| 扇叶露兜树 | 378 | | | 克拉莎 | 392 |
| 蛇婆子 | 224 | 菊芋 | 318 | 拉关木 | 244 |
| 蛇藤 | 208 | | | 拉瓜红树 | 240 |
| 石刁柏 | 332 | **耐盐蔬菜** | | 桤果木 | 242 |
| 匙叶紫菀 | 308 | | | 束尾草 | 360 |
| 束蕊花 | 96 | 红瓜 | 232 | 水葱 | 398 |
| 台湾白树 | 180 | 互花米草 | 364 | 水仙 | 338 |
| 台湾相思 | 112 | 灰绿藜 | 64 | 水烛 | 380 |
| 天人菊 | 312 | 积雪草 | 256 | 甜根子草 | 362 |
| 甜根子草 | 362 | 假海马齿 | 48 | 弯枝黄檀 | 128 |
| 文定果 | 212 | 假马齿苋 | 302 | 小刀豆 | 122 |
| 无根藤 | 82 | 剪刀股 | 320 | 盐地碱蓬 | 68 |
| 无茎粟米草 | 44 | 碱蓬 | 326 | | |
| 无叶柽柳 | 230 | 菊芋 | 318 | **果树** | |
| 蜈蚣草 | 350 | 量天尺 | 78 | | |
| 细穗草 | 354 | 落葵薯 | 54 | 单刺仙人掌 | 80 |
| 狭叶红灰毛豆 | 156 | 马齿苋 | 50 | 光叶金虎尾 | 196 |
| 狭叶龙舌兰 | 334 | 女娄菜 | 60 | 海檀木 | 32 |
| 小刀豆 | 122 | 砂苋 | 70 | 海枣 | 372 |
| 小叶九里香 | 184 | 石刁柏 | 332 | 红瓜 | 232 |

417

| | | | | | | |
|---|---|---|---|---|---|---|
| 量天尺 | 78 | 剪刀股 | 320 | 山茶 | 98 |
| 茅莓 | 108 | 碱蓬 | 66 | 蛇婆子 | 224 |
| 莫邪菊 | 46 | 截叶铁扫帚 | 144 | 蛇藤 | 208 |
| 山榄 | 268 | 九叶木蓝 | 138 | 射干 | 340 |
| 台湾胶木 | 266 | 苦蘵 | 298 | 肾蕨 | 4 |
| 桃金娘 | 236 | 箣欓花椒 | 186 | 石刁柏 | 332 |
| 土坛树 | 250 | 棱果榕 | 26 | 石竹 | 56 |
| 文定果 | 212 | 离根香 | 306 | 匙叶紫菀 | 308 |
| 无花果 | 16 | 链荚豆 | 118 | 蜀葵 | 216 |
| 洋蒲桃 | 238 | 两面针 | 190 | 水仙 | 338 |
| 腰果 | 200 | 量天尺 | 78 | 水烛 | 380 |
| 余甘子 | 178 | 列当 | 304 | 桃金娘 | 236 |
| | | 裂叶月见草 | 246 | 甜根子草 | 362 |
| **药用植物** | | 琉璃繁缕 | 262 | 土坛树 | 250 |
| | | 鹿角草 | 316 | 弯枝黄檀 | 128 |
| 白鼓钉 | 58 | 落葵薯 | 54 | 文定果 | 212 |
| 糙叶丰花草 | 284 | 马齿苋 | 50 | 无根藤 | 82 |
| 大狼毒 | 172 | 马蹄金 | 286 | 无花果 | 16 |
| 单刺仙人掌 | 80 | 蔓草虫豆 | 120 | 相思子 | 110 |
| 地杨桃 | 176 | 茅莓 | 108 | 薤白 | 330 |
| 丁癸草 | 162 | 美丽月见草 | 248 | 烟豆 | 134 |
| 短绒野大豆 | 136 | 密花树 | 260 | 艳山姜 | 400 |
| 弓果藤 | 276 | 墨苜蓿 | 282 | 洋金花 | 296 |
| 鬼针草 | 310 | 木防己 | 94 | 腰果 | 200 |
| 海南杯冠藤 | 278 | 牛轭草 | 342 | 野大豆 | 132 |
| 海南留萼木 | 168 | 牛筋果 | 192 | 余甘子 | 178 |
| 海南茄 | 300 | 牛眼睛 | 104 | 羽芒菊 | 324 |
| 海檀木 | 32 | 女娄菜 | 60 | 圆柏 | 8 |
| 红瓜 | 232 | 匍匐滨藜 | 62 | 圆叶豺皮樟 | 86 |
| 红楠 | 90 | 铺地刺蒴麻 | 222 | 针晶粟草 | 42 |
| 积雪草 | 256 | 球柱草 | 384 | 紫竹梅 | 344 |
| 蒺藜 | 166 | 日本女贞 | 274 | 酢浆草 | 164 |
| 假海马齿 | 48 | 肉珊瑚 | 280 | | |
| 假马齿苋 | 302 | 砂引草 | 294 | | |

# 中文名索引

## A

| | |
|---|---|
| 阿吉木 | 264 |
| 矮灰毛豆 | 160 |
| 矮生薹草 | 390 |
| 安旱苋 | 74 |
| 澳洲大叶榕 | 20 |
| 澳洲鸭脚木 | 252 |

## B

| | |
|---|---|
| 巴西胡椒木 | 204 |
| 白饭钉 | 58 |
| 白花黄细心 | 36 |
| 白树 | 182 |
| 滨当归 | 254 |
| 滨海核果木 | 170 |
| 滨海木蓝 | 140 |
| 滨海薹草 | 386 |

## C

| | |
|---|---|
| 糙叶丰花草 | 284 |
| 草木樨 | 150 |
| 箣柊 | 228 |
| 长梗肖槿 | 218 |
| 橙花破布木 | 292 |
| 川蔓藻 | 328 |
| 垂序商陆 | 34 |
| 粗齿刺蒴麻 | 220 |
| 粗根茎莎草 | 394 |

## D

| | |
|---|---|
| 大狼毒 | 172 |
| 单刺仙人掌 | 80 |
| 倒卵叶润楠 | 88 |
| 地杨桃 | 176 |
| 丁葵草 | 162 |
| 短绒野大豆 | 136 |
| 多枝紫金牛 | 258 |

## F

| | |
|---|---|
| 凤瓜 | 234 |

## G

| | |
|---|---|
| 弓果藤 | 276 |
| 沟叶结缕草 | 366 |
| 光梗阔苞菊 | 322 |
| 光叶金虎尾 | 196 |
| 光叶柿 | 270 |
| 圭亚那笔花豆 | 154 |
| 鬼针草 | 310 |
| 棍棒椰子 | 370 |
| 国王椰子 | 374 |

## H

| | |
|---|---|
| 海岸斑克木 | 30 |
| 海滨山黧豆 | 142 |
| 海南杯冠藤 | 278 |
| 海南留萼木 | 168 |
| 海南茄 | 300 |
| 海人树 | 194 |
| 海三棱藨草 | 382 |
| 海檀木 | 32 |
| 海枣 | 372 |
| 黑籽荸荠 | 396 |
| 红瓜 | 232 |
| 红楠 | 90 |
| 厚荚相思 | 114 |
| 厚皮树 | 202 |
| 厚叶岸爬藤 | 210 |
| 互花米草 | 364 |
| 华莲子草 | 72 |
| 黄杨叶箣柊 | 226 |
| 灰绿藜 | 64 |

## J

| | |
|---|---|
| 积雪草 | 256 |
| 蒺藜 | 166 |
| 蒺藜草 | 348 |
| 假海马齿 | 48 |
| 假俭草 | 352 |
| 假马齿苋 | 302 |
| 假牛鞭草 | 356 |
| 剪刀股 | 320 |
| 碱蓬 | 66 |
| 碱菀 | 326 |

419

| | | | | | | |
|---|---|---|---|---|---|---|
| 截叶铁扫帚 | 144 | 蔓榕 | 24 | 日本女贞 | 274 |
| 金钱榕 | 22 | 茅根 | 358 | 肉珊瑚 | 280 |
| 九叶木蓝 | 138 | 茅莓 | 108 | 乳豆 | 130 |
| 菊芋 | 318 | 美丽月见草 | 248 | | |
| | | 密花树 | 260 | **S** | |
| **K** | | 莫邪菊 | 42 | | |
| | | 墨苜蓿 | 282 | 三角椰子 | 368 |
| 克拉莎 | 392 | 木防己 | 94 | 三星果 | 198 |
| 苦蘵 | 298 | | | 沙生马齿苋 | 52 |
| 阔荚合欢 | 116 | **N** | | 砂苋 | 70 |
| 阔片乌蕨 | 2 | | | 砂引草 | 294 |
| | | 牛轭草 | 342 | 筛草 | 388 |
| **L** | | 牛筋果 | 192 | 山茶 | 98 |
| | | 牛眼睛 | 104 | 山黄麻 | 14 |
| 拉关木 | 244 | 女娄菜 | 60 | 山榄 | 268 |
| 拉氏红树 | 240 | | | 扇叶露兜树 | 378 |
| 兰屿罗汉松 | 10 | **P** | | 蛇婆子 | 224 |
| 簕欓花椒 | 186 | | | 蛇藤 | 208 |
| 棱果榕 | 26 | 披针叶小牵牛 | 290 | 射干 | 340 |
| 离根香 | 306 | 屏东猪屎豆 | 126 | 肾蕨 | 4 |
| 链荚豆 | 118 | 铺地刺蒴麻 | 222 | 石刁柏 | 332 |
| 两面针 | 190 | 匐匍滨藜 | 62 | 石竹 | 56 |
| 量天尺 | 78 | 匐匍斜叶榕 | 28 | 匙叶紫菀 | 308 |
| 列当 | 304 | 普陀樟 | 84 | 蜀葵 | 216 |
| 裂叶月见草 | 246 | 桤果木 | 242 | 束蕊花 | 96 |
| 琉璃繁缕 | 262 | | | 束尾草 | 360 |
| 琉球花椒 | 188 | **Q** | | 水葱 | 398 |
| 瘤蕨 | 6 | | | 水仙 | 338 |
| 鹿角草 | 316 | 千手丝兰 | 336 | 水烛 | 380 |
| 卵叶灰毛豆 | 158 | 千头木麻黄 | 12 | 丝葵 | 376 |
| 落葵薯 | 54 | 青皮刺 | 102 | | |
| | | 球柱草 | 384 | **T** | |
| **M** | | 全缘冬青 | 206 | | |
| | | | | 台南伽蓝菜 | 106 |
| 马齿苋 | 50 | **R** | | 台湾白树 | 180 |
| 马蹄金 | 286 | | | 台湾胶木 | 266 |
| 蔓草虫豆 | 120 | 日本厚皮香 | 100 | 台湾芦竹 | 346 |

## 中文名索引

| | | | | | |
|---|---|---|---|---|---|
| 台湾相思 | 112 | 狭叶红灰毛豆 | 156 | 野大豆 | 132 |
| 桃金娘 | 236 | 狭叶龙舌兰 | 334 | 银合欢 | 146 |
| 天人菊 | 312 | 腺果藤 | 40 | 印度榕 | 18 |
| 甜根子草 | 362 | 相思子 | 110 | 余甘子 | 178 |
| 铁海棠 | 174 | 象牙树 | 272 | 羽芒菊 | 324 |
| 土坛树 | 250 | 小刀豆 | 122 | 圆柏 | 8 |
| | | 小鹿藿 | 152 | 圆叶豺皮樟 | 86 |
| **W** | | 小心叶薯 | 288 | 圆叶黄花稔 | 214 |
| | | 小叶九里香 | 184 | | |
| 弯枝黄檀 | 128 | 薤白 | 330 | **Z** | |
| 文定果 | 212 | 勋章菊 | 314 | | |
| 无根藤 | 82 | | | 针晶粟草 | 44 |
| 无花果 | 16 | **Y** | | 针叶苋 | 76 |
| 无茎粟米草 | 46 | | | 直立黄细心 | 38 |
| 无叶柽柳 | 230 | 烟豆 | 134 | 舟山新木姜子 | 92 |
| 蜈蚣草 | 350 | 盐地碱蓬 | 68 | 紫花大翼豆 | 148 |
| | | 艳山姜 | 400 | 紫竹梅 | 344 |
| **X** | | 洋金花 | 296 | 座地猪屎豆 | 124 |
| | | 洋蒲桃 | 238 | 酢浆草 | 164 |
| 细穗草 | 354 | 腰果 | 200 | | |

421

# 学名索引

## A

| | |
|---|---|
| *Abrus precatorius* Linn. | 110 |
| *Acacia confusa* Merr. | 112 |
| *Acacia crassicarpa* A. Cunn. ex Benth. | 114 |
| *Aegialitis annulata* R. Br. | 264 |
| *Agave angustifolia* Haw. | 334 |
| *Alangium salviifolium* (Linn. f.) Wanger. | 250 |
| *Albizia lebbeck* (Linn.) Benth. | 116 |
| *Allium macrostemon* Bunge | 330 |
| *Allmania nodiflora* (Linn.) R. Br. | 70 |
| *Alpinia zerumbet* (Pers.) Burtt. et Smith | 400 |
| *Alternanthera paronychioides* A. Saint-Hilaire | 72 |
| *Althaea rosea* (Linn.) Cavan. | 216 |
| *Alysicarpus vaginalis* (Linn.) DC. | 118 |
| *Anagallis arvensis* Linn. | 262 |
| *Anacardium occidentale* Linn. | 200 |
| *Angelica hirsutiflora* S. L. Liu, C. Y. Chao et T. I. Chuang | 254 |
| *Anredera cordifolia* (Tenore) Steenis | 54 |
| *Ardisia sieboldii* Miq. | 258 |
| *Arundo formosana* Hack. | 346 |
| *Asparagus officinalis* Linn. | 332 |
| *Aster spathulifolius* Maxim. | 308 |
| *Atriplex repens* Roth. | 62 |

## B

| | |
|---|---|
| *Bacopa monnieri* (Linn.) Wettst. | 302 |
| *Banksia integrifolia* L. f. | 30 |
| *Belamcanda chinensis* (Linn.) Redouté | 340 |
| *Bidens pilosa* Linn. | 310 |
| *Blachia siamensis* Gagnep. | 168 |
| *Boerhavia albiflora* Fosberg. | 36 |
| *Boerhavia erecta* Linn. | 38 |
| ×*Bolboschoenoplectus mariqueter* (Tang et F. T.Wang) Tatanov | 382 |
| *Bulbostylis barbata* (Rottb.) C. B. Clarke | 384 |

## C

| | |
|---|---|
| *Cajanus scarabaeoides* (Linn.) Thouars | 120 |
| *Camellia japonica* Linn. | 98 |
| *Canavalia cathartica* Thou. | 122 |
| *Capparis sepiaria* Linn. | 102 |
| *Capparis zeylanica* Linn. | 104 |
| *Carex bodinieri* Franch. | 386 |
| *Carex kobomugi* Ohwi | 388 |
| *Carex pumila* Thunb. | 390 |
| *Carpobrotus edulis* (Linn.) N. E. Br | 42 |
| *Cassytha filiformis* Linn. | 82 |
| *Casuarina nana* Sieb. ex Spreng. | 12 |
| *Cenchrus echinatus* Linn. | 348 |
| *Centella asiatica* (Linn.) Urban | 256 |
| *Chenopodium glaucum* Linn. | 64 |
| *Cinnamomum japonicum* Sieb. | 84 |
| *Cladium jamaicence* subsp. *chinense* (Nees) T. Koyama | 392 |
| *Coccinia grandis* (Linn.) Voigt | 232 |
| *Cocculus orbiculatus* (Linn.) DC. | 94 |

| | | | |
|---|---|---|---|
| *Colubrina asiatica* (Linn.) Brongn. | 208 | *Ficus septica* Burm. F. | 26 |
| *Conocarpus erectus* Linn. | 242 | *Ficus tinctoria* subsp. *swinhoei* (King) Corner | 28 |
| *Cordia subcordata* Lam. | 292 | | |
| *Crotalaria nana* var. *patula* Grah. ex Baker | 124 | | |
| *Crotalaria similis* Hemsl. | 126 | | |
| *Cynanchum insulanum* (Hance) Hemsl. | 278 | | |
| *Cyperus stoloniferus* Retz. | 394 | | |

## G

*Gaillardia pulchella* Foug.   312
*Galactia tenuiflora* (Klein ex Willd.) Wight et Arn.   130
*Gazania rigens* Linn.   314
*Gisekia pharnaceoides* Linn.   44
*Glossocardia bidens* (Retzius) Veldkamp   316
*Glycine soja* Sieb. et Zucc.   132
*Glycine tabacina* (Labill.) Benth.   134
*Glycine tomentella* Hayata   136
*Goodenia pilosa* subsp. *chinensis* (Bentham) D. G. Howarth et D. Y. Hong   306
*Gymnopetalum scabrum* (Loureiro) W. J. de Wilde et Duyfjes   234

## D

*Dalbergia candenatensis* (Dennst.) Prain   128
*Datura metel* Linn.   296
*Dianthus chinensis* Linn.   56
*Dichondra micrantha* Urb.   286
*Diospyros diversilimba* Merr. et Chun.   270
*Diospyros ferrea* (Willd.) Bakh.   272
*Drypetes littoralis* (C. B. Rob.) Merr.   170
*Dypsis decaryi* (Jum.) Beentje & J. Dransf.   368

## H

*Harrisonia perforata* (Bl.) Merr.   192
*Helianthus tuberosus* Linn.   318
*Hibbertia scandens* (Willd.) Dryand.   96
*Hylocereus undatus* (Haw.) Britt. et Rose   78
*Hyophorbe verschaffeltii* H. Wendl.   370

## E

*Eleocharis geniculata* (Linn.) Roem. ex Schult.   396
*Eremochloa ciliaris* (Linn.) Merr.   350
*Eremochloa ophiuroides* (Munro) Hack.   352
*Euphorbia jolkinii* Boiss.   172
*Euphorbia milii* Ch. des Moulins   174

## I

*Ilex integra* Thunb.   206
*Indigofera linnaei* Ali   138
*Indigofera litoralis* Chun et T. C. Chen   140
*Ipomoea obscura* (Linn.) Ker Gawl.   288
*Ixeris japonica* (Burm. f.) Nakai   320

## F

*Ficus carica* Linn.   16
*Ficus elastica* Roxb. ex Hornem.   18
*Ficus macrophylla* Desf. ex Pers.   20
*Ficus microcarpa* var. *crassifolia* (Shieh) Liao   22
*Ficus pedunculosa* Miq.   24

## J

*Jacquemontia paniculata* var. *lanceolata*
　S. H. Huang　290
*Juniperus chinensis* Linn.　8

## K

*Kalanchoe garambiensis* Kudo　106

## L

*Laguncularia racemosa* (Linn.) C.F. Gaertn.
　　244
*Lannea coromandelica* (Houtt.) Merr.　202
*Lathyrus japonicus* Willd.　142
*Lepturus repens* (G. Forst.) R. Br.　354
*Lespedeza cuneata* (Dumont de Courset)
　G. Don　144
*Leucaena leucocephala* (Lam.) de Wit　146
*Ligustrum japonicum* Thunb.　274
*Litsea rotundifolia* Hemsl.　86

## M

*Machilus obovatifolia* (Hay.) Kanehira et
　Sasaki　88
*Machilus thunbergii* Sieb. et Zucc.　90
*Macroptilium atropurpureum* (DC.) Urban　148
*Malpighia glabra* Linn.　196
*Melilotus officinalis* (Linn.) Lam.　150
*Microstachys chamaelea* (Linn.) Muller
　Argoviensis　176
*Mollugo nudicaulis* Lam.　46
*Muntingia calabura* Linn.　212
*Murdannia loriformis* (Hassk.) R. S. Rao et
　Kammathy　342
*Murraya microphylla* (Merr. et Chun) Swingle
　　184
*Myrsine seguinii* H. Lévillé　260

## N

*Narcissus tazetta* var. *chinensis* Roem.　338
*Neolitsea sericea* (Bl.) Koidz.　92
*Nephrolepis cordifolia* (Linn.) C. Presl　4

## O

*Odontosoria biflora* C. Chr.　2
*Oenothera laciniata* Hill.　246
*Oenothera speciosa* Nutt.　248
*Opuntia monacantha* (Willd.) Haw.　80
*Orobanche coerulescens* Steph.　304
*Oxalis corniculata* Linn.　164

## P

*Palaquium formosanum* Hay.　266
*Pandanus utilis* Borg.　378
*Parapholis incurva* (Linn.) C. E. Hubb.　356
*Perotis indica* (Linn.) Kuntze　358
*Phacelurus latifolius* (Steud.) Ohwi　360
*Philoxerus wrightii* Hook. f.　74
*Phoenix dactylifera* Linn.　372
*Phyllanthus emblica* Linn.　178
*Phymatosorus scolopendria* (Burm.) Pic.
　Ser.　6
*Physalis angulata* Linn.　298
*Phytolacca americana* Linn.　34
*Pisonia aculeata* Linn.　40
*Planchonella obovata* (R. Br.) Pierre　268

*Pluchea pteropoda* Hemsl. 322
*Podocarpus costalis* C. Presl 10
*Polycarpaea corymbosa* (Linn.) Lam. 58
*Portulaca oleracea* Linn. 50
*Portulaca psammotropha* Hance 52

## R

*Ravenea rivularis* Jum. et H. Perrier 374
*Rhizophora* × *lamarckii* Montrouz. 240
*Rhodomyrtus tomentosa* (Ait.) Hassk 236
*Rhynchosia minima* (Linn.) DC. 152
*Richardia scabra* Linn. 282
*Rubus parvifolius* Linn. 108
*Ruppia maritima* Linn. 328

## S

*Saccharum spontaneum* Linn. 362
*Sarcostemma acidum* (Roxb.) Oken 280
*Schefflera macrostachya* (Benth.) Harms 252
*Schinus terebinthifolius* Raddi 204
*Schoenoplectus tabernaemontani* (C. C. Gmelin) Palla 398
*Scolopia buxifolia* Gagnep. 226
*Scolopia chinensis* (Lour.) Clos 228
*Sida alnifolia* var. *orbiculata* S. Y. Hu 214
*Silene aprica* Turcx. ex Fisch. et Mey. 60
*Solanum procumbens* Lour. 300
*Spartina alterniflora* Lois. 364
*Spermacoce hispida* Linn. 284
*Stylosanthes guianensis* (Aubl.) Sw. 154
*Suaeda glauca* (Bunge) Bunge 66
*Suaeda salsa* (Linn.) Pall. 68
*Suregada aequorea* (Hance) Seem. 180
*Suregada multiflora* (Jussieu) Baillon 182
*Suriana maritima* Linn. 194
*Syzygium samarangense* (Blume) Merr. et Perry 238

## T

*Tamarix aphylla* (Linn.) H. Karst. 230
*Tephrosia coccinea* var. *stenophylla* Hosokawa 156
*Tephrosia obovata* Merr. 158
*Tephrosia pumila* (Lam.) Pers. 160
*Ternstroemia japonica* (Thunb.) Thunb. 100
*Tetrastigma pachyphyllum* (Hemsl.) Chun 210
*Thespesia populneoides* (Linn.) Solanh. ex Corr. 218
*Tournefortia sibirica* Linn. 294
*Toxocarpus wightianus* Hook. et Arn. 276
*Tradescantia pallida* (Rose) D. R. Hunt 344
*Trema tomentosa* (Roxb.) Hara 14
*Trianthema portulacastrum* Linn. 48
*Tribulus terrestris* Linn. 166
*Trichuriella monsoniae* (Linn. f.) Bennet 76
*Tridax procumbens* Linn. 324
*Tripolium pannonicum* (Jacquin) Dobroczajeva 326
*Tristellateia australasiae* A. Rich. 198
*Triumfetta grandidens* Hance 220
*Triumfetta procumbens* Forst. f. 222
*Typha angustifolia* Linn. 380

## W

*Waltheria indica* Linn. 224
*Washingtonia filifera* (Lind. ex André) H. Wendl. 376

## X

*Ximenia americana* Linn.　　32

## Y

*Yucca aloifolia* Linn.　　336

## Z

*Zanthoxylum avicennae* (Lam.) DC.　　186
*Zanthoxylum beecheyanum* K. Koch　　188
*Zanthoxylum nitidum* (Roxb.) DC.　　190
*Zornia gibbosa* Spanog.　　162
*Zoysia matrella* (Linn.) Merr.　　366